教育部 财政部职业院校教师素质提高计划职教师资培养资源开发项目
“土木工程”专业职教师资本科培养资源开发项目(VTNE 040)
教育部 财政部职业院校教师素质提高计划成果系列丛书

AutoCAD 建筑制图项目式教程

刘文燕 主编

同济大学出版社
TONGJI UNIVERSITY PRESS

内 容 提 要

本书根据 AutoCAD 软件应用能力认证考试的大纲要求，以岗位职业能力分析和职业能力考核为指导，结合多年教学经验，汇集整理了大量典型实用的实例编写而成的。本书采用了实例、任务驱动教学法编写，每个课题分“学习目标”“课题展示”“理论知识”“操作技能”“拓展提高”等几个环节展开，使学生逐步累积知识，提高技能水平和解决实际问题的能力。

本书所选实例内容丰富，紧密结合土木工程相关专业，非常适合职业院校土木工程、室内装饰工程、建筑管理等土木类专业使用，可作为国家职业技能鉴定中级制图员考试及 AutoCAD 软件应用能力认证一级考试的教材，也可作为土木类工人岗位培训或初学者的自学教材。

图书在版编目(CIP)数据

AutoCAD 建筑制图项目式教程/刘文燕主编. --上海：同济大学出版社，2017.5

ISBN 978-7-5608-7060-1

Ⅰ. ①A… Ⅱ. ①刘… Ⅲ. ①建筑制图—计算机辅助设计—AutoCAD 软件—教材 Ⅳ. ①TU204

中国版本图书馆 CIP 数据核字(2017)第 104066 号

AutoCAD 建筑制图项目式教程

刘文燕 主编

责任编辑 马继兰 责任校对 徐春莲 封面设计 陈益平

出版发行 同济大学出版社 www.tongjipress.com.cn

(地址：上海市四平路 1239 号 邮编：200092 电话：021-65985622)

经 销 全国各地新华书店

印 刷 上海同济印刷厂有限公司

开 本 787mm×1092mm 1/16

印 张 11.75

字 数 293000

版 次 2017 年 6 月第 1 版 2017 年 6 月第 1 次印刷

书 号 ISBN 978-7-5608-7060-1

定 价 36.00 元

编 委 会

出版说明

《国家中长期教育改革和发展规划纲要(2010—2020年)》颁布实施以来，我国职业教育进入到加快构建现代职业教育体系、全面提高技能型人才培养质量的新阶段。加快发展现代职业教育，实现职业教育改革发展新跨越，对职业学校"双师型"教师队伍建设提出了更高的要求。为此，教育部明确提出，要以推动教师专业化为引领，以加强"双师型"教师队伍建设为重点，以创新制度和机制为动力，以完善培养培训体系为保障，以实施素质提高计划为抓手，统筹规划，突出重点，改革创新，狠抓落实，切实提升职业院校教师队伍整体素质和建设水平，加快建成一支师德高尚、素质优良、技艺精湛、结构合理、专兼结合的高素质专业化的"双师型"教师队伍，为建设具有中国特色、世界水平的现代职业教育体系提供强有力的师资保障。

目前，我国共有60余所高校正在开展职教师资培养，但由于教师培养标准的缺失和培养课程资源的匮乏，制约了"双师型"教师培养质量的提高。为完善教师培养标准和课程体系，教育部、财政部在"职业院校教师素质提高计划"框架内专门设置了职教师资培养资源开发项目，中央财政划拨款1.5亿元，系统开发用于本科专业职教师资培养标准、培养方案、核心课程和特色教材等系列资源。其中，包括88个专业项目，12个资格考试制度开发等公共项目。该项目由42家开设职业技术师范专业的高等学校牵头，组织近千家科研院所、职业学校、行业企业共同研发，一大批专家学者、优秀校长、一线教师、企业工程技术人员参与其中。

经过三年的努力，培养资源开发项目取得了丰硕成果。一是开发了中等职业学校88个专业(类)职教师资本科培养资源项目，内容包括专业教师标准、专业教师培养标准、评价方案，以及一系列专业课程大纲、主干课程教材及数字化资源；二是取得了6项公共基础研究成果，内容包括职教师资培养模式、国际职教师资培养、教育理论课程、质量保障体系、教学资源中心建设和学习平台开发等；三是完成了18个专业大类职教师资资格标准及认证考试标准开发。上述成果，共计800多本正式出版物。总体来说，培养资源开发项目实现了高效益：形成了一大批资源，填补了相关标准和资源的空白；凝聚了一支研发队伍，强化了教师培养的"校—企—校"协同；引领了一批高校的教学改革，带动了"双师型"教师的专业化培养。职教师资培养资源开发项目是支撑专业化培养的一项系统化、基础性工程，是加强职教教师培养培训一体化建设的关键环节，也是对职教师资培养培训基地教师专业化培养实践、教师教育研究能力的系统检阅。

自2013年项目立项开题以来，各项目承担单位、项目负责人及全体开发人员做了大量深入细致的工作，结合职教教师培养实践，研发出很多填补空白、体现科学性和前瞻性的成果，有力推进了"双师型"教师专门化培养向更深层次发展。同时，专家指导委员会的各位专家以及项目管理办公室的各位同志，克服了许多困难，按照两部对项目开发工作的总体要求，为实施项目管理、研发、检查等投入了大量时间和心血，也为各个项目提供了专业的咨询和指导，有力地保障了项目实施和成果质量。在此，我们一并表示衷心的感谢。

编写委员会

2016年3月

前　言

为贯彻落实《国务院关于加强教师队伍建设的意见》(国发[2012]41 号)、《教育部、财政部关于实施职业院校教师素质提高计划的意见》(教职成[2011]14 号)等文件精神,2013 年启动职业院校教师素质提高计划本科专业职业院校教师资培养资源开发项目。该计划的一项重要内容是开发 88 个专业项目和 12 个公共项目的职教师资培养标准、培养方案、核心课程和特色教材,这对于促进职业院校教师资培养培训工作的科学化、规范化,完善职业院校教师师资培养体系有着开创性、基础性意义。

对土木工程专业职业院校教师师资而言,由于土木工程专业技术性强,既需要掌握相应的理论知识,又必须具备相当的实践技能,同时还需要根据技术的发展,不断更新知识和技能,对教师的教学能力提出了较高的要求。而目前土木工程专业教师的状况不尽如人意,不仅许多教师毕业于普通高校的相关专业,即使来自于专门培养职业院校的教师,其教学能力也很欠缺。在本科阶段加强职业教育师资培养,是推进职业教育教师队伍建设的重要内容,是提高教师队伍整体素质的主要途径。

经过申报、专家评审认定的方式,同济大学全国重点建设职业院校教师资培养培训基地,承担了“土木工程专业职教师资培养标准、培养方案、核心课程和特色教材开发项目”的制定专业教师标准、制定专业教师培养标准、制定培养质量评价方案、开发课程资源(开发专业课程大纲、开发主干课程教材、开发数字化资源库)编制、研发和创编工作。本套核心教材一共 5 本,是本项目中的一个重要组成部分,本套核心教材的编写广泛采用了基于工作过程系统化的设计思想和体现问题导向、案例引导、任务驱动、项目教学等职业教育教学方法的要求,整体实现“三性融合”,采用系统创新,有整体设计,打破学科化、单纯的学术知识呈现。

本套教材可以作为相关高校培养土木工程专业职教师资的专用教材,也适用于该专业的职教师资的培训和进修辅助教材。

土木工程专业职教师资培养资源开发课题组
2015 年 11 月

目　录

项目 1　AutoCAD 基础知识

AutoCAD，全称为 Auto Computer Aided Design，是由美国 Autodesk 公司开发研制的一种通用计算机辅助设计软件包，它在设计、绘图和相互协作方面展示了强大的技术实力。由于 AutoCAD 具有易于学习、使用方便以及体系结构开放等优点，因而深受广大工程技术人员的喜爱。

AutoCAD 从最初简单的二维绘图发展到现在的集平面绘图、三维造型、数据库管理、渲染着色及互联网等功能于一体，并提供了丰富的工具集。这样用户不仅能够轻松、快捷地进行设计工作，并且还能方便地使用各种已有的数据，从而极大地提高了设计效率。如今，AutoCAD 在机械、建筑、电子、纺织、地理及航空等领域得到了广泛的使用，在全世界 150 多个国家和地区广为流行，占据了近 75%的国际 CAD 市场。此外，全球现有近千家 AutoCAD 授权培训中心，有近 3000 家独立的增值开发商以及 4000 多种基于 AutoCAD 的各类专业应用软件。可以这样说，AutoCAD 已经成为微机 CAD 系统的标准，而 DWG 格式文件已是工程设计人员交流思想的公共语言。

本书主要介绍 AutoCAD 2017 各功能和命令。

任务 1.1　AutoCAD2017 的基本功能

1. AutoCAD 的基本特点

(1) 按照各专业制图标准，创建和编辑各种平面、三维图形。

(2) 可将图形在网络上发布，或是通过网络访问 AutoCAD 资源。

(3) 允许定制 AutoCAD 系统参数和标准文件，如定制菜单、工具栏、线型文件、图案文件以及选项文件等。

(4) 数据交换和格式转换功能强大，数据的通用性强，不但可与其他 Windows 应用程序进行数据交换，而且能转换文件格式，方便其他应用程序使用。

(5) 能利用内嵌语言 Auto LISP，Visual lisp，VBA，ADS 和 ARX 等进行二次开发。

2. AutoCAD 的基本功能

(1) 绘制二维平面图。

(2) 绘制三维立体图形。

(3) 绘制轴测图。

(4) 尺寸标注。

(5) 立体图形的渲染。

(6) 图形的打印、输出。

任务 1.2　AutoCAD2017 工作界面的设置

1.2.1　学习目标

1. 认识 AutoCAD2017 的工作界面。
2. 学会调整绘图参数。

1.2.2　课题展示(图 1-1)

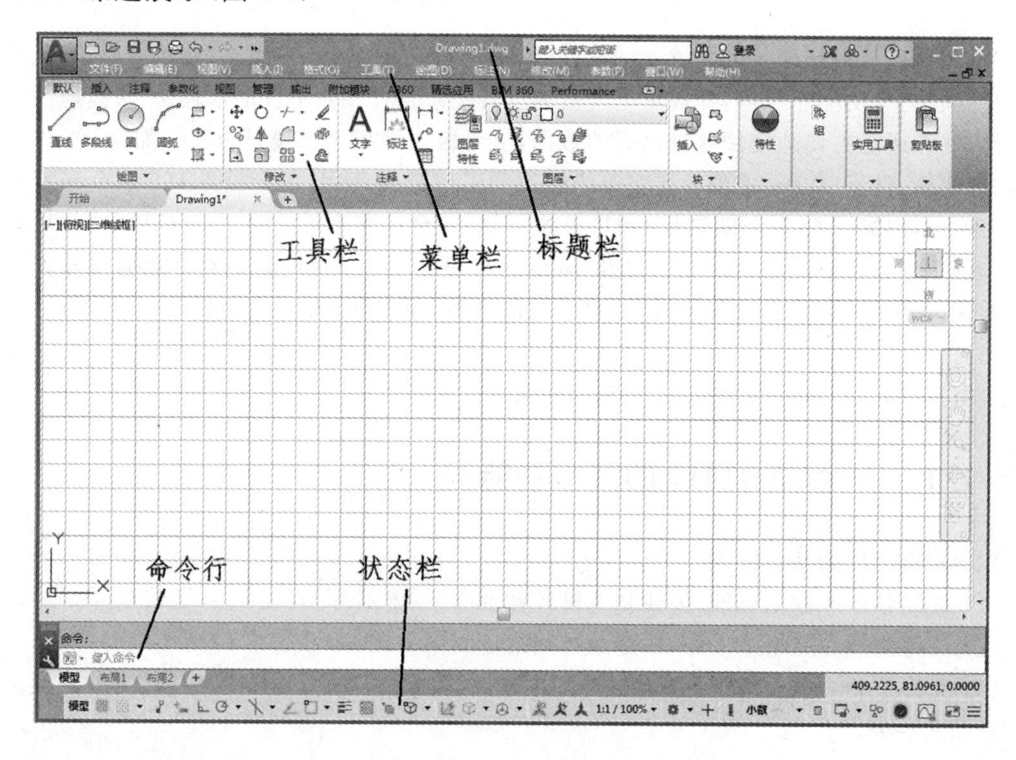

图 1-1　AutoCAD2017 的“草图与注释”工作界面

1.2.3　理论知识

本课题主要是认识 AutoCAD2017 的工作界面，如图 1-1 所示。对工具栏、绘制窗口背景颜色进行设置，为今后的操作做好准备。

AutoCAD2017 提供了“草图与注释”“三维基础”“三维建模”3 种工作空间模式。其中“草图与注释”为默认工作空间。其界面主要由标题栏、菜单栏、工具栏、绘图区域、命令行和状态栏等组成。

1. 标题栏

标题栏位于应用程序窗口的最上方，显示了系统当前正在运行的程序名称和文件名等信息。如果是 AutoCAD 默认图形文件，其名称为 DrawingN. dwg(N 是数字)。

2. 菜单栏

AutoCAD2017 的菜单分两种：一种是完全继承了 Windows 系统风格的下拉菜单，一种是以单击鼠标右键显示的快捷菜单。

(1) 下拉菜单。标题栏的下方是 AutoCAD 的菜单栏。由“文件”“编辑”“视图”等 12 个菜单组成,包含了 AutoCAD 所有的功能和命令。和 Windows 一样,这些菜单是下拉式的,在菜单中包含子菜单。

选择下拉菜单的选项时,可使用 Alt+菜单选项中带下划线的字母,然后按选项名称中带下划线的字母键。例如,要打开新图形,按 Alt+F 键,打开“文件”菜单,然后按 N 键可新建图形。

(2) 快捷菜单。快捷菜单也称上下文关联菜单。在绘图区域单击鼠标右键会弹出快捷菜单如图 1-2 所示。在不启动菜单栏的情况下,使用快捷菜单能更快捷、高效地完成某些操作。

图 1-2 快捷菜单

3. 光标

当光标位于绘图窗口时,默认状态下光标的正常形状为十字形,也称十字光标。利用工具 T→选项→显示→十字光标大小可调节该形状的 X 向、Y 向直线长度。利用工具 T→选项→草图→靶框大小可调节该形状中方框大小。

当命令行提示“选择对象”时,光标会转变为“□”,利用工具 T→选项→选择集→拾取框大小及夹点大小选项可调节“□”的大小。

4. 工具栏

工具栏是更形象、更直观表示 AutoCAD2017 命令的一种方式,它将命令以图形形式表示,并按功能分成 29 条工具栏,利用工具栏进行绘图操作是最直观、最快捷的方法。

5. 状态栏

状态栏位于界面的最下方,显示当前光标所在处的三维坐标值及栅格、捕捉、正交等辅助绘图工具的开关状态。通过双击或单击,可将它们设置为开或关状态。在状态栏相应对象上点击鼠标右键还可对相关选项进行设置。

1.2.4 操作技能

1. 文件存储

点击标题栏左上角红色图标,弹出菜单,如图 1-3 所示,可以对文件进行快速存储或打印等。也可直接点击“文件”下拉菜单,对文件进行存储等操作。点击“另存为…”可将文件存为 AutoCAD 其他版本或其他格式文件。

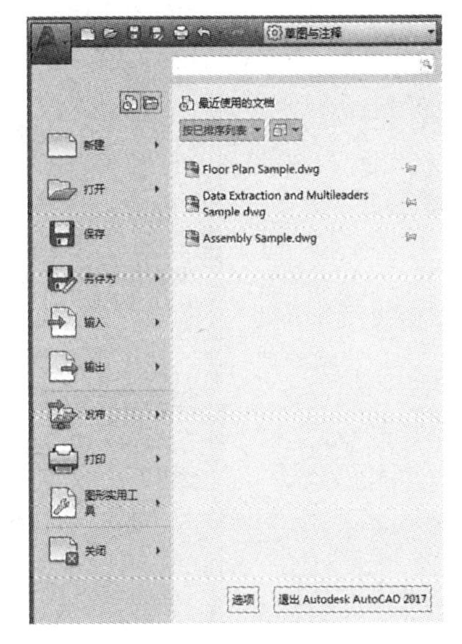

图 1-3 文件快速存储菜单

系统默认文件名为 Drawing1. dwg, *. dwg 是 AutoCAD 最常用的文件格式。用户也可另存为 *. dxf,这类格式的文件可用其他专业软件打开并编辑。

用户编辑并保存文件后,系统会增加一个同名,后缀名为 BAK 的备份文件,当 *. dwg 出现问题或丢失时,用户可将该备份文件的后缀名改为 dwg,可继续编辑。

2. 图形修复

硬件问题、电源故障和软件问题都会导致程序意外终止。如果发生这种情况,AutoCAD 可以恢复已打开的图形文件。

可以在命令行输入“DRAWINGRECOVERY”或在“文件”下拉菜单中选择“绘图实用程序”中“图形修复管理器”,将文件重新保存。

3. 绘图参数调整

点击图 1-3 菜单下侧“选项”,系统将弹出“选项”对话框(图 1-4)。可根据需要调整该对话框中各参数。点击“显示”→颜色,弹出图 1-5 对话框,可选择用户喜欢的绘图区域底色。

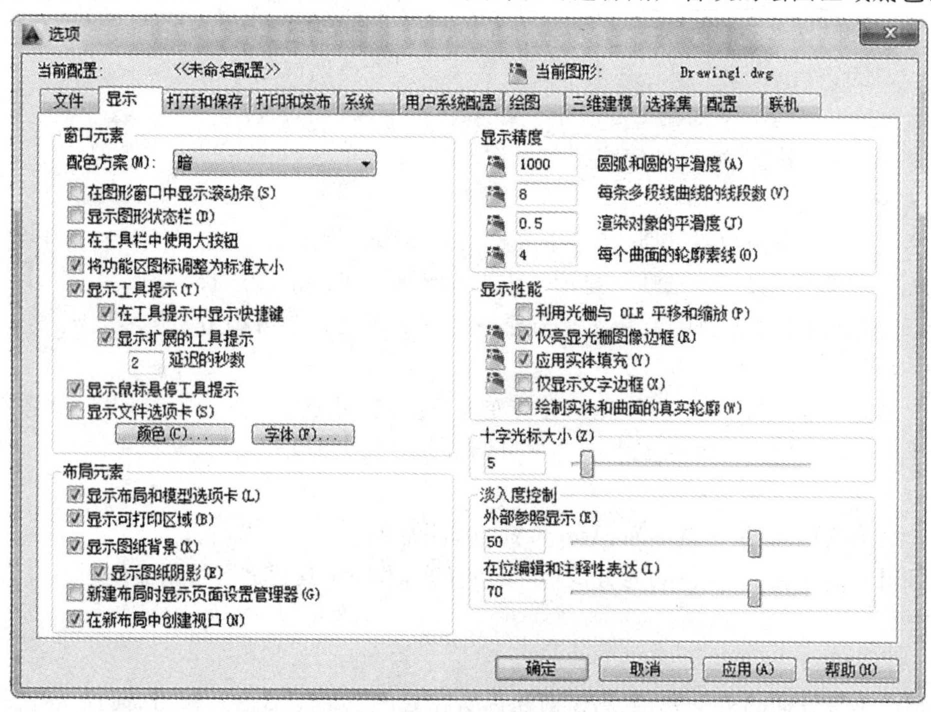

图 1-4 “选项”对话框

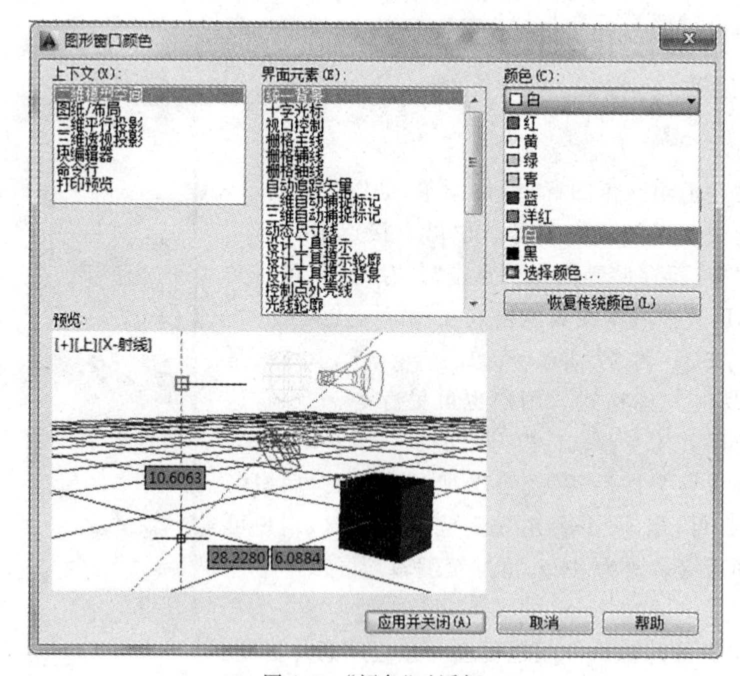

图 1-5 “颜色”对话框

4. 工作空间

工作空间是由分组组织的菜单、工具栏、选项板和功能区控制面板组成的集合，使用户可以在专门的、面向任务的绘图环境中工作。

工作空间可控制用户界面元素的显示及显示顺序。用户可以自定义工作空间以创建图形环境，在该环境中仅显示用户选定的快速访问工具栏、菜单、功能区选项卡和选项板上的命令。命令执行方式如下：

键盘命令：WSCURRENT

下拉菜单：工具→工作空间

命令行将提示：

输入 WSCDRRENT 的新值＜默认值＞：

用户可以根据需要选择初始工作空间。“工作空间”对话框如图 1-6 所示。

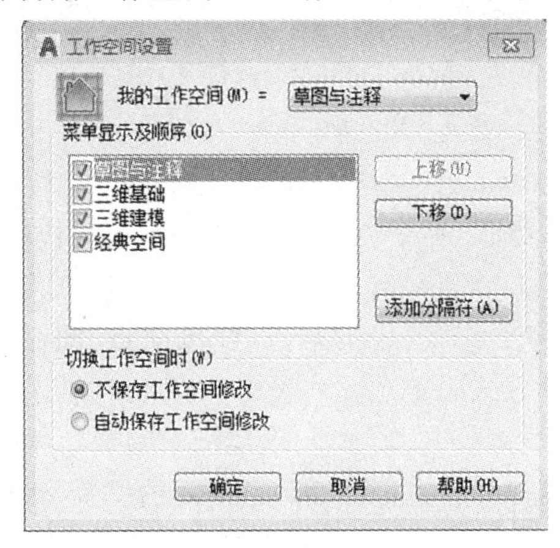

图 1-6 “工作空间”对话框

无论选择何种工作空间，都可以在以后对其进行更改。用户也可以自定义并保存自己的自定义工作空间。

创建或修改工作空间后，必须先将该工作空间置为当前，才能将其控制用户界面。可通过用户界面或自定义用户界面(CUI)编辑器将工作空间置为当前。在用户界面中，还可以使用“工作空间”工具栏、状态栏上的“工作空间”按钮、菜单栏上的“工具”菜单以及 WORKSPACE 命令将工作空间设置为当前。

系统有“草图与注释”“三维基础”“三维建模”3 种空间。AutoCAD2014 及以下版本还有“经典空间”可选用，习惯于用“经典空间”的用户可直接移植或自定义“经典空间”界面。本书平面绘图部分将基于“草图与注释”工作空间进行讲解。三维绘图则基于“三维基础”和“三维建模”工作空间讲解。用户可在不同工作空间之间切换，学习使用各种命令。

任务 1.3 AutoCAD2017 的基本操作

1.3.1 学习目标

(1) 掌握命令的调用和输入方式。

(2) 正确理解几种坐标表达方式。

（3）学会常用快捷操作方式。

1.3.2 课题展示（图 1-7、图 1-8）

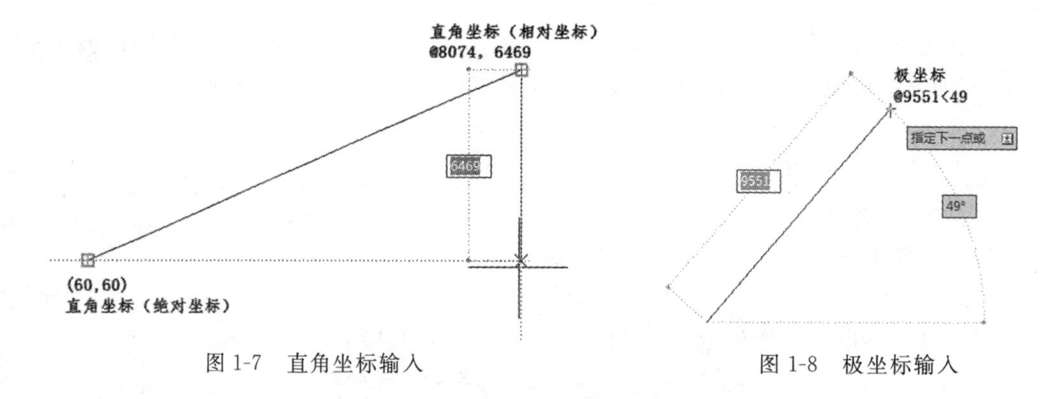

图 1-7　直角坐标输入

图 1-8　极坐标输入

1.3.3 理论知识

图 1-7 和图 1-8 描述了 AutoCAD 中输入对象上特征点所利用的坐标表达方式。正式绘图之前，必须弄清楚对象输入方式，命令调用方法，以及常用的快捷键，以提高绘图速度。

1. 定点方式

绘图时，经常要输入一些点，如线段的端点、线段交点、圆心、圆弧的圆心及端点等。在 AutoCAD 中可以用以下两种方式来定点。

1）光标定点

打开“状态栏”的“动态捕捉”，将光标移动到所需要的位置，然后用鼠标点击。这种方法方便快捷，但不能用来精确定位。如果打开“状态栏”的“正交”方式，将鼠标沿 X 或 Y 轴移动，通过键盘输入具体数值，可实现 X 或 Y 方向长度精确输入。

2）坐标定点

当通过键盘输入点的坐标时，用户既可用直角坐标，也可用极坐标方式输入。直角坐标输入方式又分绝对坐标和相对坐标输入方式。

如果用绝对坐标，按(x,y)格式直接输入即可，x 和 y 为系统默认世界坐标系 WCS 的坐标值。如果用相对坐标输入，格式为@x,y,x 和 y 为相对于上一个点的 X 和 Y 方向长度增量。

如果用极坐标输入，格式为“长度＜角度”。如某一点与前一点直线距离为 50，夹角 60°，可输入@50＜60。

2. 命令调用方式

AutoCAD 中，输入命令主要是通过键盘、工具按钮和下拉菜单实现。

1）命令行输入命令

AutoCAD 所有绘图功能都能从命令行输入。用户在命令行输入命令（只能输入英文）并按“Enter”键，然后根据提示输入参数，可执行用户绘图需求。执行过程中发生错误或想中止操作，可通过按“Esc”键来取消操作。

在“命令行”窗口中右击鼠标，会弹出快捷菜单。通过它可以选择最近使用过的 6 个命令，也可打开“选项”对话框。

2）下拉菜单输入命令

AutoCAD 菜单栏中所显示的为主菜单，用户可在主菜单上单击鼠标左键弹出相应下拉菜单，完成命令输入。

3）工具按钮输入命令

工具按钮直观、形象，深受广大初学者喜爱。用户只需对准图标，左击，即可实现输入命令，方便快捷，但工具按钮只代表一些常用命令，其他命令则必须从下拉菜单或命令行输入。点击图 1-1 上侧主菜单中“Performance”右侧三角，可实现工具按钮的展开和隐藏。

1.3.4 操作技能

1. 对象的选择

编辑修改对象时，必须选择对象。通常情况下，先选择对象，再进行编辑操作，但在AutoCAD 中对于某些命令，其执行方式有两种，一种是先发出命令，再选择对象（此时光标变成“□”，单击对象即可选择，被选中对象显示为虚线）；另一种是先选择对象，然后再发出命令（被选中对象上将显示蓝色的夹点）。因此，选择对象就有以下两种情况。

1）直接选择

使用鼠标左键直接在想要选择的图形上单击即可。若要同时选择几个对象，可继续单击选择，这种方法称拾取对象。若对象上显示蓝色夹点（冷夹点），还可点击其中一个夹点，变成红色（热夹点），通过按空格键，对选中对象执行 5 种快捷操作命令，分别是拉伸、移动、比例缩放、旋转、镜像。

2）框选

当要选择的图形对象较多且在同一区域时，可以按住鼠标左键在图形区域内拉出一个方框把对象框住，这种方法称框选。有两种框选方式：

一是从左到右框选，此时只能选择完全被包含在选框的图形对象，这种方式称窗口选择方式。

二是从右向左选，此时选框内包含的对象和与边框边界相交的对象都将被选中，这种方式称窗交选择方式。

要取消或放弃误选对象，可按“Esc”键。

2. 常用功能键

普通的键盘上都有一组从 F1—F12 的字母数字键，软件公司通常为这些键设置一些特殊功能以帮助用户使用软件，AutoCAD 的功能键主要是开关键，即打开和关闭某些功能。具体如表 1-1 所示。其中最常用的功能键 F3，F8，F12 等，用户若能熟练运用，能大大提高绘图速度和精度。

表 1-1　　常用功能键

功能键	作用	功能键	作用	功能键	作用
F1	显示帮助	F8	正交开/关	Ctrl+P	打印
F2	文本窗口开/关	F9	光标捕捉开/关	Ctrl+S	保存
F3	对象捕捉	F10	极坐标开/关	Ctrl+V	粘贴
F4	数字化模式切换	F11	对象捕捉追踪开/关	Ctrl+X	剪切
F5	切换等轴侧面模式	F12	动态输入开/关	Ctrl+Y	恢复
F6	切换坐标显示	Ctrl+N	创建新图形	Ctrl+Z	撤销
F7	切换栅格显示	Ctrl+O	打开文件		

表 1-2 简化命令

命令全称	简化命令	功能	命令全称	简化命令	功能
ARC	A	画圆弧	HATCH	H	填充图案
BLOCK	B	创建块	LINE	L	画直线
CIRCLE	C	画圆	PLINE	PL	画多段线
COPY	CP	复制对象	MOVE	M	移动对象
DIMSTYLE	D	定义标注样式	MIRROR	MI	镜像复制对象
ERASE	E	删除对象	STRETCH	S	拉伸对象
EXTEND	EX	延伸对象	TRIM	T	修剪对象

3. 常用简化命令

在“工具”下拉菜单中，选择“自定义”→“编辑程序参数(acad. pgp)”，后，系统会用记事本弹出文件 acad. pgp。在该文件中可自行设置一些简化命令，命令行输入时可不输入命令全称，从而提高绘图速度。如在命令行输入“CP”表示“copy”。

系统对常用的绘图命令设置的简化命令如表 1-2 所示。

4. 其他常用命令

绘图过程中还经常会遇到重复同一命令，或者执行过程中出现错误等，可以用以下命令实现。

1）重复

重复命令有两种方法：在命令窗口按“Enter”键，或在绘图窗口中单击右键，然后在打开的快捷菜单中选择“重复(上一命令名称)”命令(图 1-2)。

2）终止

完成命令相应提示操作后，在绘图窗口中单击右键打开快捷菜单，选择“确认”选项或在命令窗口中按“Enter”键。也可直接按“Esc”键，退出命令。

3）重做

AutoCAD 中的重做实际上是恢复最近的操作。在命令行直接输入 REDO，或点击图标。

4）放弃

在命令行直接输入 UNDO，或点击图标，可放弃当前及之前的一些操作。

在执行其他命令，需要选择对象时，也可用 UNDO 命令取消选错的对象。然后继续执行前述命令。

项目 2　绘图前的准备工作

任务 2.1　初始化绘图环境

2.1.1　学习目标

（1）学会正确设置绘图单位和图形界限。

（2）掌握缩放、平移等相关设置。

（3）了解其他环境选项的设置

2.1.2　课题展示

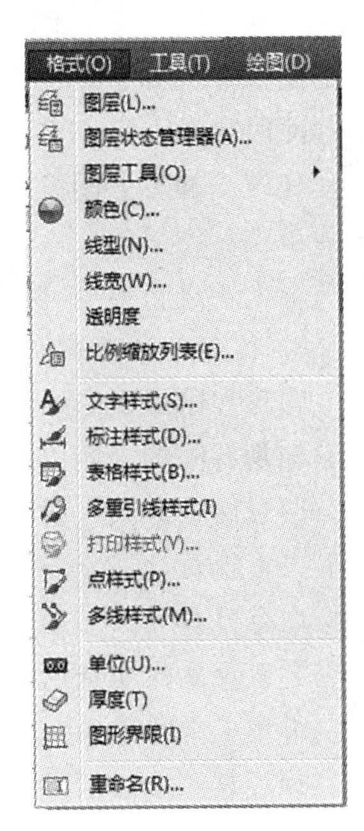

图 2-1　“格式”下拉菜单

2.1.3　理论知识

1. 图纸规格

用户在绘制图形时可将 AutoCAD 的绘图区域看成一幅无穷大的图纸，也就是说用户可以在 AutoCAD 中绘制任何尺寸的图形。但实际上并不存在无穷大的对象，因此可根据对象的大小设置一定的绘制图形界限。

建筑工程图是表达建筑工程设计的重要技术资料，是施工的依据。为了使建筑工程图清晰、统一，方便技术交流，在绘制图样时，对图纸规格、线型、尺寸、图例、字体等都必须采用房屋建筑统一制图标准(GB 50001—2010)，该标准对图纸幅面和图框格式都作了规定。

当绘制工程图时，必须采用表 2-1 所规定的基本幅面，必要时可加长。一般只横向加长，竖向不加长。一般以 1/4 横向长度为单位加长，具体尺寸可参考 GB 50001—2010 制图标准。

表 2-1　　幅面及图框尺寸(mm)

幅面代号 / 尺寸代号	A0	A1	A2	A3	A4
$b\times l$	841×1189	594×841	420×594	297×420	210×297
c	10			5	
a	25				

在图纸上必须用粗实线画出图框，如图 2-2 所示。图 2-2 的图幅及图框均为横式图纸，这是最常见的图纸格式，也是一般情况下优先使用的图纸格式。有时为了需要，也可采用立式图纸格式，如图 2-3 所示。

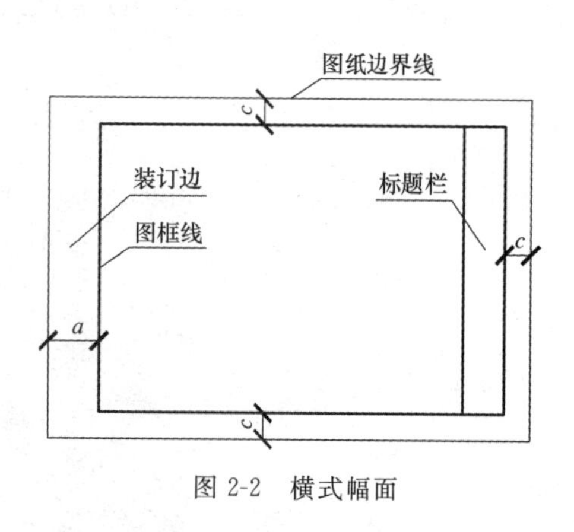

图 2-2　横式幅面

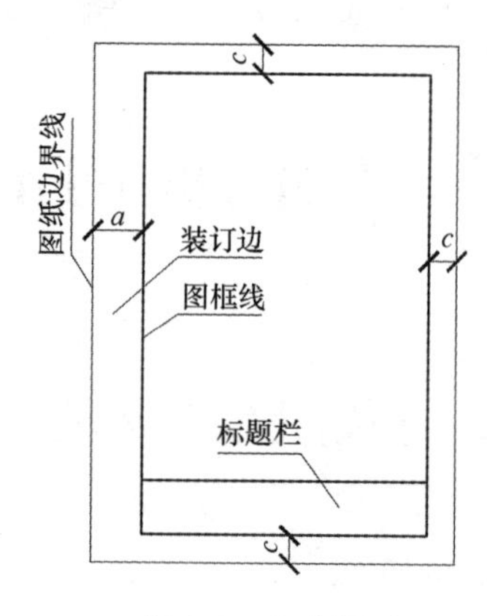

图 2-3　立式幅面

2. 绘图比例

比例是指图纸中的图形与实际工程形体相应要素的线性尺寸之比，即图样上反映物体的线长与实际长度之比。比例有三种情况：原值比例、缩小比例和放大比例。建筑工程专业的特点决定了建筑工程图主要采用缩小比例。国家标准规定，不能任意选用比例。对于建筑工程图而言，推荐使用常用比例：1∶1，1∶2，1∶5，1∶10，1∶20，1∶50，1∶100，1∶150，1∶200，1∶500，1∶1000 等。

建筑工程专业图纸中，除了总平面图和建筑里面标高以米为单位外，其他尺寸单位均以毫米为单位。在 AutoCAD 中，所有图形元素均可按真实尺寸绘制，需要打印出图时，再将图形按图纸大小进行缩放，确定绘图比例。

3. 图形界限设置

图形界限是图形绘制的范围。AutoCAD 绘图区域是无限大的区域。但是，绘制在其中的图形却是有限的。所以，指定绘图区域后再绘制图形可提高绘图效率，也会直接影响视图效果。通过两种方式可设置图形界限，一是“格式”下拉菜单中的“图形界限”，二是命令行输入，如下：

命令：LIMITS

重新设置模型空间界限：

指定左下角点或[开(ON)/关(OFF)]<0.0000,0.0000>：

指定右上角点<12.0000,9.0000>：

其中，开/关表示是否打开界限检查。当界限检查打开时，将无法输入栅格界线外的点。因为界限检查只测试输入点，所以对象(例如圆)的某些部分可能会延伸出栅格界限。打开或关闭界限检查，还可防止或允许图形超限。

直接选择(0,0)的坐标值作为左下角是比较理想的，对于操作者而言，调整图形界限其实只需设定右上角的坐标即可。

以公制为单位的系统默认图形界限为(420,297)，该图形界限相当于 A3 图纸。若绘制图形比例选用 1∶00，因此，图形界限可设置为(42000,29700)。

定义了包含比例的图形界限后，可能会遇到图形溢出的问题(按真实尺寸绘制的图形不能完整显示)。这主要是定义的图形界限没有得到 AutoCAD 进一步的确认。绘图前，在命令行输入“ZOOM”或“Z”回车，再输入 A，回车，即可解决。

4. 缩放

使用缩放命令，用户可以增大或缩小图形在当前视口中的显示比例。使用鼠标滚轮可对当前视口实现快捷缩放操作。

在命令行输入"ZOOM"，也可调用该命令，此时，命令行将提示：

指定窗口的角点，输入比例因子（nX 或 nXP），或者

［全部(A)/中心(C)/动态(D)/范围(E)/上一个(P)/比例(S)/窗口(W)/对象(O)］＜实时＞：

(1) 全部：在当前视口中缩放显示整个图形。在平面视图中，所有图形将被缩放到栅格界限和当前范围两者中较大的区域中。在三维视图中，"全部缩放"选项与"范围缩放"选项等效。即使图形超出了栅格界限也能显示所有对象。

(2) 中心：缩放以显示由中心点和比例值/高度所定义的视图。高度值较小时增加放大比例。高度值较大时减小放大比例。

(3) 动态：使用矩形视图框进行平移或缩放。视图框表示视图，可以改变它的大小，或在图形中移动。移动视图框或调整它的大小，将其中的视图平移或缩放，以充满整个视口。

(4) 范围：放大或缩小图形以显示其范围。这会导致按最大尺寸显示所有对象。

(5) 上一个：缩放显示上一个视图。最多可恢复此前的 10 个视图。

(6) 比例：使用比例因子缩放视图以更改其比例。

(7) 窗口：缩放显示由两个角点定义的矩形窗口框定的区域。

(8) 对象：缩放以便尽可能大地显示一个或多个选定的对象并使其位于视图的中心。

(9) 实时：交互缩放以更改视图的比例，光标将变为带有加号(＋)和减号(－)的放大镜。

5. 对象捕捉

在绘图过程中，经常要制定一些对象上已有的点，如：端点、圆心或两个对象的交点等。在 AutoCAD2017 中，可以通过"对象捕捉"工具栏和"草图设置"对话框等方式调用对象捕捉功能，迅速、准确地捕捉到某些特征点，从而精确地绘制图形。

(1) "对象捕捉"工具栏：单击"对象捕捉"工具栏中相应的特征点按钮，再把光标移到要捕捉对象上的特征点附近，即可捕捉到相应的特征点按钮，再把光标移到要捕捉对象上的特征点附近，即可捕捉到相应的对象特征点。

(2) 自动捕捉功能：自动捕捉是指当把光标放在一个对象上时，系统自动捕捉到对象上所有符合条件的几何特征点并显示相应的标记。如果把光标放在捕捉点上多停留一会儿，系统还会显示捕捉的提示。因此在选点之前，就可以预览和确认捕捉点了。

要使用"自动捕捉"功能，必须先设置需要捕捉的特征点。可在"草图设置"对话框的"对象捕捉"选项卡中，设置选中"启用对象捕捉"复选框，然后在"对象捕捉模式"选项组中进行选择，如图 2-4 所示。

对象捕捉快捷菜单：按 Shift 键或者 Ctrl 键，单击鼠标右键打开对象捕捉快捷菜单，选择需要的子命令，再把光标移到要捕捉对象的特征点附近，即可捕捉到相应的特征点。

6. 自动追踪

在 AutoCAD2017 中，自动追踪可按指定角度绘制对象，或者绘制与其他对象有特定关系的对象。自动追踪功能分为极轴追踪和对象捕捉追踪两种，是非常有用的辅助绘图工具。

(1) 极轴追踪与对象捕捉追踪：极轴追踪是指事先给定的角度增量来追踪特征点。对象捕捉追踪是指按与对象的某种特定关系来追踪，这种特定关系确定了一个未知角度。换言之，如果事先知道追踪的方向(角度)，则使用极轴追踪；如果事先不知道具体的追踪方向(角度)，但知道与其他对象的某种关系(如：正交)，则用对象捕捉追踪。极轴追踪和对象捕捉可以同时使用。

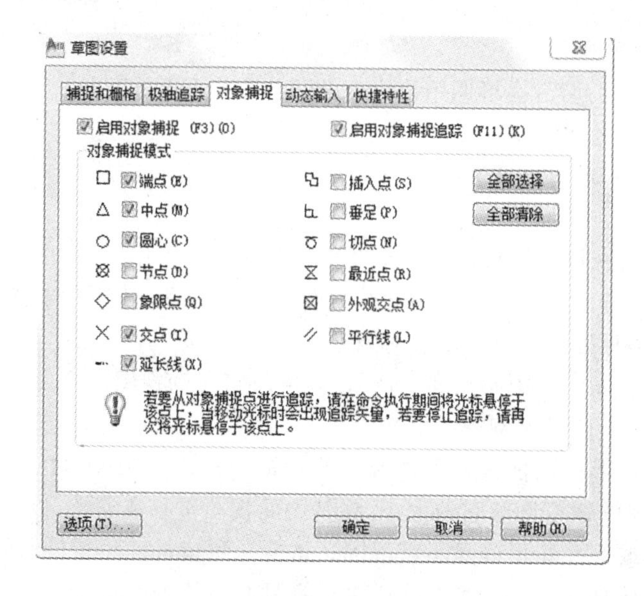

图 2-4 “对象捕捉”对话框

(2)“临时追踪点”和“捕捉自”功能：在“对象捕捉”工具栏中，还有两个非常有用的对象捕捉工具，即“临时追踪点”和“捕捉自”。

“临时追踪点”：可在一次操作中创建多条追踪线，并根据这些追踪线确定所要定位的点。

“捕捉自”：在使用相对坐标指定下一个应用点时，“捕捉自”工具可以提示输入基点，并将该点作为临时参考点，这与通过输入前缀@，使用最后一个点作为参考点的操作类似。它不是对象捕捉模式，但经常与对象捕捉一起使用。

(3) 自动追踪功能绘图。使用自动追踪功能可以快速且精准地定位点，在很大程度上提高了绘图效率。在 AutoCAD2017 中，要设置自动追踪功能，可打开“选项”对话框，在“草图”选项卡的“自动追踪设置”选项组中进行设置，其各选项功能如下：

① “显示极轴追踪矢量”复选框：设置是否显示极轴追踪的矢量数据。

② “显示全屏追踪矢量”复选框：设置是否显示全屏追踪的矢量数据。

③ “显示自动追踪工具栏提示”复选框：设置在追踪特征点时是否显示工具栏上的相应按钮的提示文字。

2.1.4 操作技能

1. 设置绘图单位

绘图单位包括长度单位和角度单位，其设置方法如下：

单击“格式→单位”命令，弹出“图形单位”对话框，如图 2-5 所示。在“长度”框中，默认精度为 0.0000。由于建筑工程图以 mm 为尺寸单位，一般不标注小数，应将精度调为 0。

2. 透明命令的使用

透明命令就是一个命令还没结束，中间插入另一个命令。然后继续完成前一个命令。插入的命令叫透明命令，插入透明命令是为了更方便地完成第一个命令。

比如，在当前窗口中没有完全显示整个图形，你要画的部分要比当前窗口显示的部分要大很多，这时你可以进行缩放，也就是滚动鼠标滚轮，或者按住鼠标中键平移。这种情况只针对缩放。在绘制线条时，已经确定第一点，没有点下一点的情况下，可以点击“状态栏”中“捕捉”

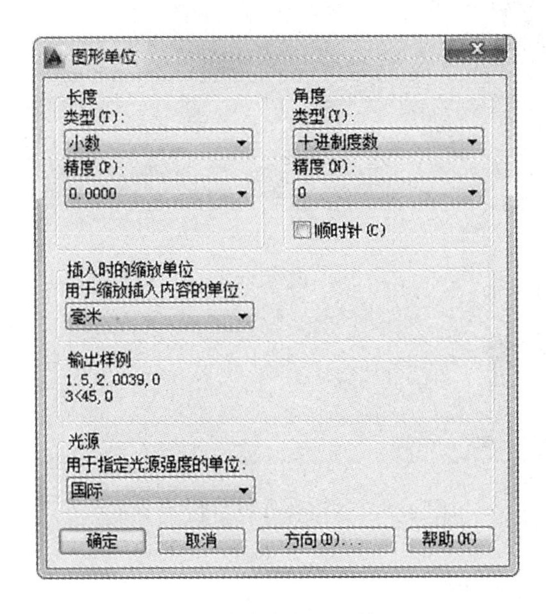

图 2-5 “单位”对话框

“栅格”“正交”“极轴”等，改变输入方式，然后再在绘图区域绘制第二点。AutoCAD 中最常用的透明命令是实时平移和缩放。

1）实时平移 平移

在命令行输入 PAN 或直接点击图标（“视图”→“二维导航”→“平移”）即可调用该命令。用户在绘图之中也可调用，只需在命令行输“PAN”（或“'P”）即可，平移完成后，按右键点击“退出”，可继续绘图。

2）图形缩放

在绘图过程中经常遇到图形溢出显示器显示的绘图区域或图形过小，不便操作，通过滚动鼠标中轮，可实现快速缩放，当鼠标失灵时，还可通过另外两种方式实现缩放。一是在命令行输入“ZOOM”（或“'Z”），二是直接点击图标（“视图”→“二维导航”→“范围”）。用户在绘图之中也可调用，只需在命令行输入“ZOOM”（或“'Z”）即可，缩放完成后，按右键点击“退出”，可继续绘图。

任务 2.2　图层及相关设置

2.2.1　学习目标

（1）学会创建新图层，并为图层设置颜色、线型和线宽等特性。

（2）理解图层特性和状态的含义。

（3）掌握设置当前图层、删除图层等操作方法。

2.2.2 课题展示(图 2-6)

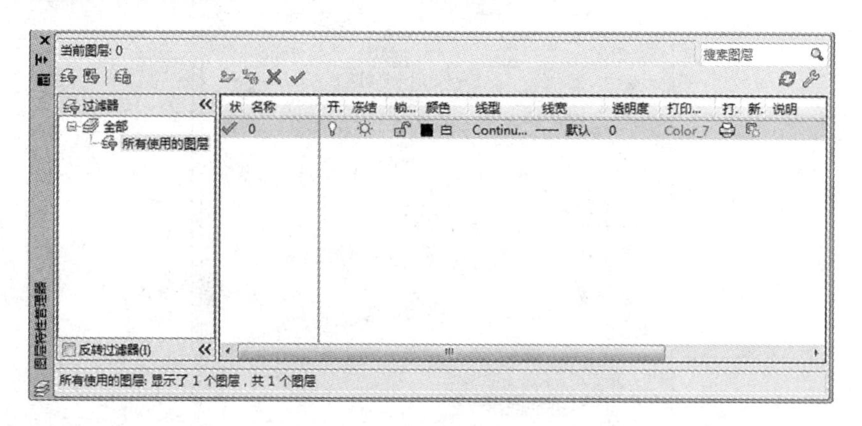

图 2-6 “图层特性管理器”对话框

2.2.3 理论知识

1. 图层的概念

图层是 AutoCAD 中用来组织和管理图形最有效的工具之一,AutoCAD 中的图层就像工程绘图中层层重叠的透明图纸。设计师分别在不同的透明图纸上绘制不同的实体对象,然后将这些透明图纸重叠起来,最终达到复杂的图形。每个图层都有其名称、颜色、线型等特性。图层的创建及修改都可在“图层特性管理器”中完成。对话框其余各选项说明如下:

(1) 新建特性过滤器:显示“图层过滤器特性”对话框,从中可以根据图层的一个或多个特性创建图层过滤器。图层过滤器控制将在列表中显示的图层,也可以用于同时更改多个图层。

(2) 新建组过滤器:图层过滤器,其中包含选择并添加到该过滤器的图层。

(3) 图层状态管理器:选择该按钮,系统将弹出“图层状态管理器”对话框,用户可将图层当前特性设置保存到一个命名图层状态中,以后可以再恢复这些设置。还可将本文件内的图层输出到其他文件,也可将其他文件的图层输入到当前文件中。

(4) 新建图层:新建一个图层。名称默认为“图层一”,并将继承前一个图层所有特性。图层按名称的字母顺序排列。

(5) 所有视口中已冻结的新图层:创建新图层,然后在所有现有布局视口中将其冻结。可以在“模型”或“布局”空间访问此按钮。

(6) 删除图层:删除选定的图层。有四种图层是不能删除的:“0”图层;有对象的图层;依赖外部参照的图层;当前图层。AutoCAD 中使用尺寸标注后,软件会自动增加“Defpoints”图层,该图层不能删除,继承 0 图层所有特性。“0”图层和“Defpoints”图层名不能更改。

(7) 置为当前:将指定图层作为当前图形绘制的图层。并不是所有图层都可被指定为当前图层,被冻结的图层或依赖外部参照的图层不可被指定为当前图层。图层可以有很多个,但当前图层只能有一个。

2. 图层的特性与状态

新建图层后,在“图层特性管理器”中还可直接对图层特性进行编辑。具体如下:

(1) 状态:指示项目的类型。图层过滤器、正在使用的图层、空图层或当前图层。

(2) 名称:为新建图层命名。图层名最多可包含 255 个字符,其中包括字母、数字和特殊字符,如人民币符号¥和连字符等。值得注意的是,图层名中不可包含空格。

(3) 开/关:打开或关闭选定的图层。只有图层打开时,该图层上的对象才可显示、编辑并打印。暂时关闭与当前工作无关的图层可以减少干扰,更加快捷地工作。

(4) 冻结:冻结选定的图层。可以用"冻结"来提高 ZOOM,PAN 和其他若干操作的运行速度,提高对象选择性能并减少复杂对象重生成的时间。图层冻结后,将不会显示、打印、消隐、渲染或重生成其上的对象。

(5) 锁定:锁定指定图层。无法修改锁定图层上的对象,但对象可见。

(6) 颜色:更改选定图层的颜色。

(7) 线型:更改选定图层的线型。

(8) 线宽:更改选定图层的线宽。

(9) 打印样式:更改与选定图层关联的打印样式。需要注意的是,Defpoints 图层上绘制的图形,可见但不能打印,用户在打印之前一定要检查该图层是否有需要打印的对象。

2.2.4 操作技能

1. 图层的创建

点击打开图 2-6"图层特性管理器"对话框中单击"新建图层"按钮,可新建图层。在默认情况下,新建图层与当前图层的状态、颜色、线型、线宽等参数相同。

绘制建筑工程图关键是图层的使用。一种对象设置一个图层,避免绘图和出图时出现混乱。如梁、板、柱、墙体、尺寸标注、文字注写可分别设图层。用户应注意,图层数量过多,且每个图层包含的参数有多种,多设置图层会使得文件臃肿,故绘图前应规划好图层。

1) 设置颜色

点击图 2-6 右侧"颜色"选项,弹出图 2-7"选择颜色"对话框,选定需要的颜色,确定并退出。与 AutoCAD 配套的绘图仪一般是以颜色控制线宽和线型的输出,因此,用户在设置图层颜色时一定要谨慎,同样的颜色可以设置多个图层,但相同颜色图层的线型和线宽一定要一致。

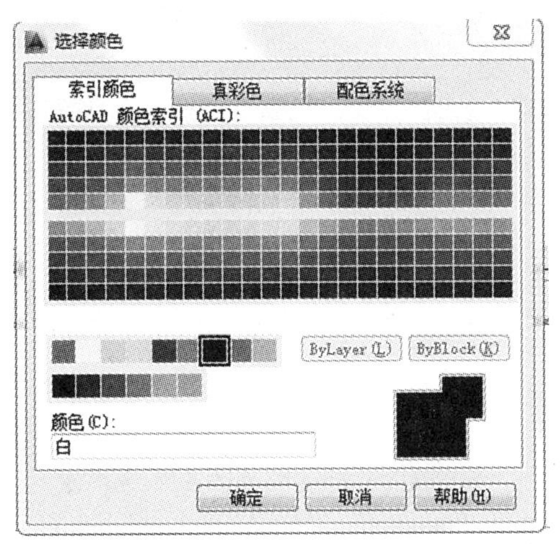

图 2-7 "选择颜色"对话框

2) 设置线型

线型是指图形元素中线条的组成和显示方式,如实线、虚线和点划线等。AutoCAD 中既有简单线型,也有一些特殊符号组成的复杂线型,以满足不同行业标准要求。

系统默认线型为 Continues。可在命令行输入或利用“格式”下拉菜单栏改变图层线型。

下拉菜单:格式→线型

键盘命令:LINETYPE

也可在图 2-6“图层特性管理器”中点击“线型”,执行该命令。系统将弹出如图 2-8 所示“线型管理器”对话框。点击该对话框中“加载”,系统将弹出如图 2-9 所示“加载或重载线型”对话框。用户可选择绘图常用的线型,选用 Center 线绘制轴线,选用 DASHED 线绘制虚线,默认线型是 Continues,即细实线。

“Bylayer”和“Byblock”表示随图层,随图块。如果用户为某图层指定线型,在该图层上绘制的所有对象将继承该图层线型特性。图块是多个对象组成的一个整体,图块的线型也将继承图块所在图层线型特性。

点击“显示/隐藏细节”可调节线型的显示比例。不同比例图形,线型的比例因子不同,需要用户耐心调试。即使是相同的比例因子,也会因显卡的不同显示出不同的效果。

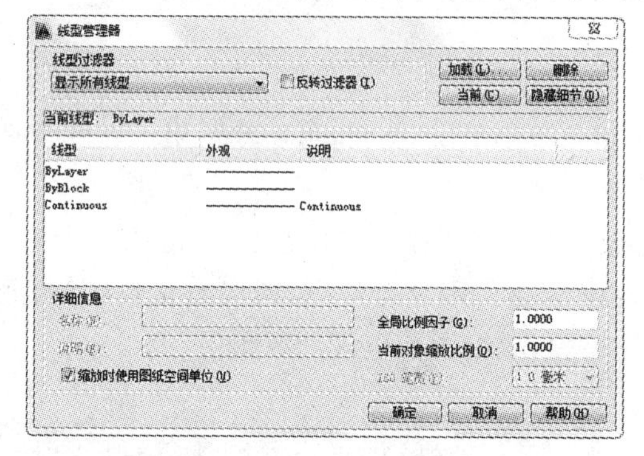

图 2-8 “线型管理器”对话框

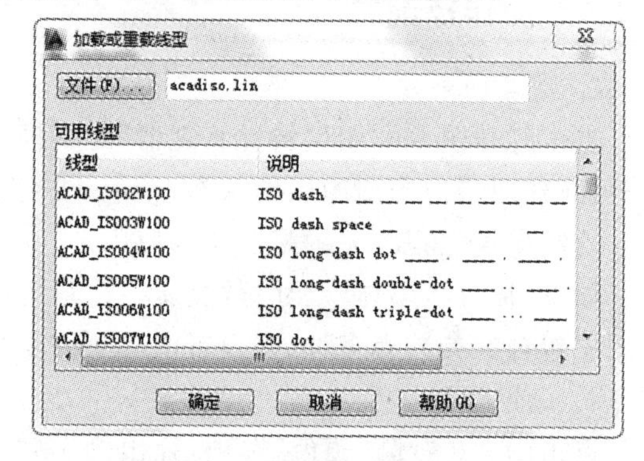

图 2-9 “加载或重载线型”对话框

项目 3　基本图形的绘制

任务 3.1　台阶的绘制

3.1.1　学习目标

（1）掌握直线命令使用方法。

（2）正确使用各种坐标方式来确定点。

3.1.2　课题展示

如图 3-1 所示绘制台阶侧面图，不要求标注尺寸和图中字母。该图由 10 段直线组成，其中台阶踏步高度和宽度相同。图形可以由直线和复制命令完成。

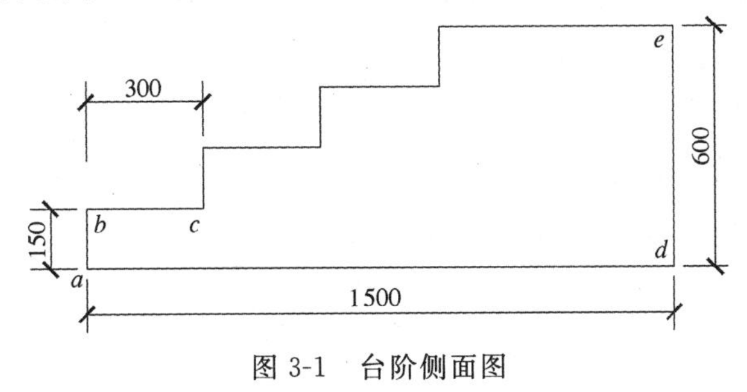

图 3-1　台阶侧面图

3.1.3　理论知识

1. 直线

1）命令调用方法

（1）工具栏：绘图→直线 。

（2）下拉菜单：绘图→直线。

（3）键盘命令：Line（或 L）。

2）功能

绘制直线段或折线段或闭合多边形对象。

3）操作及选项说明

直线是各种绘图中最常用、最简单的一类图形对象。在 AutoCAD 中直线的概念相当于数学中的线段，即两点之间的连线。因此在使用“line”命令绘制直线时只需要一次确定直线的两个端点即可。确定端点的方法有两种：一是直接在命令行输入点的坐标；二是使用鼠标在绘图区内选择某一点。

命令：Line

指定第一点：

指定下一点或[放弃(U)]：

指定下一点或[放弃(U)]：

用户可以指定多个端点，一次绘出多条直线段。每段直线是独立对象，可以对其进行单独编辑。

指定下一点或[闭合(C)/放弃(U)]：

绘制两条以上直线段后，若输入 C，系统会自动连接起始点和最后一个端点，从而绘出封闭的图形。

操作时还应注意：

(1) 若用 Enter 键响应“指定第一点：”提示，系统会把上次绘制线(或弧)的终点作为本次操作的起始点。若上次操作为绘制圆弧，用“Enter”键响应后将绘出通过圆弧终点的与该圆弧相切的直线段，该线段的长度由鼠标在屏幕上指定的一点与切点之间线段的长度确定。

(2) 若输入 U，则擦除最近一次绘制的直线段。

(3) 若设置正交方式，只能绘制水平直线段或垂直直线段。

(4) 可用鼠标直接点击确定各端点，也可输入坐标值。如：

① 输入绝对坐标值，如直角坐标 1200，1200；极坐标 100＜45。

② 输入相对坐标值，如@1200，1200；相对极坐标@100＜45。

③ 打开动态输入模式(DYN)，移动鼠标指示直线方向，输入直线长度值，如 1200。

4) 直线绘制技巧

AutoCAD 有两种直线输入方式。直线 和多段线 。直线是最常用的方式。用直线命令绘制的对象，线条没有宽度，有 3 个夹点，同一次绘制的多条线段为独立对象。用多段线命令绘制的对象，线条有宽度(默认宽度为图层线宽)，且每段线只有 2 个夹点，同一次绘制的多条线段为一个整体。

2. 复制

1) 命令调用方法

(1) 工具栏：修改→复制 。

(2) 下拉菜单：修改→复制。

(3) 键盘命令：COPY(或 CP)。

(4) 快捷菜单：选择要复制的对象，在绘图区域右击鼠标，选择“复制”命令。

2) 功能

将选定的对象复制到指定的位置。用户使用复制命令可以将锁选对象复制出一个或者多个副本，且原对象保持不变。复制的对象都是独立的个体，可以对其单独进行编辑和使用。

3) 选项及操作说明

命令：COPY。

当前设置：复制模式＝多个。

指定基点或[位移(D)/模式(O)]＜位移＞：

指定第二个点或[阵列(A)]＜使用第一个点作为位移＞：

指定第二个点或[阵列(A)/退出(E)/放弃(U)]＜退出＞：

(1) 指定基点：选择特征点将当前选中对象复制到目标点。一般选端点、中点、节点、圆心等特征点作为基点。

(2) 位移：使用坐标指定相对距离和方向。以当前绘图的坐标原点为基点，按指定距离复制选中对象。这个选项的实用性太差，一般不使用。

(3) 模式：是否自动重复该命令。默认模式是“多个”。选择该选项后，命令行将提示：

输入复制模式选项[单个(S)/多个(M)]<当前>：

“单个”表示只一次复制；“多个”表示多次复制，直至按右键或“Esc”退出。

(4) 阵列：线性阵列当前对象(图 3-2 所示虚线显示)。选择该选项后，命令行将提示：

输入要进行阵列的项目数：4　　　　//包含源对象，一次复制 4 个

指定第二个点或[布满(F)]：　　　　//可输入坐标值，基点与第二点连线即为阵列方向

指定第二个点或[阵列(A)/退出(E)/放弃(U)]<退出>：//回车，结束复制

图 3-2　阵列复制对象

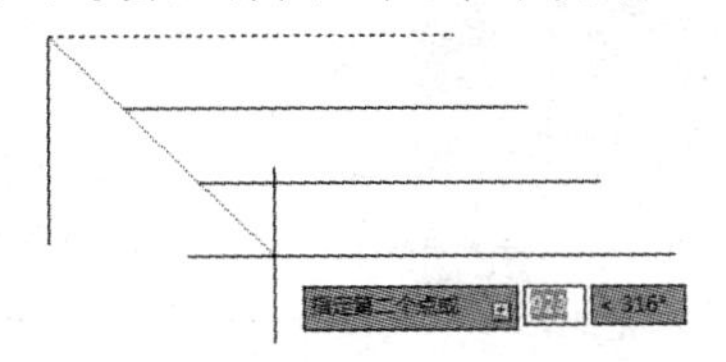

图 3-3　“布满”方式复制对象

所复制的对象间距为基点与第二点之间的距离。结果如图 3-2 所示。

(5) 布满：要复制的 n 个对象等距离分布在基点和第二点之间。如图 3-3 所示。

(6) 退出：退出复制对象。

(7) 放弃：撤销(删除)上一次复制的对象。

3.1.4　操作技能

(1) 设置 3# 图纸，幅面为 420mm×297mm，默认比例 1∶100。

命令：Limits

重新设置模型空间界限：

指定左下角点或[开(ON)/关(OFF)]<0.0000,0.0000>：

指定右上角点<12.0000,9.0000>：42000,29700

(2) 确认绘图区域，防止图形溢出。

命令：ZOOM

指定窗口的角点，输入比例因子 (nX　或 nXP)，或者

[全部(A)/中心(C)/动态(D)/范围(E)/上一个(P)/比例(S)/窗口(W)/对象(O)]<实时>：A

(3) 利用相对坐标绘制图形。

命令：Line

指定第一点：　　　　//鼠标在绘图区域任意指定 a 点

指定下一点或[放弃(U)]：@0,150　　　　//绘制 b 点

指定下一点或[放弃(U)]：@300,0　　　　//绘制 c 点

指定下一点或[放弃(U)]：@0,150

命令：Line

指定第一点：　　　　//选择 a 点

指定下一点或[放弃(U)]：@1500, 0　　　　//绘制 d 点

指定下一点或[放弃(U)]：@0,600　　　　//绘制 e 点

(4) 复制对象

命令：Copy

选择对象：找到 2 个　　　　　　　　　//选择直线 *ab* 和 *bc*

选择对象：　　　　　　　　　　　　　//回车，结束对象选择

当前设置：复制模式＝多个

指定基点或[位移(D)/模式(O)]＜位移＞：//选择 *a* 点作为基点

指定第二个点或[阵列(A)]＜使用第一个点作为位移＞：//选择 *c* 为第二点

结果如图 3-4(a)所示。

继续复制 2 次，结果如图 3-4(b)所示。

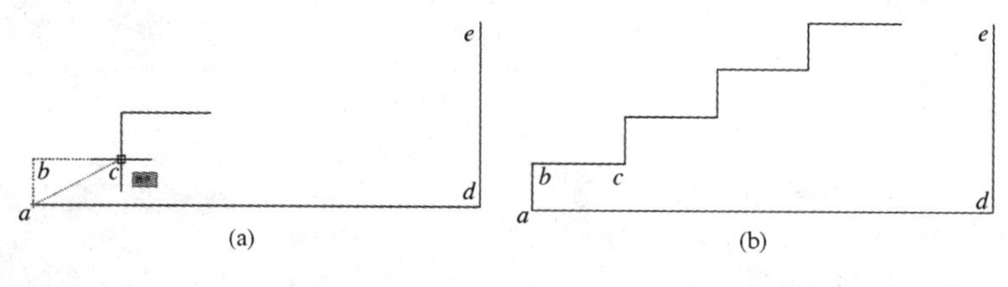

图 3-4　复制对象

(5) 完善图形。

命令：Line

指定第一点：　　　　　　　　　　　　//选择 *e* 点

指定下一点或[放弃(U)]：//@－300,0

绘制结束后，即如图 3-1 所示。

3.1.5　拓展提高

AutoCAD 中的动态输入功能，为快速输入直线段提供了很大便利。它主要由指针输入、标注输入、动态提示三部分组成。使用动态输入功能可以在工具栏提示中输入坐标值，而不必在命令行中输入，光标旁边显示的工具栏提示信息将随光标的移动而动态更新。

1. 启用指针输入

在“草图设置”对话框中的“动态输入”选项卡(图 3-5)中，选择“启用指针输入”复选框可以启用指针输入功能。点击“指针输入”下“设置”按钮，即可弹出图 3-6 对话框，选择动态输入模式。

2. 用动态输入功能绘制台阶侧面图

绘图前线按“F8”，打开正交绘图模式。绘制线段过程中，鼠标应相应水平、竖向移动。

命令：Line

指定第一点：　　　　　　　　//鼠标在绘图区域任意指定 *a* 点

指定下一点或[放弃(U)]：150　//鼠标上移，绘制 *b* 点

指定下一点或[放弃(U)]：300　//鼠标右移，绘制 *c* 点

指定下一点或[放弃(U)]：150

指定下一点或[放弃(U)]：300

指定下一点或[放弃(U)]：150

指定下一点或[放弃(U)]：300

指定下一点或[放弃(U)]：450　//绘制 *e* 点

指定下一点或[放弃(U)]：600　//鼠标移动至 *e* 点下方

指定下一点或[放弃(U)]：1500　//鼠标左移，回到 *a* 点

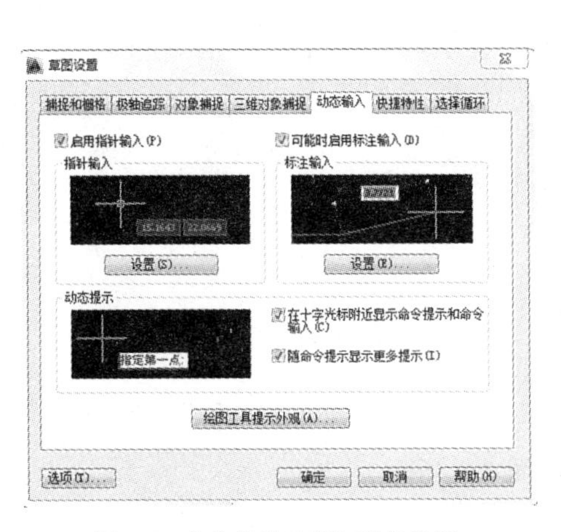

图 3-5 “动态输入”选项卡设置

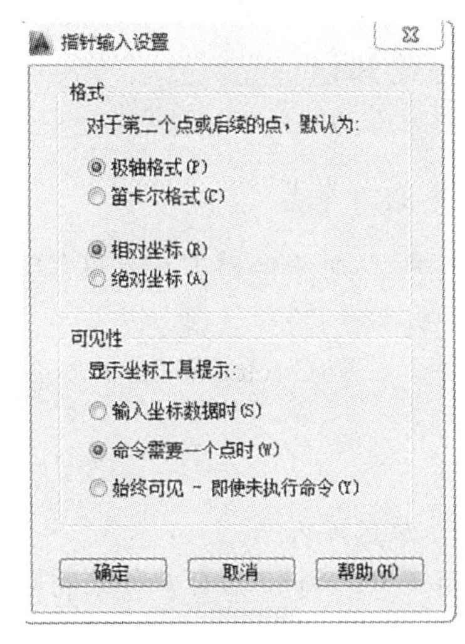

图 3-6 “指针输入”对话框

任务 3.2 台面盆的绘制

台面盆也是卫生间常见的设备之一，有诸如台面盆、柱盆、半入墙盆、台下盆、台上盆等多种类型，其中台面盆是指一种安装于开了孔的台面上的面盆，如图 3-7 所示。

3.2.1 学习目标

(1) 掌握圆、圆弧和椭圆等命令的使用。

(2) 掌握平移、修剪命令的使用。

(3) 学会使用图层管理对象。

3.2.2 课题展示

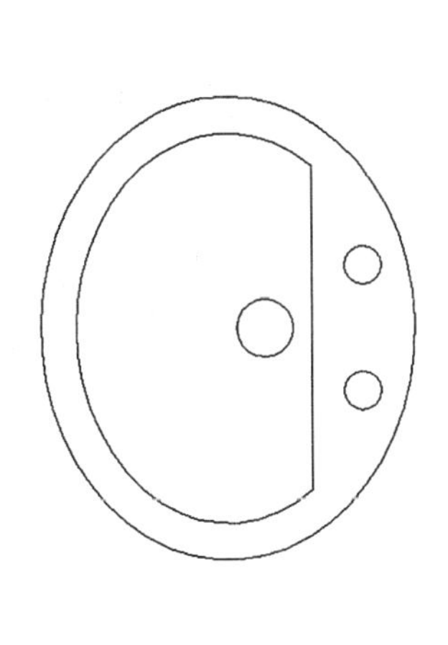

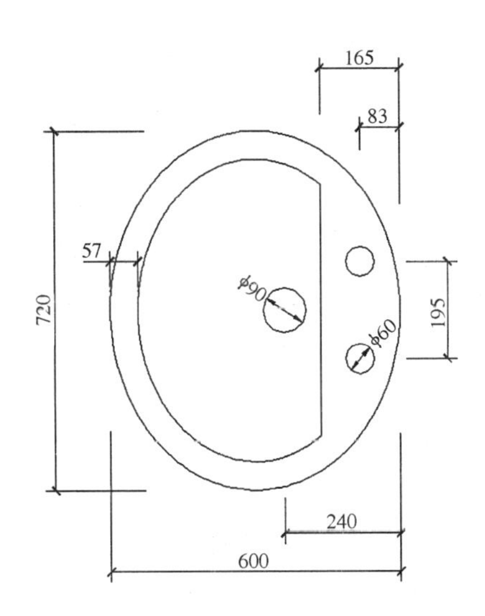

图 3-7 台面盆的形状和尺寸

3.2.3 理论知识

1. 圆

1）命令调用方法

（1）工具栏：单击绘图工具栏中按钮。

（2）下拉菜单：绘图→圆

（3）键盘命令：Circle(或 CI)

2）功能

绘制圆。

3）操作及选项说明

在 AutoCAD2017 中，有 6 种绘制圆的方法，如图 3-8 所示。

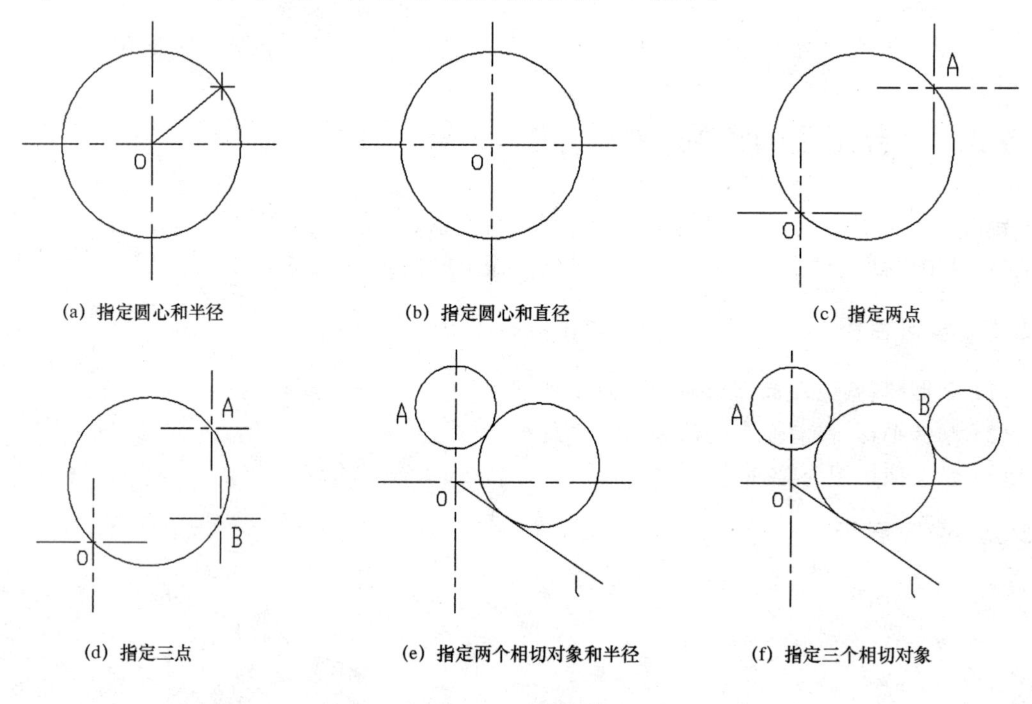

(a) 指定圆心和半径　(b) 指定圆心和直径　(c) 指定两点

(d) 指定三点　(e) 指定两个相切对象和半径　(f) 指定三个相切对象

图 3-8　圆的绘制

相切的对象可以是直线、圆、圆弧、椭圆等图线，这种绘制圆的方式在圆弧连接中经常使用。

当使用如图 3-8(e)所示的方法绘制圆时，系统总是在距拾取点最近的部位绘制相切的圆。因此，拾取相切对象时，所拾取的位置不同，最后得到的结果有可能也不相同。

2. 椭圆

1）命令调用方法

（1）工具栏：单击绘图工具栏中按钮。

（2）下拉菜单：绘图→椭圆。

（3）键盘命令：Ellipse(或 EL)。

2）功能

绘制椭圆或椭圆弧。

3）操作及选项说明

命令:Ellipse

指定椭圆的轴端点或[圆弧(A)/中心点(C)/等轴测圆(I)]:

指定轴的另一个端点:

指定另一条半轴长度或[旋转(R)]:

有两种操作方法:

(1) 执行“绘图/椭圆/中心点”命令,点击确定椭圆中心、一条轴的端点(主轴)以及另一条轴的半轴长度进行绘制。

(2) 执行“绘图/椭圆/轴、端点”命令,指定一条轴的两个端点(主轴)和另一条轴的半轴长度进行绘制,如图 3-9 所示。

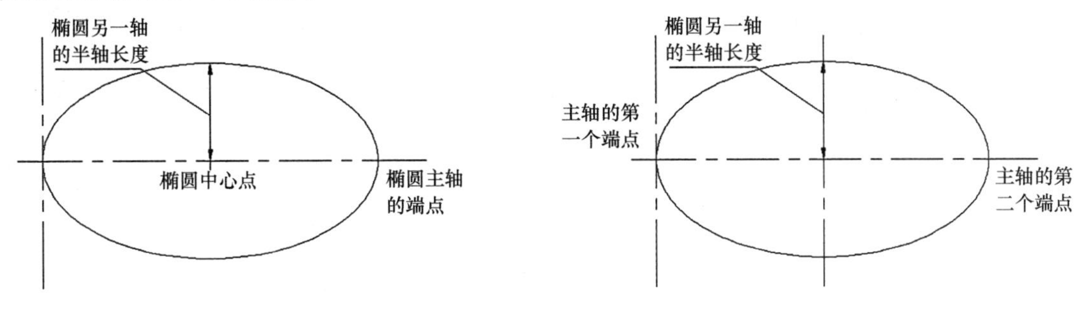

图 3-9 椭圆的绘制

4) 注意事项

(1) 对椭圆进行偏移复制时,偏移后的椭圆特性将改变为“样条曲线”。

(2) 绘制椭圆弧时,角度的方向与 AutoCAD 绘图环境初始化指定的参照方向不一样。初始化的参照方向为水平向右,而绘制椭圆时,起始角度和终止角度参照方向为:角度的“0 点”位置位于椭圆的水平轴左端点(或垂直轴的下端点),且逆时针方向为正,顺时针方向为负。

(3) 用椭圆绘制等轴测圆时,椭圆长短轴具有方向性,应注意切换工作平面。

3. 偏移

1) 命令调用方法

(1) 工具栏:单击修改工具栏中 按钮。

(2) 下拉菜单:修改→偏移。

(3) 键盘命令:Offset(或 O)。

2) 功能

创建同心圆、平行直线或平行曲线。

3) 操作及选项说明

命令行:Offset

当前设置:删除源=否　图层=源　OFFSETGAPTYPE=0

指定偏移距离或[通过(T)/删除(E)/图层(L)]＜通过＞:

选择要偏移的对象,或[退出(E)/放弃(U)]＜退出＞:

指定要偏移的那一侧上的点,或[退出(E)/多个(M)/放弃(U)]＜退出＞:

选择要偏移的对象,或[退出(E)/放弃(U)]＜退出＞:

(1) 指定偏移距离:输入一个距离值,或回车使用当前的距离值,系统把该距离值作为选择对象的偏移距离。

(2) 通过:指定偏移的通过点。操作完毕后,系统根据指定的通过点绘出偏移对象,如图3-8(a)所示。

(3) 删除:偏移源对象后将其删除,选择该项,系统提示:

要在偏移后删除源对象吗?[是(Y)/否(N)]<否>:(输入 Y 或 N)

(4) 图层:确定将偏移对象创建在当前图层上还是源对象所在的图层上。这样就可以在不同图层上偏移对象。选择该项,系统提示:

输入偏移对象的图层选项[当前(C)/源(S)]<当前>:

若选择"当前",则偏移对象复制到当前层。若选择"源",则偏移对象与原对象图层相同,默认为后者。

(5) 多个:使用当前偏移距离重复进行偏移操作,并接受附加的通过点(图 3-10(b))。

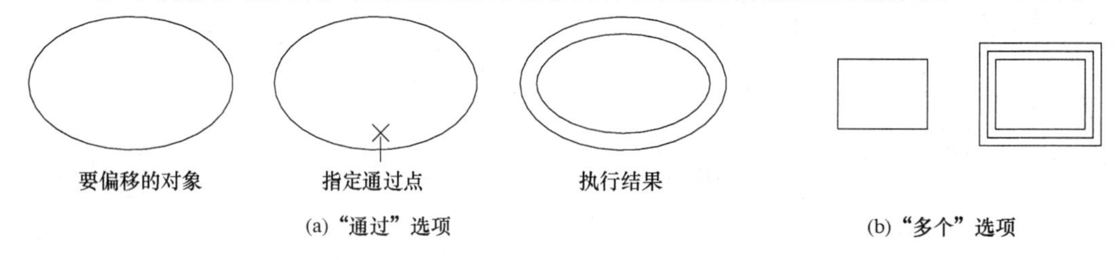

(a)"通过"选项　　(b)"多个"选项

图 3-10　偏移选项说明

4. 修剪

1) 命令调用方法

(1) 工具栏:单击修改工具栏中 按钮。

(2) 下拉菜单:修改→修剪。

(3) 键盘命令:Trim(或 TR)。

2) 功能

修剪指定对象,使它们精确地终止于由其他对象定义的边界。

3) 操作及选项说明

命令:Trim

当前设置:投影=UCS,边=无。

选择剪切边…

选择对象或<全部选择>:

选择对象:

选择要修剪的对象,或按住 Shift 要延伸的对象,或[栏选(F)/窗交(C)/投影(P)/边(E)/删除(R)/放弃(U)]:

(1) 选择对象:指定修剪的边界。

(2) 选择要修剪的对象:指定与修剪边界相交的剪切的对象。如果有多个可能的结果,那么第一个选择点的位置将决定结果。

(3) 按住 Shift 要延伸的对象。该选项提供了一种在修剪和延伸之间切换的简单方法,按下 Shift,就变成延伸对象而不是剪切它们。

(4) 栏选:选择与选择栏相交的所有对象。选择栏是一系列临时线段。

(5) 窗交:选择矩形区域(由两点确定)内部或与之相交的对象。

(6) 投影:指定修剪对象使用的投影方式。

(7) 边：确定对象是在另一对象延长边处进行修剪，还是仅在三维空间中与该对象相交的对象处进行修剪。

(8) 删除：删除选定的对象。

(9) 放弃：撤消 Trim 命令最近一次更改。

4) 修剪的技巧

在执行修剪命令时，如果修建对象与剪切边不相交，可以使用“边(E)”选项，在剪切边对象与修剪对象相交的焦点出进行修剪。

修剪命令(Trim)与延伸命令(Extent)是相反的操作。修剪命令是将对象到边界对象间的部分删除(缩短了)；延伸命令是将对象延伸到边界对象(加长了)。

修剪命令与延伸命令是互逆的操作。在使用修剪命令过程中，＜Shift＞＋选择要修剪的对象＝延伸命令。在使用延伸命令过程中，＜Shift＞＋选择要延伸的对象＝修剪命令。

3.2.4 操作技能

1. 新建文件并设置绘图环境

(1) 单击工具栏上“新建”按钮，创建新的图形文件。

(2) 执行“格式/单位”命令，设置绘图时使用的长度和角度的类型和精度，并设置“用于修改插入内容的单位”为毫米。

(3) 执行“格式/图形界限”命令，设置 2＃图纸。左下角(0,0)，右上角(594,420)。

(4) 在命令行输入命令“ZOOM”，回车，再输入“a”，回车，确认已定义的绘图区域完整显示。

(5) 执行“格式/图层”命令，新建图层“DIM”用于尺寸标注，利用默认 0 图层绘制对象，并设为当前图层。

2. 绘制水平线段和垂直线段

命令：Line

指定起点：100,100

将鼠标指针水平右移，输入水平线段长度值 600

鼠标指针垂直上移，输入垂直线段 1 长度值 360

命令：Offset

当前设置：删除源＝否　图层＝源　OFFSETGAPTYPE＝0

指定偏移距离或[通过(T)/删除(E)/图层(L)]＜通过＞：83

选择要偏移的对象，或[退出(E)/放弃(U)]＜退出＞：　//选择已绘制线段

指定要偏移的那一侧上的点，或[退出(E)/多个(M)/放弃(U)]＜退出＞：//鼠标左移，按左键确认(图 3-11)。

按上述相同方法，再将垂直线段 1 向左分别偏移 165、240 和 300，得到其余垂直线段(图 3-12)。

3. 绘制椭圆和圆

命令：Ellipse

指定椭圆的轴端点或[圆弧(A)/中心点(C)]：C

指定椭圆的中心点：//选择 600 长线段中点作为椭圆中心点

指定轴的端点：//选择该线段一个端点

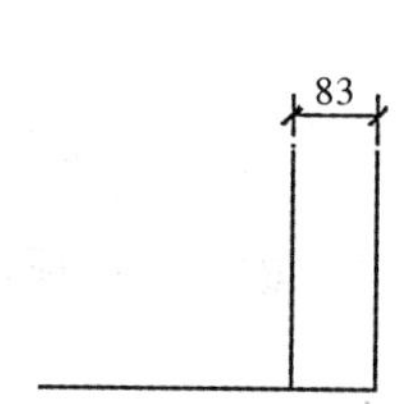

图 3-11 偏移垂直线段

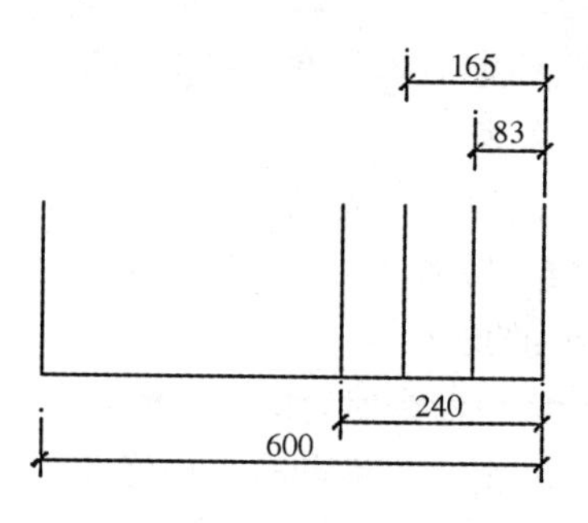

图 3-12 偏移其余垂直线段

指定另一条半轴长度:360

完成椭圆制作,如图 3-13 所示。

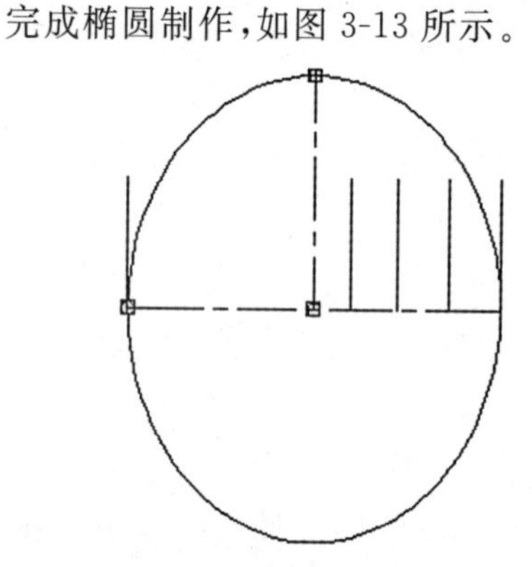

图 3-13 绘制椭圆

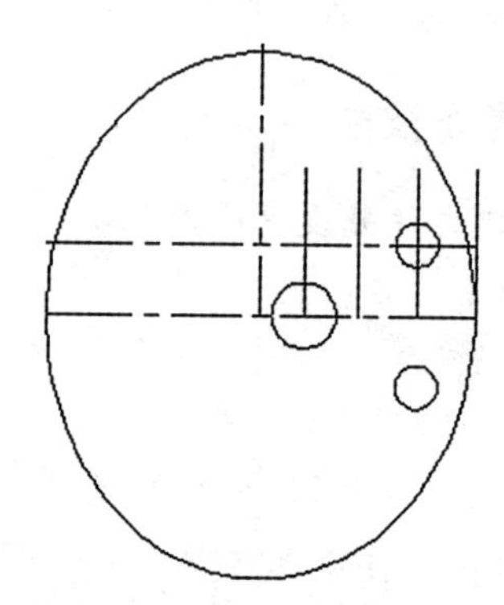

图 3-14 绘制圆

命令:Offset(或 O)

当前设置:删除源=否 图层=源 OFFSETGAPTYPE=0

指定偏移距离或[通过(T)/删除(E)/图层(L)]<通过>:97.5

选择要偏移的对象,或[退出(E)/放弃(U)]<退出>://选择椭圆水平轴

指定要偏移的那一侧上的点,或[退出(E)/多个(M)/放弃(U)]<退出>//鼠标移动到水平轴上侧

命令:Circle(或 C)

指定圆的圆心或[三点(3P)/两点(2P)/切点、切点、半径(T)]://选择圆心

指定圆的半径或[直径(D)]:30

按相同方法,完成下方圆(半径值 30)和左边大圆(半径值 45)的绘制,如图 3-14 所示。

4. 修剪线段、偏移并修剪椭圆

命令:Offset(或 O)

当前设置:删除源=否 图层=源 OFFSETGAPTYPE=0

指定偏移距离或[通过(T)/删除(E)/图层(L)]<通过>:57

选择要偏移的对象,或[退出(E)/放弃(U)]<退出>://选择椭圆

指定要偏移的那一侧上的点,或[退出(E)/多个(M)/放弃(U)]<退出>//鼠标移动到椭圆内

结果如图 3-15 所示。

命令:Trim(或 TR)

当前设置:投影=UCS,边=无

选择剪切边…

选择对象或<全部选择>://选择修剪边界。

点击内侧椭圆及竖向直线。

选择对象：　　　　　　　回车　　//结束选择对象

选择要修剪的对象，或按住 shift 要延伸的对象，或[栏选(F)/窗交(C)/投影(P)/边(E)/删除(R)/放弃(U)]：//选择内侧椭圆与竖线相交右侧弧段。

删除多余线条，完成台面盆效果图的制作，如图 3-16 所示。

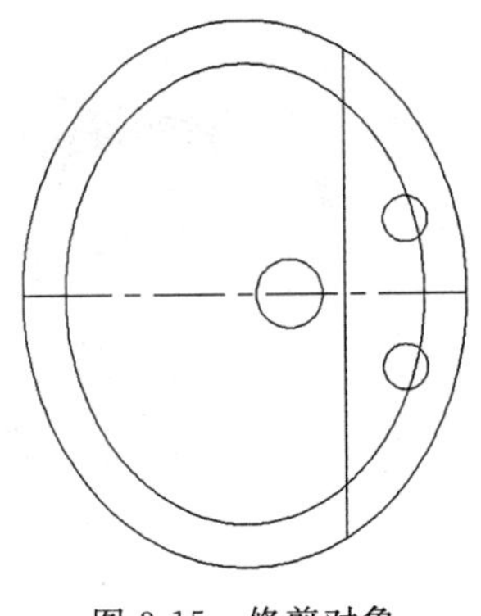

图 3-15　修剪对象

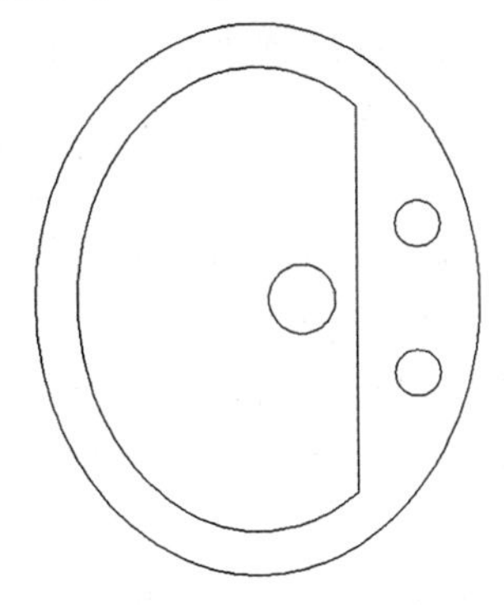

图 3-16　面盆效果图

任务 3.3　梅花的绘制

3.3.1　学习目标

(1) 掌握等分、圆弧、阵列复制等命令的使用方法。

(2) 根据当前绘制条件正确选择绘制圆弧的方法。

3.3.2　课题展示

如图 3-17 所示梅花图形由 5 条圆弧组成，可以用圆弧绘图工具绘制。

图 3-17　梅花图形

3.3.3 理论知识

1. 点样式设置

1）命令的调用方法

（1）下拉菜单：格式→点样式。

（2）键盘命令：Ddptype。

2）功能

设置点标记的形状和大小。

3）操作及选项说明

在执行命令后，弹出“点样式”对话框，如图 3-18 所示。

点显示图像：对话框中提供了 20 种类型的点样式，单击图标可以选择相应点样式。

点大小：设置点的显示大小。

相对于屏幕设置大小：即按屏幕尺寸的百分比设置点的显示大小。

按绝对单位设置大小：即按实际单位设置点的显示大小。

应注意，设置点样式后，应在“对象捕捉”模式中勾选“节点”选项，才能捕捉到这些节点。

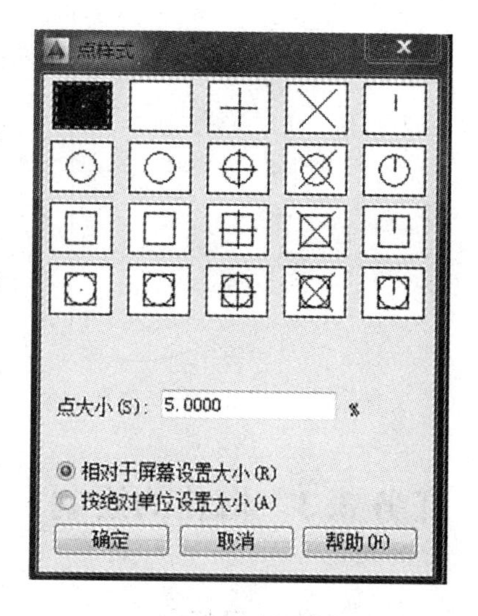

图 3-18 “点样式”对话框

2. 圆弧

1）命令的调用方法

（1）工具栏：单击绘图工具栏中 按钮。

（2）下拉菜单：绘图→圆弧。

（3）键盘命令：Arc（或 A）。

2）功能

使用多种方法创建圆弧。

3）操作及选项说明

命令行：Arc

指定圆弧的起点或[圆心(C)]：

指定圆弧的第二个点或[圆心(C)/端点(E)]：

指定圆弧的端点：

“圆弧”子菜单提供了 11 种绘制圆弧的方式，各种绘制结果如图 3-19—图 3-28 所示。

选择“继续(O)”，系统将以最后一次绘制的线段或绘制圆弧过程中确定的最后一点作为新圆弧的起点，以最后所绘制线段方向或圆弧终点处的切线方向为新圆弧在起点处的切线方向。然后再指定一点，绘制出一个圆弧如图 3-29 所示。

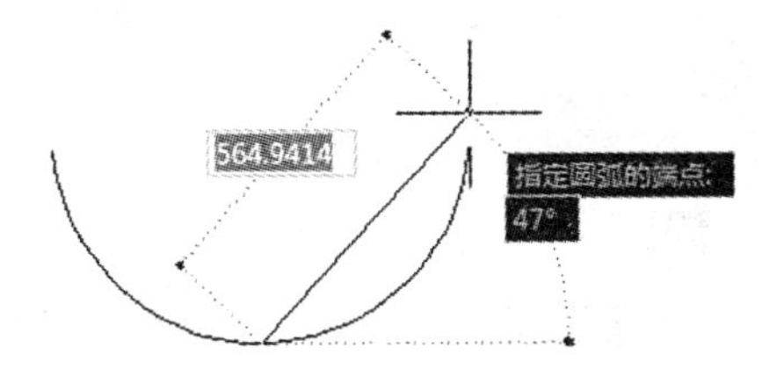

图 3-19　三点

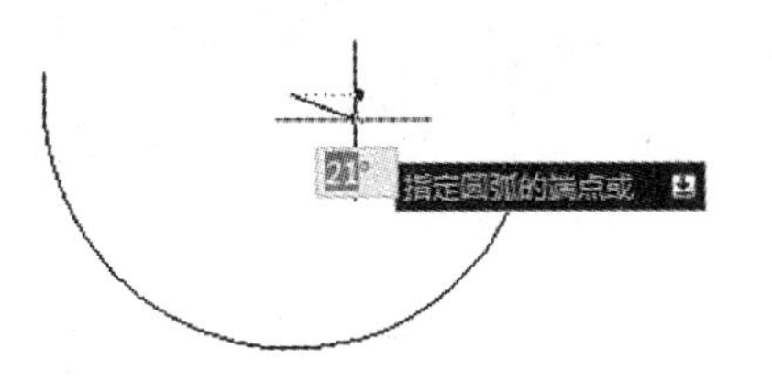

图 3-20　起点、圆心、端点

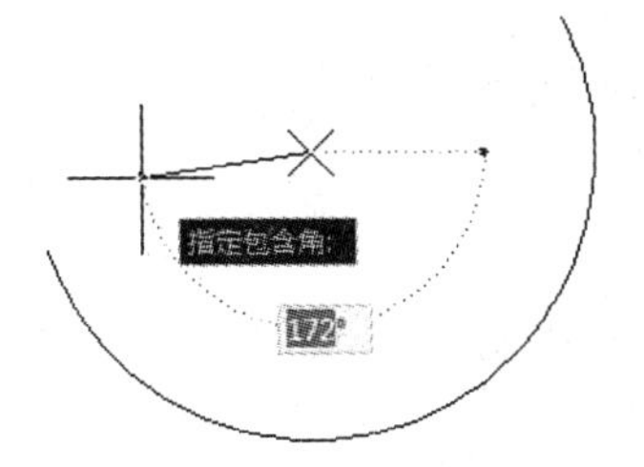

图 3-21　起点、圆心、角度

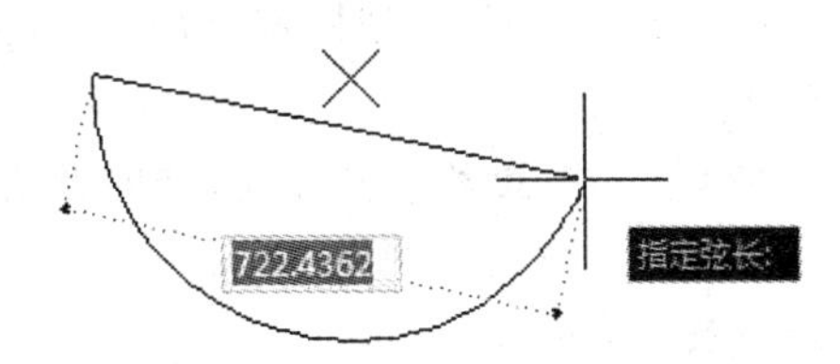

图 3-22　起点、圆心、长度

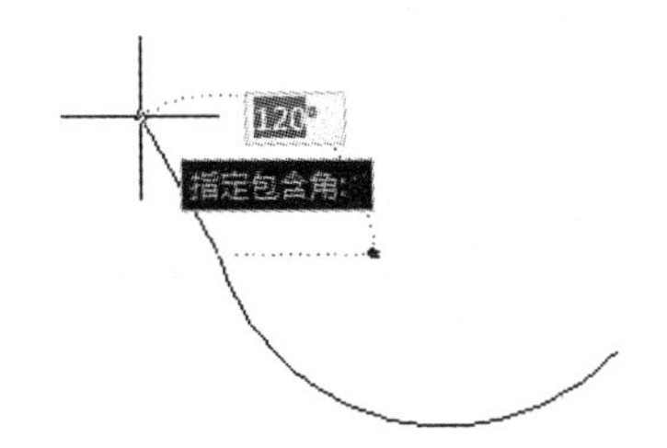

图 3-23　起点、端点、角度

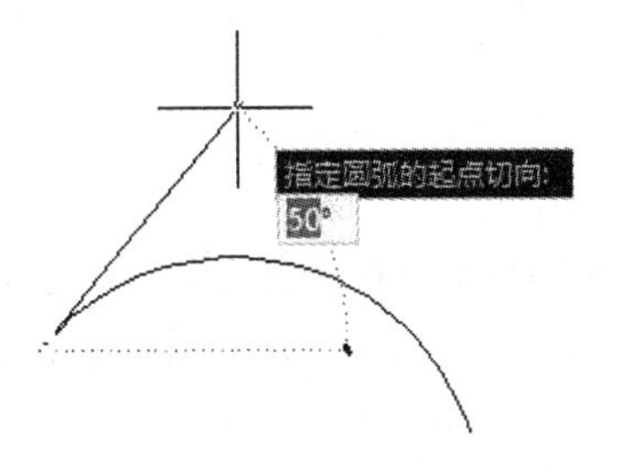

图 3-24　起点、端点、方向

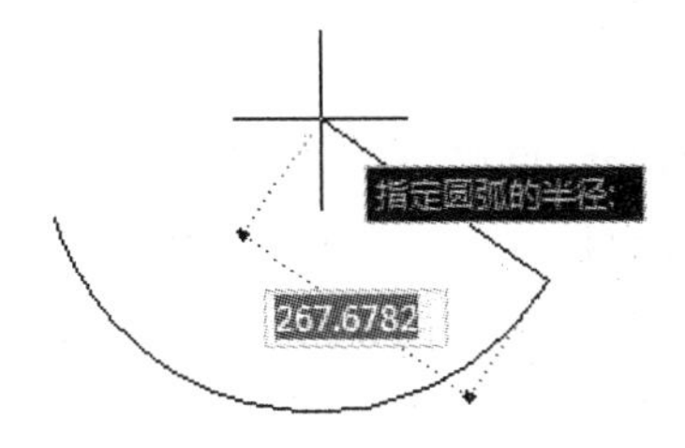

图 3-25　起点、端点、半径

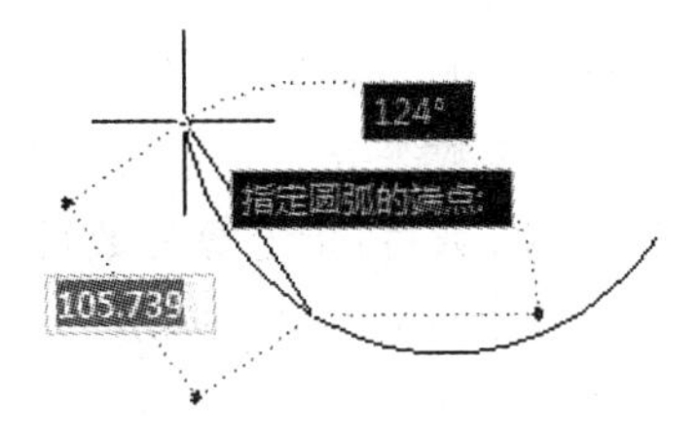

图 3-26　圆心、起点、端点

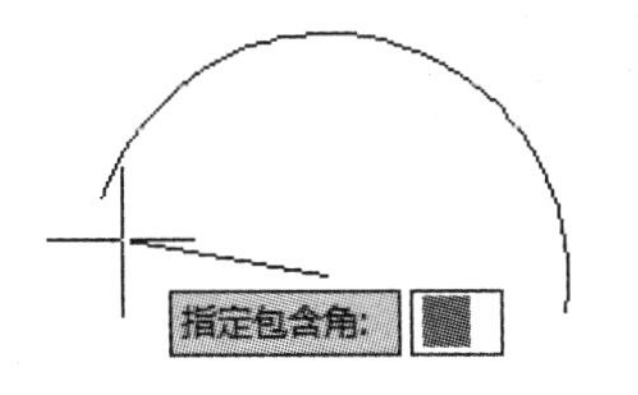

图 3-27　圆心、起点、角度

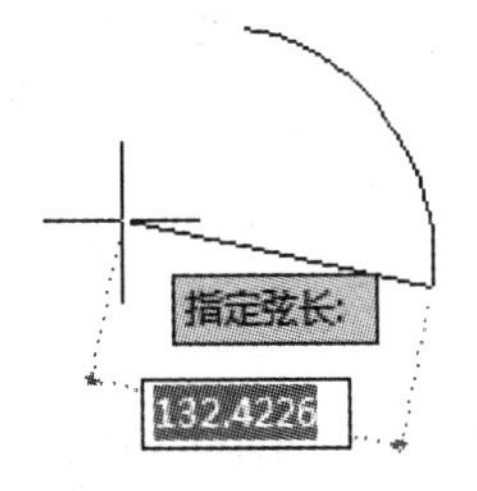

图 3-28　圆心、起点、长度

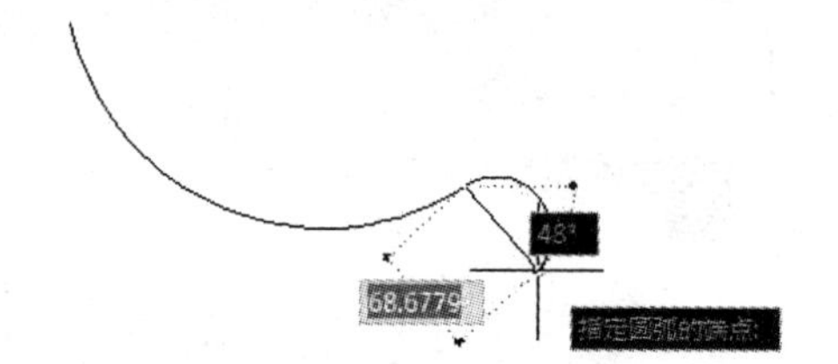

图 3-29　用“继续”命令绘制圆弧

应注意：

(1) 指定圆弧半径时，若半径为正，则逆时针绘制一条劣弧，若半径为负，将逆时针绘制一条优弧。

(2) 指定角度绘制圆弧时，逆时针为正，顺时针为负。

(3) 指定弦长绘制圆弧时，弦长为正值，将从起点逆时针绘制劣弧，弦长为负值，将逆时针绘制优弧。

3. 等分

1) 命令调用方法

(1) 下拉菜单：绘图→点→定数等分(或定距等分)。

(2) 命令行：Divide。

2) 功能

AutoCAD 提供两种等分方法：定数等分和定距等分。定数等分为按段数平均分段，快捷键为 div；定距等分为按长度分段，快捷键为 me。

3) 操作及选项说明

命令：Divde

选择要定数等分的对象：

输入线段数目或[块(B)]：

(1) 选择要定数等分的对象：该对象可以是直线、多段线、圆弧、样条曲线、圆、椭圆。

(2) 输入线段数目：指定等分数目(2～32767 之间的整数)。

若希望沿选定对象等间距放置指定的块。命令行继续提示：

输入要插入的块名：

是否对齐块和对象？[是(Y)/否(N)] <Y>：(图 3-30)

输入线段数目：

图 3-30　等分插入块

等分操作前，应使用 DDPTYPE 设置图形中所有点对象的样式和大小。

以块作为标记来定数等分对象前，应先定义块。

操作结束后，块将插入到最初创建选定对象的平面中。如果块具有可变属性，插入的块中将不包含这些属性。

4. 阵列

1）命令调用方法

(1) 工具栏：修改→矩形阵列 /路径阵列 /环形阵列 。

(2) 下拉菜单：修改→阵列(矩形阵列 /路径阵列 /环形阵列)。

(3) 键盘命令：Array(或 AR)。

2）功能

阵列命令可以创建对象的副本，实现按指定规律复制多个对象。阵列命令复制的对象有三种阵列方法，一是环形阵列，通过围绕指定圆心复制选定对象来创建阵列，环形阵列也称极轴(PO)阵列。一种是矩形阵列，复制的对象按指定的行列数、行列间距排成矩形阵列；最后一种是路径阵列，即沿指定路径复制对象。

阵列命令的操作实际上是一种有规律的多重复制。

3）操作及选项说明

(1) 矩形阵列

命令：Array。

选择对象：

输入阵列类型[矩形(R)/路径(PA)/极轴(PO)]＜阵列＞：

类型＝矩形　关联＝是

选择夹点以编辑阵列或[关联(AS)/基点(B)/计数(COU)/间距(S)/列数(COL)/行数(R)/层数(L)/退出(X)]＜退出＞：

① 选择对象：指定要阵列的对象。

② 选择夹点：阵列的基准点。默认为阵列对象平面中心点。

③ 关联：阵列复制的对象是否为整体。默认为“是(Y)”。

④ 基点：阵列复制的基准点。可任意指定阵列元素的特征点也可选择“关键点”或“质心”作为基点。

⑤ 计数：输入阵列的行数和列数，默认 4 行 3 列。可以直接输入数字，也可输入简单表达式。

⑥ 间距：指定行或列间距，向上为正，向下为负；向右为正，向左为负。

⑦ 行数：指定阵列中的行数(包含原对象)。横(x 轴方向)为行。

⑧ 列数：指定阵列中的列数(包含原对象)。竖(y 轴方向)为列。

⑨ 层数：沿 Z 轴阵列的数量。

(2) 环形阵列

命令：ARRAYPOLAR

选择对象：

输入阵列类型[矩形(R)/路径(PA)/极轴(PO)]＜阵列＞：PO

类型＝极轴　关联＝是

指定阵列的中心点或[基点(B)/旋转轴(A)]：

选择夹点以编辑阵列或[关联(AS)/基点(B)/项目(I)/项目间角度(A)/填充角度(F)/行数(ROW)/旋转项目(ROT)/退出(X)]＜退出＞：

① 选择对象：指定要阵列的对象。

② 中心点：可以直接输入坐标，也可在绘图区域内直接点击。

③ 项目：环形阵列后的对象数（包含原对象）。

④ 填充角度：阵列中第一个元素与最后一个元素的基点之间的包角。逆时针为正，顺时针为负，不允许为 0。

⑤ 项目间角度：阵列对象的基点之间的包角。必须为正值。

⑥ 行数：沿环形半径方向阵列的行数（包含原对象）。

⑦ 旋转项目：阵列时是否旋转对象。区别见图 3-31。

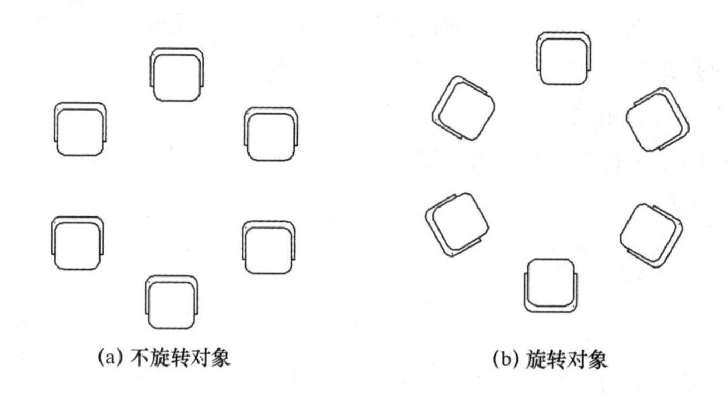

(a) 不旋转对象　　(b) 旋转对象

图 3-31　环形阵列

(3) 路径阵列

命令：ARRAYPATH

选择对象：

输入阵列类型[矩形(R)/路径(PA)/极轴(PO)]<阵列>：PA

类型＝路径　关联＝是

选择路径曲线：

选择夹点以编辑阵列或[关联(AS)/方法(M)/基点(B)/切向(T)/项目(I)/行(R)/层(L)/对齐项目(A)/Z方向(Z)/退出(X)]<退出>：

① 选择路径曲线：可以是直线、(三维)多段线、样条曲线、螺旋、圆弧、圆或椭圆

② 方法：沿路径曲线按“定数等分”还是“定距等分”阵列对象。

③ 切向：沿曲线切向或法线方向阵列；

④ 对齐项目：是否在阵列时沿路径曲线旋转对象。类似于环形阵列的“旋转项目(ROT)”。

⑤ Z方向：是否对阵列中的所有项目保持Z方向。

3.3.4 操作技能

1. 绘制半径为 100mm 等分为 5 份的圆。

命令：Circle

指定圆的圆心或[三点(3P)/两点(2P)/切点、切点、半径(T)]：

指定圆的半径或[直径(D)]：100

点击“格式”下拉菜单中“点的样式”，选择“×”。

鼠标移动到状态栏“对象捕捉”图标，按右键，设置捕捉功能，勾选“圆心”和“节点”。

命令:Divide

选择要定数等分的对象:　　　　　　　　//选择已绘制的圆

输入线段数目或[块(B)]:5

结果如图 3-32 所示。

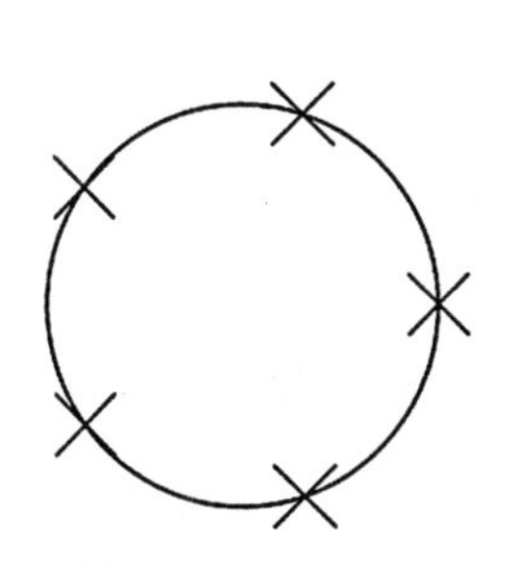

图 3-32 “等分”圆

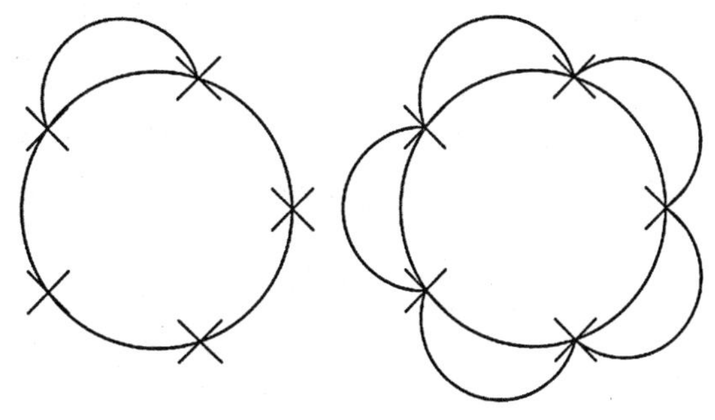

图 3-33 “阵列”圆弧

2. 绘制圆弧

命令:Arc

指定圆弧的起点或[圆心(C)]: //选择其中一个节点

指定圆弧的第二个点或[圆心(C)/端点(E)]://鼠标在圆圈外点击

指定圆弧的端点://选择另一个相邻节点,结果见 3-33(a)。

3. 环形阵列圆弧

命令:Array

选择“环形阵列”,项目总数 5 个,填充角度 360°,并勾选“复制时旋转对象”。

选择对象://选择已绘制圆弧

选择对象://回车,结束选择对象

指定阵列中心点: //选择圆心

阵列后,结果如图 3-33(b) 所示。

删除圆及节点,即可完成如图 3-17 所示梅花图形的绘制。

任务 3.4　山墙檐口大样绘制

3.4.1　学习目的

(1) 掌握多段线、图案填充等命令的使用方法。

(2) 正确理解多段线、图案填充命令各选项的意义。

(3) 熟悉常用建筑材料的图例。

3.4.2 课题展示

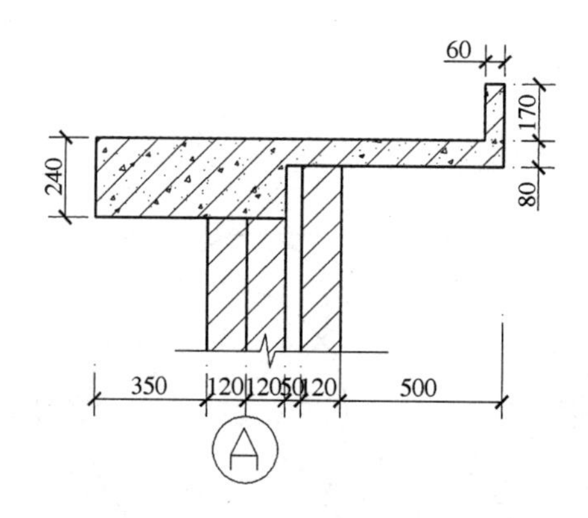

图 3-34 山墙檐口大样

3.4.3 理论知识

1. 多段线

1）命令调用方法

(1) 工具栏：绘图→多段线。

(2) 下拉菜单：绘图→多段线。

(3) 键盘命令：Pline（或 PL）。

2）功能

绘制包括若干段直线或圆弧的线条。整条多段线可以作为一个整体统一编辑。另外，多段线可以指定线宽，因而特别适合于绘制一些特殊的形体。

3）操作及选项说明

命令：Pline

指定起点：

当前线宽为 0.0000

指定下一个点或[圆弧(A)/半宽(H)/长度(L)/放弃(U)/宽度(W)]：

(1) 圆弧：多段线主要由连续的不同宽度的线段或圆弧组成，如果在上述提示中选择"圆弧"，则命令行提示：

指定圆弧的端点或[角度(A)/圆心(CE)/闭合(CL)/方向(D)/半宽(H)/直线(L)/半径(R)/第二个点(S)/放弃(U)/宽度(W)]：

绘制圆弧的方法与"圆弧"命令相似。圆弧绘制结束后，要输入"L"，退回到绘制直线段模式。

(2) 半宽/宽度：用来设置多段线起点和端点的宽度，起点和端点可以具有不同的宽度。

(3) 长度：绘制的直线段的长度。如果绘制的前一个多段线为直线，则延长方向与该直线的方向相同；如果绘制的前一个多段线为弧线，则延长方向为端点处弧线的切线方向。

(4) 放弃：撤销前一次绘制的多段线。

(5) 绘制 2 段多段线后，命令行中会出现"闭合(CL)"选项，使用该命令可以封闭绘制的多段线命令。

2. 编辑多段线

1）命令调用方法

（1）工具栏：修改→编辑多段线。

（2）菜单：修改→对象→多段线。

（3）命令行：Pedit（或 PE）

（4）快捷菜单：选择要编辑的多段线，点击鼠标右键，选择“编辑多段线”。

2）功能

编辑多段线特性，也可以合并各自独立的直线或多段线。

3）操作及选项说明

命令：Pedit

选择多段线或[多条(M)]：

用鼠标点击或者用拾取框可选择对象，或输入 M，选择多个对象后，命令行继续提示：

输入选项[闭合(C)/合并(J)/宽度(W)/编辑顶点(E)/拟合(F)/样条曲线(S)/非曲线化(D)/线型生成(L)/放弃(U)]：

（1）闭合：创建多段线的闭合线，将首尾相接。

（2）合并：以选中的多段线为主体，合并其他直线段、圆弧和多段线，使其成为一条多段线。各线段端点首尾必须相连才能合并。

（3）宽度：修改整条多段线的线宽，使其具有同一线宽。

（4）编辑顶点：选择该项后，在多段线起点处出现一个斜的十字叉“×”，它为当前顶点的标记，并在命令行出现进行后续操作的提示：

[下一个(N)/上一个(P)/打断(B)/插入(I)/移动(M)/重生成(R)/拉直(S)/切向(T)/宽度(W)/退出(X)]<N>：

这些选项允许用户进行移动、插入顶点和修改任意两点间的线宽等操作。

（5）拟合：将指定的多段线生成由光滑圆弧连接的圆弧拟合曲线，该曲线经过多段线的各项点，如图 3-35 所示。

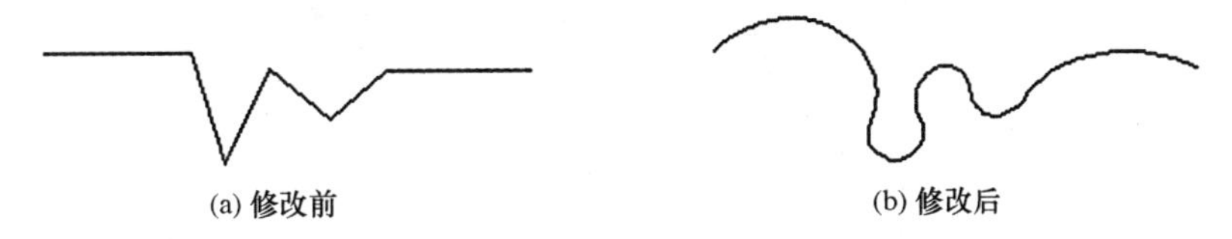

图 3-35 “拟合”选项

（6）样条曲线：用样条曲线拟合多段线，并且拟合时以多段线的各顶点作为样条曲线的控制点。拟合效果如图 3-36 所示。

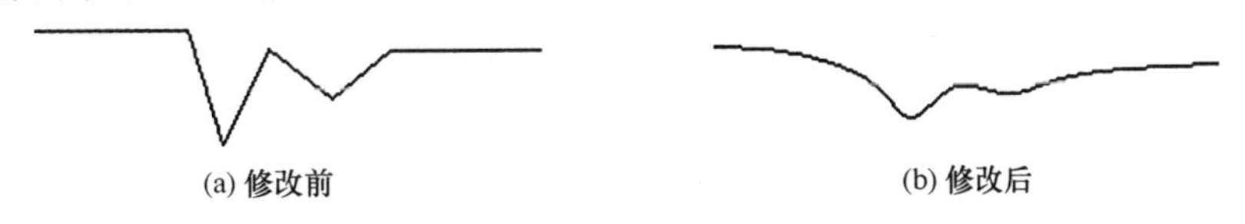

图 3-36 “样条曲线”选项

（7）非曲线化：删除由拟合或样条曲线插入的其他顶点并拉直所有多段线。

（8）线型生成：生成经过多段线顶点的连续图案的线型。不能用于带变宽线段的多段线。

图 3-37(a)中线型生成设为 OFF 时,点划线的节点位于线条交点,线型生成打开后,则变为图 3-37(b)。

(9) 反转:更改指定给多段线的线型中的文字的方向。

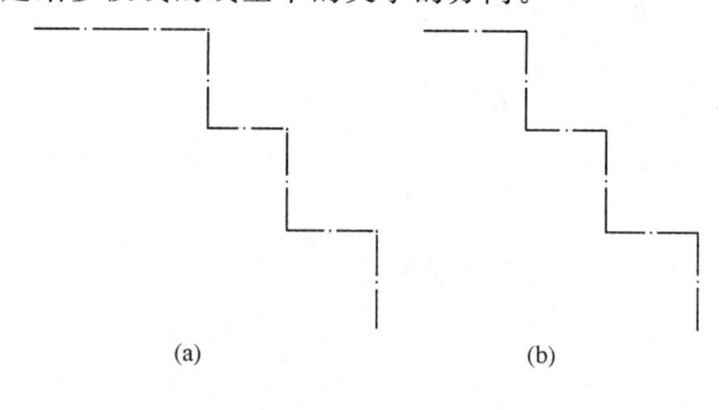

图 3-37　线型生成

3. 图案填充

图案填充常用于对特定的图形封闭区域填充图案(如剖面线、表面纹理、材料符号、涂色等),来表示部件的材料及表面状态,增强图形的清晰度和图形效果。

1) 命令调用方法

(1) 工具栏:单击绘图工具栏中或按钮。

(2) 下拉菜单:绘图→图案填充。

(3) 键盘命令:Hatch(或 Bhatch,H,BH)。

2) 功能

定义图案填充和渐变填充对象的边界、图案类型、图案特性和其他特性。

3) 操作及选项说明

启动命令后,将弹出如图 3-38 所示的对话框。

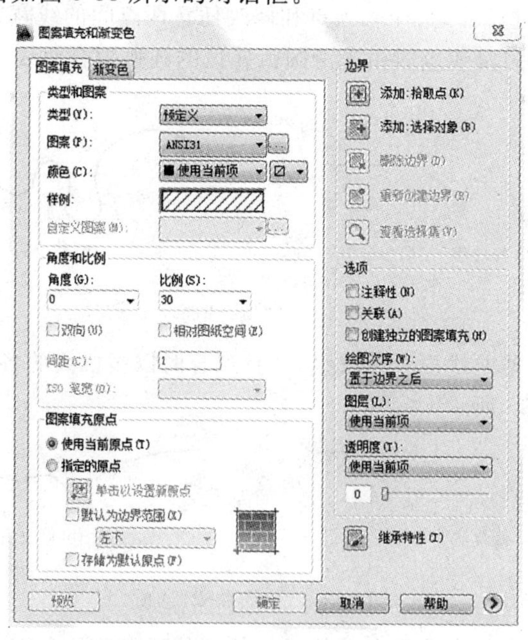

图 3-38　“图案填充和渐变色”对话框

(1) 类型和图案:指定图案填充的类型和图案,可使用 AutoCAD 提供的图案,用户也可自定义图案。建筑制图中常用的填充图案有:剖面图中的砖材料用 ANSI31 填充,立面图用 AR-BRSTD,AR-B816,AR-B816C 等图案填充;素混凝土用 ARC-CONC;钢筋混凝土则用 ARC-CONC 和 ANSI31 填充;钢结构则用 ANSI32 填充。

(2) 角度和比例:根据绘图比例设置填充图案的比例和角度,以达到最好的填充效果。

(3) 图案填充原点:控制填充图案生产的起始位置。默认情况下,所有图案填充原点都对应于当前 UCS 原点。但某些填充图案(如砖块图案)需要与图案填充边界上的一点对齐。

(4) 边界:指定图案填充的边界。具体方法有:指定对象封闭的区域中的点(在封闭区域中单击)和选择封闭区域的对象(选中构成封闭区域的对象)。

① 添加拾取点:以取点的形式自动确定填充区域的边界。在填充的区域内任意点取一点,AutoCAD 会自动确定出包围该点的封闭填充边界,并且这些边界以高亮度显示,如图 3-39 所示。

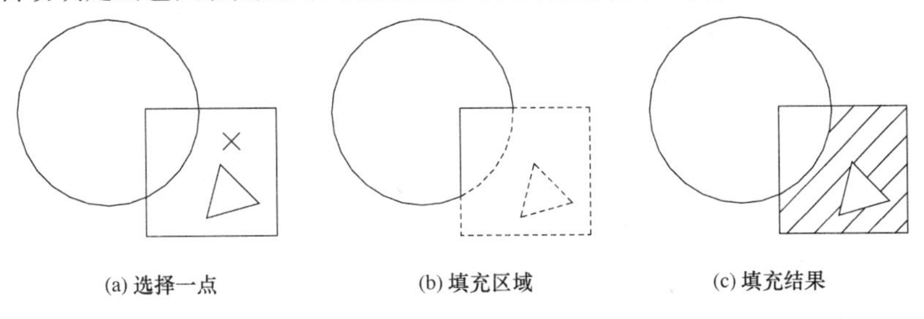

图 3-39 边界确定

② 添加选择对象:以选取对象的方式确定填充区域边界。用户可以根据需要选取构成填充区域的边界。被选择的边界同样会以高亮度显示,如图 3-40 所示。

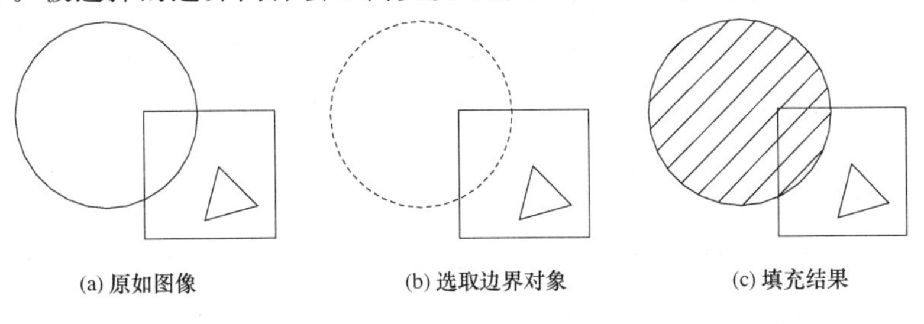

图 3-40 选取边界对象

③ 删除边界:对于在一个边界包围的区域内又定义了另一个边界,若直接填充,则填充效果如图 3-39(c),填充边界内的三角形封闭区域(孤岛)不进行填充,此时,若选择“删除边界”按钮,则 AutoCAD 将忽略内部边界,直接对选择的边界填充,结果如图 3-41(c)所示。

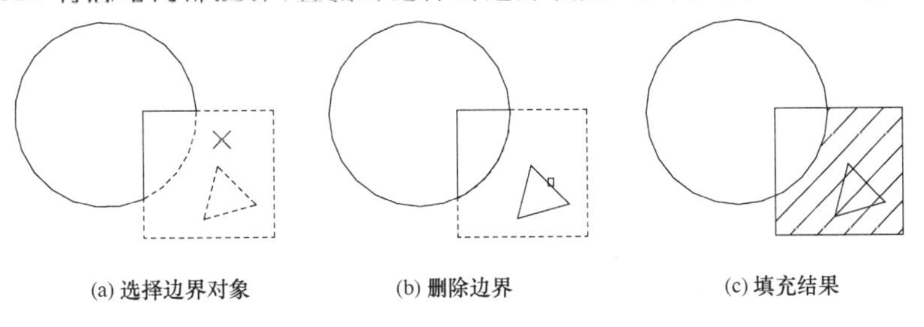

图 3-41 删除边界后的新边界

④ 重新创建边界：重新创建图案填充边界。

⑤ 查看选择集：查看填充区域的边界。单击该按钮，AutoCAD 将临时切换到作图屏幕，将所选择的作为填充边界的对象以高亮方式显示。只有通过“添加：拾取点”按钮或“添加：选择对象”按钮选取了填充边界，“查看选项集”按钮才可以使用。

⑥ 选项：若勾选“关联”，表示同一批次填充图案为一个整体，一般不建议采用该选项。一次填充多个对象，勾选“创建独立的图案填充”，可方便对单个填充区域编辑。

3.4.4 操作技能

1. 新建文件并设置绘图环境

(1) 新建图形文件。

(2) 执行“格式/图层”命令，建立图层。

(3) 设置文字、尺寸标注样式。

2. 绘制檐口轮廓线

命令：Pline

指定起点：

当前线宽为 0.0000

指定下一个点或[圆弧(A)/半宽(H)/长度(L)/放弃(U)/宽度(W)]：w

指定起点宽度<0.0000>：3

指定终点宽度<3.0000>：3

指定下一个点或[圆弧(A)/半宽(H)/长度(L)/放弃(U)/宽度(W)]：

指定下一个点或[圆弧(A)/半宽(H)/长度(L)/放弃(U)/宽度(W)]：

指定下一个点或[圆弧(A)/半宽(H)/长度(L)/放弃(U)/宽度(W)]：

按图示尺寸输入轮廓线，结果如图 3-42 所示。由于图形只表达檐口部分建筑做法，底部用断开线封口。

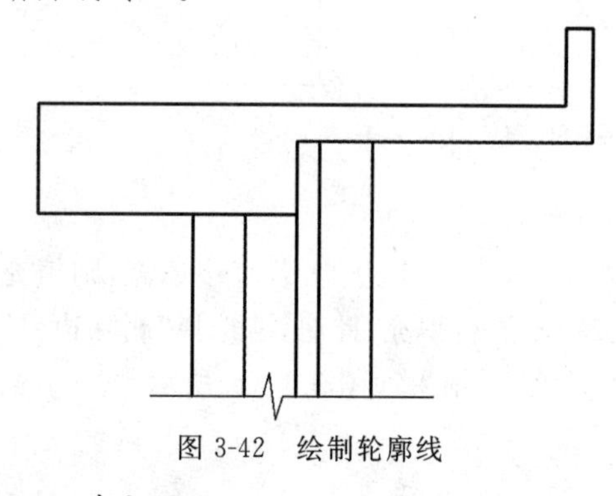

图 3-42　绘制轮廓线

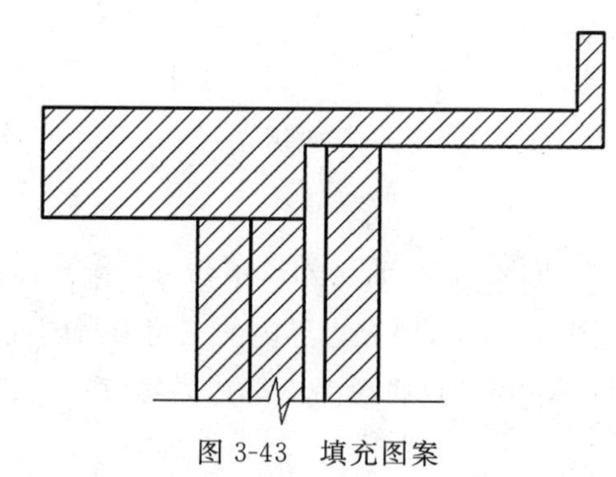

图 3-43　填充图案

3. 填充图例

命令：Hatch

弹出对话框后，选择图案类型为 ANSI31，比例为 40(图 3-43)。

再次填充，选择图案类型为 AR-CON，比例为 3。

4. 完善图形

标注图形关键尺寸，添加轴线，删除多余辅助线条，结果如图 3-44 所示。

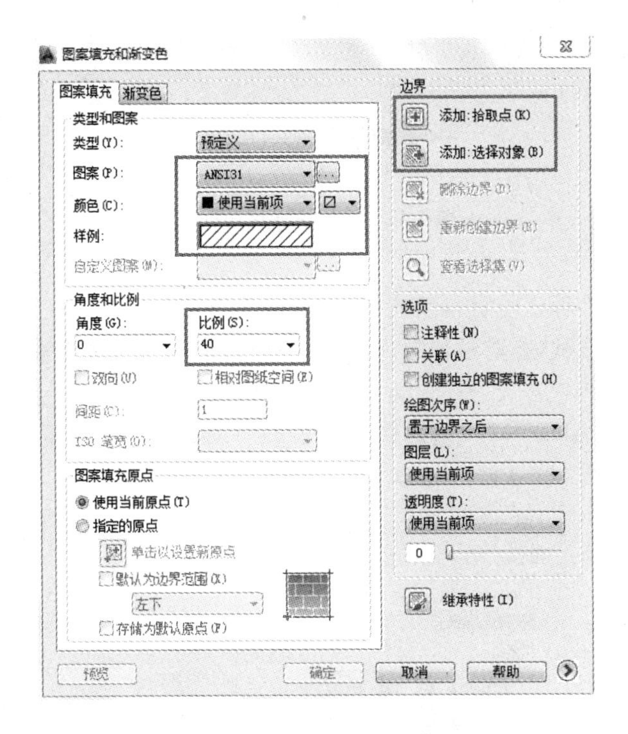

图 3-44 “图案填充”对话框

3.4.5 拓展提高

1. 圆弧、直线和多段线命令的区别

圆弧命令只能绘制单个的圆弧。直线命令可以绘制直线段和连续直线段构成的图形,但图形中每个直线段都是独立的对象。多线段既可绘制圆弧段,又可以绘制直线段,还可以绘制连续的直线段和圆弧段构成的图形。利用多段线命令绘制的图形是一个整体。

“PLINE”绘制的多段线用“EXPLODE”命令分解后将失去宽度并变为各自独立的直线段和圆弧。而用“PEDIT”命令中的“合并”选项则可把首尾相连的直线或圆弧组合成多段线。

当系统变量“FILL”设为“关”时,多段线为空心线,设为“开”时为实心线。

2. 多段线的其他用途

当绘制建筑平面图时,楼梯间上、下通行方向或屋面排水方向都需要用箭头表示。箭头是起点和终点宽度不同的直线组成,多段线命令可以实现箭头的绘制。过程如下:

命令:Plinc

指定起点: //指定箭头起点 a

当前线宽为 0.0000

指定下一个点或[圆弧(A)/半宽(H)/长度(L)/放弃(U)/宽度(W)]:w

指定起点宽度＜0.0000＞:0

指定终点宽度＜0.0000＞:10

指定下一个点或[圆弧(A)/半宽(H)/长度(L)/放弃(U)/宽度(W)]://指定箭头终点 b

指定下一个点或[圆弧(A)/半宽(H)/长度(L)/放弃(U)/宽度(W)]:w

指定起点宽度＜10.0000＞:0

指定终点宽度＜0.0000＞:0

指定下一个点或[圆弧(A)/半宽(H)/长度(L)/放弃(U)/宽度(W)]://指定箭头终点 c
结果如图 3-45 所示。

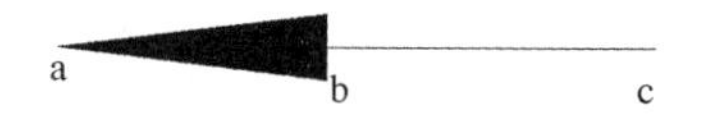

图 3-45　用多段线绘制箭头

3. 图案填充

AutoCAD 提供了多种建筑材料填充图例,但这些图例的比例不一,用户在选用软件提供的图案填充时,应不断尝试,获取最佳效果。有些材料(混凝土),需要多种图案组合填充才能正确显示。

若输入渐变色(GRADIENT),系统将弹出图 3-46 对话框。通过调整颜色,创建一种或两种颜色间的平滑转场(图 3-47)。

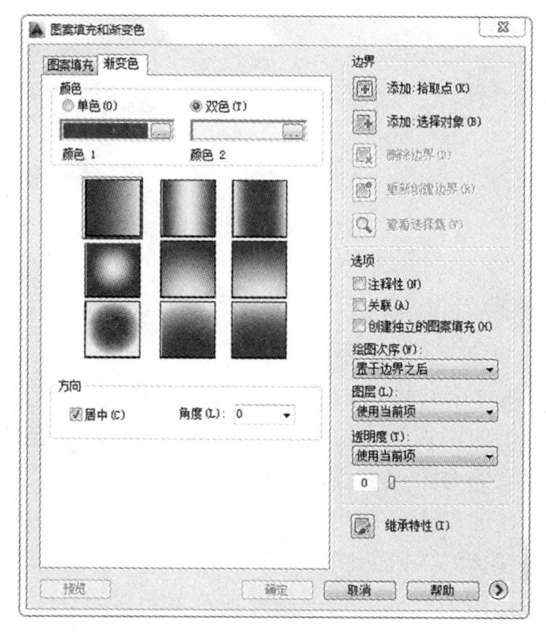

图 3-46　“渐变色”对话框

图 3-47　渐变色填充

任务3.5　标高块的绘制

3.5.1　学习目标

(1) 学会创建块、写块、插入块等命令的基本操作。

(2) 掌握定义块属性、更改块属性的方法。

(3) 学会创建标高块,轴线标注块等,以配合尺寸标注。

3.5.2　课题展示

标高表示建筑物各部分的高度,是建筑物某一部位相对于基准面(标高的零点)的竖向高度,是竖向定位的依据。在施工图中经常有一个小小的直角等腰三角形,三角形的尖端或向上或向下,高度为3mm,尾部引出线的长度随文字而变化。

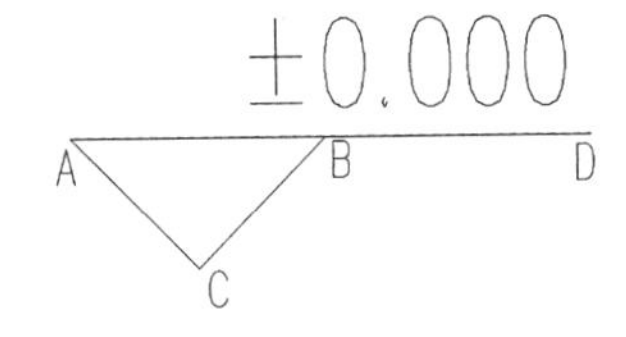

图3-48　标高块

3.5.3　理论知识

1. 块的概念

在绘图中,经常会遇到一些相同的或相似的内容,如轴线标注、标高块、室内桌椅、车库车位、洗手间设施等,为了减少重复工作,AutoCAD中提供了块的操作来解决这一问题。

块是一个或多个对象的集合,它可以是绘制在几个图层上的不同颜色、线型和线宽特性的对象的组合。通常把需要重复绘制的图形创建成块,在需要时直接插入即可,利用块不仅可以提高绘图效率,还可以节省大量存储空间,而且便于图形修改。

一般地,在当前图层中插入的块,属性将继承当前图形特性(如颜色、线型等)。但块参照保存了有关包含在该块中的对象的原图层、颜色和线型特性的信息。可以控制块中的对象是保留其原特性还是继承当前的图层、颜色、线型或线宽设置。

块不可以重名,但可以嵌套。已经定义的多个块可以重新定义成一个更大的块。

2. 定义属性命令

1) 命令调用方法

(1) 工具栏:单击块属性编辑器专用工具栏中按钮。

(2) 下拉菜单:绘图→块→定义属性。

(3) 命令行:Attdef(或ATT)。

2) 功能

块的属性是从属于块的非图形信息,它是块的一个组成部分,并通过“定义属性”命令以字符串的形式表现出来,一个属性包括属性标记和属性值两部分内容。“定义属性”命令用于创建块的文本信息,属性可以储存数据,例如构件号、产品名等。

建筑工程图中常用带属性的块为轴线标注和标高标注。不同的轴线或标高，都是其中的文字不同，图形部分并不变动。因此，定义带属性的块极大方便了轴线和标高标注。

3）选项及操作说明

执行“绘图→块→定义属性”，系统将弹出图 3-49 对话框。

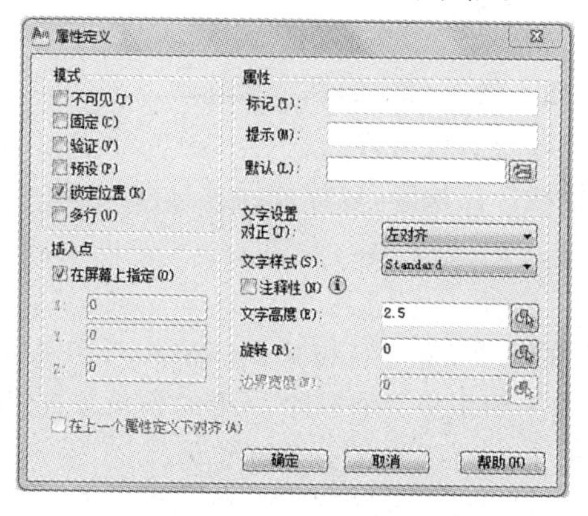

图 3-49 “属性定义”对话框

（1）模式

在图形中插入块时，设置与块关联的属性值选项。

① 不可见：指定插入块时是否显示打印属性值，默认值为可见，即不选中。

② 固定：在插入块时赋予属性固定值。

③ 验证：插入块时提示验证属性值是否正确。

④ 预置：插入包含预设属性值的块时，将属性设置为默认值。

⑤ 锁定位置：锁定块参照中属性的位置。解锁后，属性可以相对于使用夹点编辑的块的其他部分移动，并且可以调整多行属性的大小。

⑥ 多行：指定属性值可以包含多行文字。选定此选项后，可以指定属性的边界宽度。

（2）属性

设置与属性有关的数据。最多可以选择 256 个字符。如果属性提示或默认值以空格开始，必须在字符串前面加一个反斜杠（\）。要使第一个字符为反斜杠，需要在字符串前面加上两个反斜杠。

① 标记：标记图块中每次出现的属性，小写字母会自动转换成大写字母。

② 提示：插入包含该属性定义的图块时显示相关提示。如果不输入提示，属性标记将用作提示。如果在“模式”选项区选择“固定”模式，则不需设置属性提示。

③ 默认：指定默认属性值。可把使用次数较多的属性值作为默认值，也可不设默认值。

④ 插入字段：插入一个字段作为属性的全部或部分值。

（3）插入点

指定图块属性位置。可以输入坐标值，或者选择“在屏幕上指定”，并使用定点设备根据与属性关联的对象指定属性的位置。

（4）文字设置

设置属性文字的对正、样式、高度和旋转。

（5）注释性

把属性标记直接置于定义的上一个属性的下面，而且该属性继承前一个属性的文本样式、字高和旋转角度等特性。如果之前没有创建属性定义，则此选项不可用。

3. 编辑属性

当属性被定义到图块中，甚至图块被插入到图形中之后，用户还可以对属性进行编辑。利用 ATTEDI 或 EATTEDITT 命令可以通过图 3-50 对话框对指定图块的属性值进行修改，利用 ATTEDIT 或 EATTEDITT 命令不仅可以修改属性值，而且可以对属性的位置、文本等其他设置进行编辑。

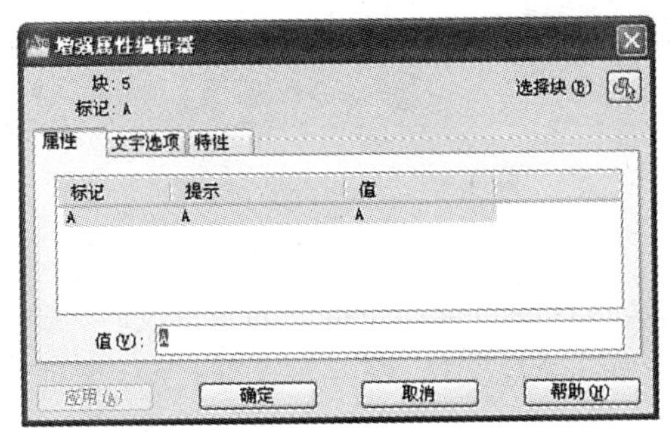

图 3-50 “增强属性编辑器”对话框

可通过以下几种方式启用该命令：

命令行：EATTEDIT

下拉菜单：修改→对象→属性→单个。

工具栏：常用→块→编辑属性。

选择块后，系统将打开如图 3-50 所示“增强属性编辑器”对话框。还可以通过“管理属性”对话框来编辑属性。直接双击图中已插入的块，对其属性进行编辑是最快捷的方式。

4. 创建块命令

1）命令调用方法

(1) 工具栏：创建块按钮。

(2) 下拉菜单：绘图→块→定义属性。

(3) 命令行：Block(或 B)。

2）功能

在当前图形中将选定的对象定义为块，并保存到当前图形文件内部。该块只能在定义它的图形文件内调用，故称为内部块。

3）操作及选项说明

执行该命令后，会弹出“定义”块对话框(图 3-51)，在对话框中可输入块的名称、指定块插入的基点、选择定义为块的对象等。若没有指定基点，系统默认基点为(0,0)，一般选择图形对象中的特征点作为插入点，轴线标注一般选圆心作为基准点，标高标注选三角形顶点作为基准点。

5. 写块命令

1）命令调用方法

命令行：Wblock(或 W)。

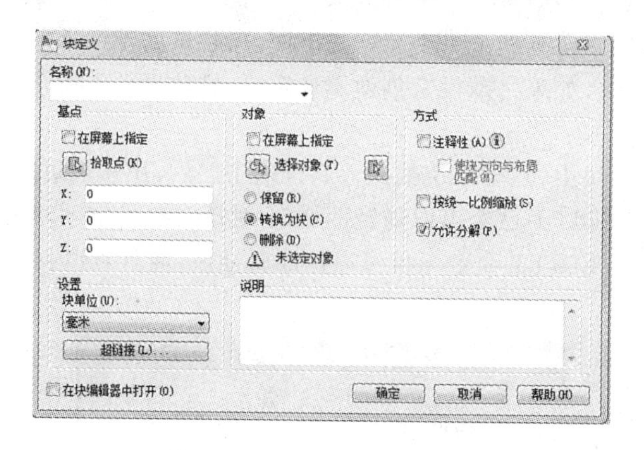

图 3-51 "块定义"对话框

2）功能

将整个图形、选定的对象或内部块保存为独立的图形文件，方便其他文件调用，又称外部块。外部块相当于一个独立的DWG文件，保存方式与DWG文件相同。

6. 插入块

1）命令调用方式

(1) 工具栏：创建块按钮。

(2) 下拉菜单：插入→块。

(3) 命令行：Insert(或 I)。

2）功能

将已定义的块插入当前图形中，实现块的引用功能。

3）操作及选项说明

执行该命令后，会弹出"插入"对话框，如图 3-52 所示。

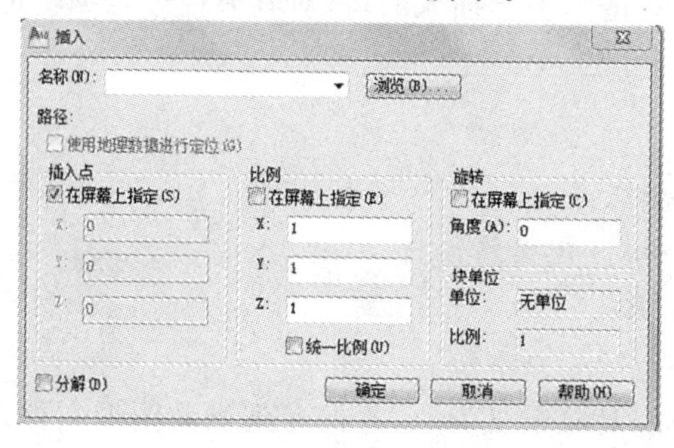

图 3-52 "插入"对话框

3.5.4 操作技能

1. 绘制标高符号

命令：Line //启用直线命令，在绘图区任意指定一点作为标高水平线起点 *A*

单击状态栏"正交"按钮，设置"正交"绘图状态

指定下一点[放弃(U)]：1200 //鼠标移动到 *A* 点右侧，输入标高水平线终点 *D*

命令：Offset

指定偏移距离或[通过(T)/删除(E)/图层(L)]<0.0000>：300//指定标高符号高度

命令:Line //选择 A 作为直线起点

指定下一点[放弃(U)]:300 //鼠标移到 A 点下方,距离 A 点长度 300

结果见图 3-53(a)。

命令:Rotate //旋转

UCS 当前的正角方向:ANGLE=逆时针 ANGBASE=0

选择对象:找到 1 个 //选择竖向直线

选择对象: //回车,结束选择对象

指定基点:

指定旋转角度,或[复制(C)/参照(R)]＜315＞:45 //逆时针为正

结果如图 3-53(b)所示。

命令:Extend

选择对象或＜全部选择＞:找到 1 个 //选择竖向直线

选择对象: //回车,结束选择对象

选择要延伸的对象,或按住 Shift 键选择要修剪的对象或[栏选(F)/窗交(C)/投影(P)/边(E)/放弃(U)]:

命令:Mirror

选择对象:找到 1 个 //选择斜线

选择对象: //回车,结束选择对象

指定镜像线的第一点:指定镜像线的第二点: //选择对称轴

要删除源对象吗?[是(Y)/否(N)]＜N＞:N //保留源对象

结果如图 3-52(c)所示。

删除下侧水平线,结果如图 3-53(d)所示。

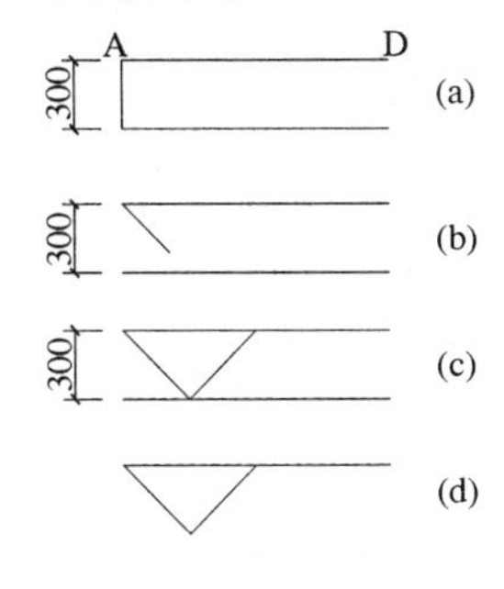

图 3-53 标高符号绘制

2. 定义标高块的参数属性

单击"绘图"下拉菜单,块→定义属性,弹出图 3-54 对话框,设定属性值。%%P 是"±"的输入形式。

属性设置结束,点击"确定",关闭对话框。在绘图区域已绘制的标高符号上部点击鼠标左键,屏幕将显示"标高"如图 3-55 所示。

3. 创建带属性的标高块

命令:Block

系统弹出图 3-51 对话框。块名"标高",选择图 3-55 标高符号和"标高"文字,选择点 C 作为基准点。系统将弹出图 3-56 对话框,直接点击确认即可。

图 3-54　块属性设置

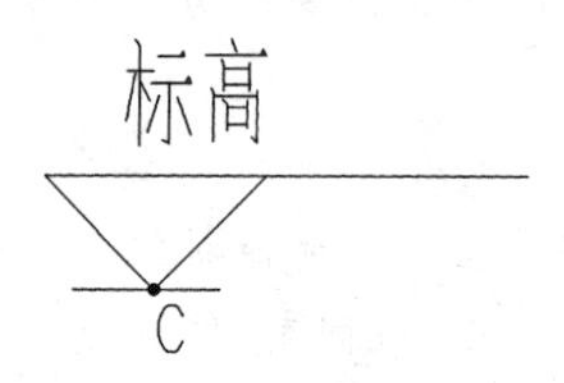

图 3-55　绘制块属性

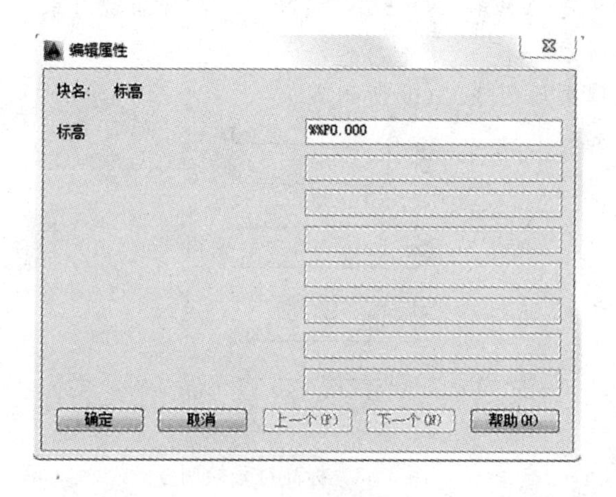

图 3-56　编辑属性

4. 重要说明

操作结束后,该图块可以在需要的时候使用"INSERT"命令插入图中。若需要共享给其他绘图人员,还可使用"WBLOCK"命令,写成外部块。

3.5.5　拓展提高

定义块的属性是为了在重复使用时,对"块"中变化的元素进行修改。双击该"块"后,即可编辑属性值,但不能编辑图形元素。

除带属性的块之外,AutoCAD 还可以定义不带属性的块。这对图中大量相同构件、设施的绘制是非常快捷的，如餐厅的桌椅、电脑房的电脑、教室的课桌、剧院的座位等。双击已定义的块，还可对图形元素进行二次编辑。

创建块的方式如图 3-51 所示。

双击图中“块”图案，系统将弹出如图 3-57 所示对话框。点击“确定”，绘图区域将显示如图 3-58 所示“块编辑选项板”，可以对块中对象进行修改。同时，绘图区域上方将显示如图 3-59所示“块编辑器”工具条，编辑结束即可点击“关闭块编辑器”退出。

必须注意，利用“块编辑器”编辑过的块对象，在当前文件中所有被插入的图块都将做相同更改。

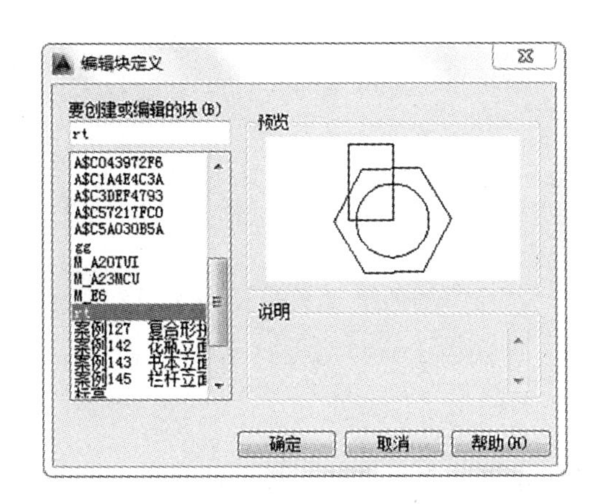

图 3-57　编辑块定义

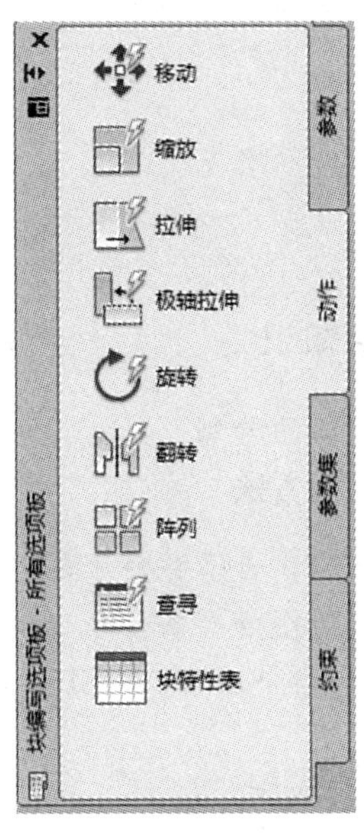

图 3-58　块编辑选项板

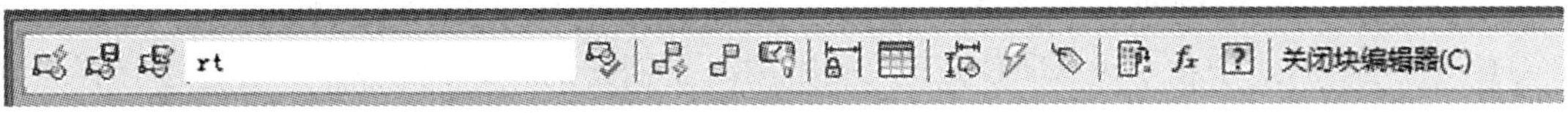

图 3-59　“块编辑器”工具栏

任务 3.6　花瓶的绘制

3.6.1　学习目标

（1）学会样条曲线命令的使用方法。

（2）学会使用夹点快速编辑图形。

3.6.2 课题展示

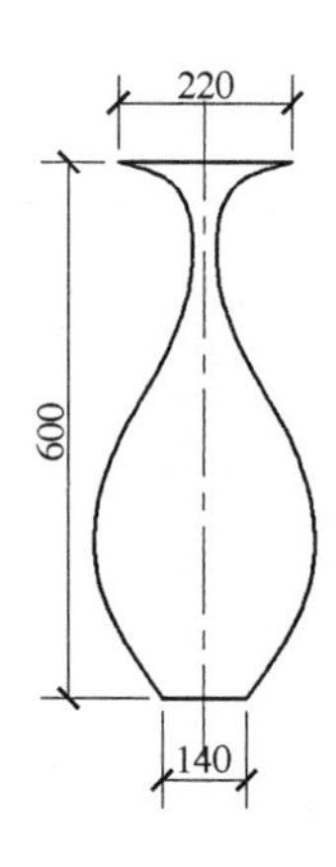

图 3-60 花瓶

3.6.3 理论知识

1. 样条曲线的绘制

1）命令调用方法

(1) 工具栏：单击工具栏中 按钮。

(2) 菜单：绘图→样条曲线。

(3) 键盘命令：Spline(或 SPL)。

2）功能

创建经过或靠近一组拟合点或有控制框的顶点定义的平滑曲线。样条曲线使用拟合点或控制点进行定义。默认情况下，拟合点与样条曲线重合，而控制点定义控制框。控制框提供了一种便捷的方法，用来设置样条曲线的形状。

要显示或隐藏控制点和控制框，请选择或取消选择样条曲线，或使用 CVSHOW 和 CVHIDE。然而，对于在 AutoCAD LT 中使用控制点创建的样条曲线，仅可通过选择样条曲线来显示控制框。

3）操作及选项说明

命令：Spline

当前设置：方式＝拟合　节点＝弦

指定第一个点或[方式(M)/节点(K)/对象(O)]：

输入下一个点或[起点切向(T)/公差(L)]：

输入下一个点或[端点相切(T)/公差(L)/放弃(U)]：

输入下一个点或[端点相切(T)/公差(L)/放弃(U)/闭合(C)]：

(1) 第一个点：指定样条曲线上的第一点，或者是第一个拟合点或者是第一个控制点，具体取决于当前所用的方法。

(2) 下一点：创建其他样条曲线段，直到按 Enter 键为止。

(3) 方式：控制是使用拟合点还是使用控制点来创建样条曲线(SPLMETHOD 系统变量)如图 3-61 所示。

(4) 对象：将二维或三维的二次或三次样条曲线拟合多段线转换成等效的样条曲线。根

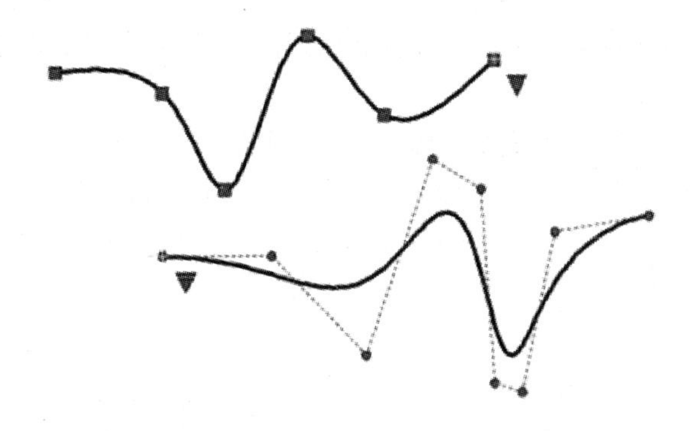

图 3-61　不同方式创建样条曲线

据 DELOBJ 系统变量的设置，保留或放弃原多段线。

(5) 放弃：删除最后一个指定点。

(6) 闭合：通过定义与第一个点重合的最后一个点，闭合样条曲线。默认情况下，闭合的样条曲线为周期性的，沿整个环保持曲率连续性（C2）。

(7) 公差：指定样条曲线可以偏离指定拟合点的距离。公差值 0（零）要求生成的样条曲线直接通过拟合点。公差值适用于所有拟合点（拟合点的起点和终点除外），始终具有为 0（零）的公差，如图 3-62 所示。

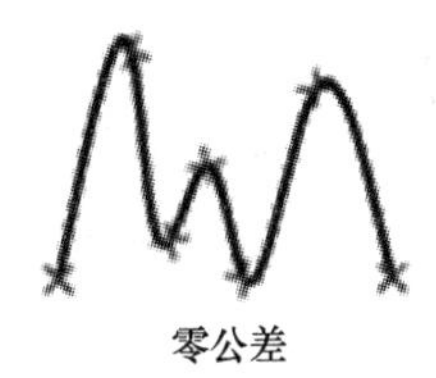

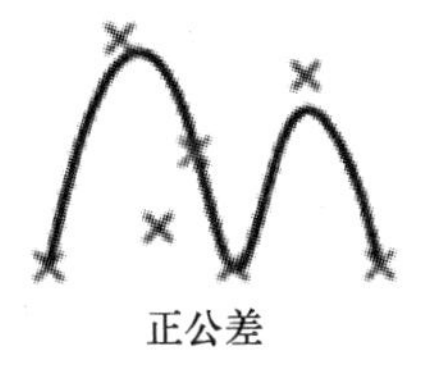

图 3-62　公差

起点相切/端点相切：指定在样条曲线起点/端点的相切条件。

(8) 对象：将二维或三维的二次或三次样条拟合多段线转换成等价的样条曲线并删除多段线。

2. 镜像

1) 命令调用方法

(1) 工具栏：修改→镜像。

(2) 下拉菜单：修改→镜像。

(3) 键盘命令：Mirror（或 MI）。

2) 功能

将对象围绕一条镜像线做对称复制。

3) 操作及选项说明

命令：Mirror

选择对象：

指定镜像线的第一点：

指定镜像线的第二点：

要删除源对象吗？[是(Y)/否(N)]<N>：

(1) 选择对象：选择要镜像的对象，按 Enter 键完成选择。

指定镜像线的第一点/第二点:指定的两个点将成为直线的两个端点,选定对象相对于这条直线被镜像。

(2) 删除源对象:确定在镜像原始对象后,是删除还是保留它们。

可用鼠标直接点取两点,确定一条镜像线,被选择的对象以该线为对称轴进行镜像。

MIRRTEXT:控制 MIRROR 反映文字的方式。默认 MIRRTEXT=0,镜像文字对象时,不会更改文字的方向。如果确实要反转文字,请将 MIRRTEXT 系统变量设置为 1(图 3-63(a))。

MIRRHATCH:控制 MIRROR 反映填充图案的方式。默认 MIRRHATCH=0,镜像填充图案时,保持图案方向,MIRRHATCH=1,将反转图案方向(图 3-63(b))。

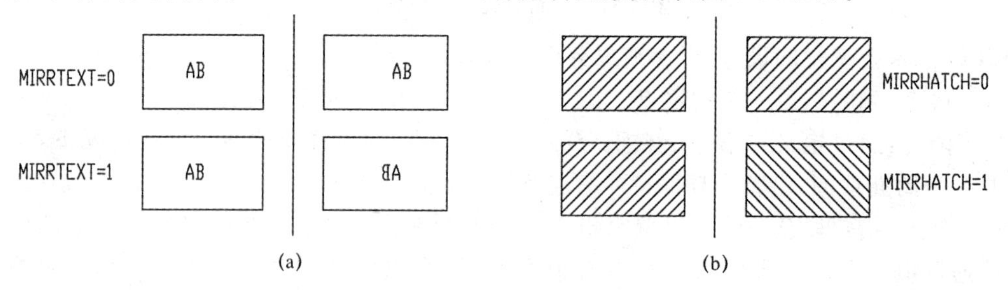

图 3-63 镜像参数设置效果

3. 夹点的编辑

1) 夹点的概念

夹点是一些实心的小方框,使用定点设备指定对象时,对象关键点上将出现夹点。蓝色的夹点称为冷夹点,红色为热夹点,只有对热夹点才能进行快捷操作。改变夹点的位置,可以改变图形的位置和形状。拖动这些夹点可以快速拉伸、移动、旋转、缩放或镜像对象。选中夹点,按住左键不动,单击空格键,即可循环旋转这些命令。这里只介绍夹点的拉伸。

2) 具有多功能夹点的对象(图 3-64)

(1) 二维对象:直线、多段线、圆弧、椭圆弧、样条曲线和图案填充对象。

(2) 注释对象:标注对象和多重引线。

(3) 三维实体:三维面、边和顶点。

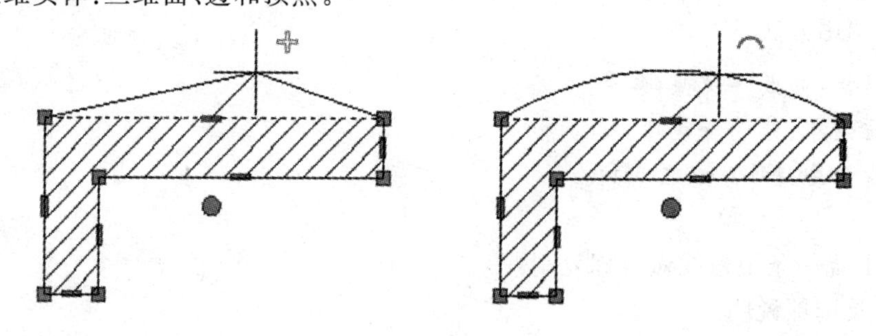

图 3-64 夹点

3) 使用夹点进行拉伸的技巧

当选择对象上的多个夹点来拉伸对象时,选定夹点间的对象的形状将保持原样。要选择多个夹点,请按住 Shift 键,然后选择适当的夹点。

文字、块参照、直线中点、圆心和点对象上的夹点将移动对象而不是拉伸它。

当二维对象位于当前 UCS 之外的其他平面上时，将在创建对象的平面上（而不是当前 UCS 平面上）拉伸对象。

如果选择象限夹点来拉伸圆或椭圆，然后在输入新半径命令提示下指定距离（而不是移动夹点），此距离是指从圆心而不是从选定的夹点测量的距离。

4）重要说明

（1）锁定图层上的对象不显示夹点。

（2）选择多个共享重合夹点的对象时，可以使用夹点模式编辑这些对象；但是，任何特定于对象或夹点的选项将不可用。

3.6.4 操作技能

1. 绘制中心线

设置图层、线型、颜色、线宽以及绘制相应的中心线（加载 Center 线）。

2. 绘制花瓶的上、下底（图 3-65(a)）

命令：Line　　//启动直线命令
指定第一点：　　//输入底部直线左端点坐标（可任意）
指定下一点或[放弃(U)]：140　　//正交模式下，鼠标右移，输入直线长度
指定下一点或[放弃(U)]：　　//回车，结束直线绘制
命令：Line　　//启动直线命令
指定第一点：　　//输入上部直线左端点坐标（可任意）
指定下一点或[放弃(U)]：220　　//正交模式下，鼠标右移，输入直线长度
指定下一点或[放弃(U)]：　　//回车，结束直线绘制

3. 绘制左边的样条曲线轮廓（图 3-65(b)）

命令：Spline
指定第一点或[对象(O)]：
指定下一点：
指定下一点或[闭合(C)/拟合公差(F)]＜起点切向＞：//选择样条曲线中间点
……
指定下一点或[闭合(C)/拟合公差(F)]＜起点切向＞：//回车，结束样条曲线绘制
指定起点切向：　　//鼠标移动至起点，选定好切线方向，点击左键确认
指定端点切向：　　//鼠标移动至终点，选定好切线方向，点击左键确认

4. 绘制右边的样条曲线轮廓（图 3-65(c)）

命令：Mirror　　//启动镜像命令
选择对象：　　//选择左边的样条曲线
指定镜像线的第一点：　　//中心线上端点
指定镜像线的第二点：　　//中心线下端点
要删除源对象吗？[是(Y)/否(N)]＜N＞：　　//不删除源对象

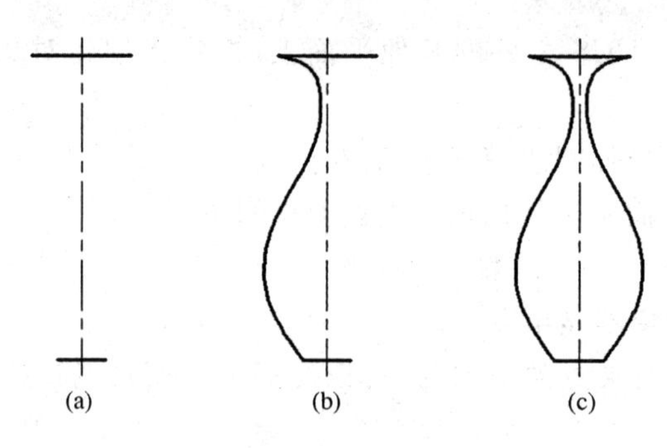

图 3-65　绘制花瓶

项目 4　复杂图形的绘制

任务 4.1　花格的绘制

4.1.1　学习目标

(1) 学会多边形、分解等命令的使用方法。

(2) 熟练阵列、圆弧等命令。

4.1.2　课题展示

图 4-1 所示花格是一个绕圆心旋转,以相同角度增量不断复制的图形。可以采用阵列命令绘制对象,并填充图案。

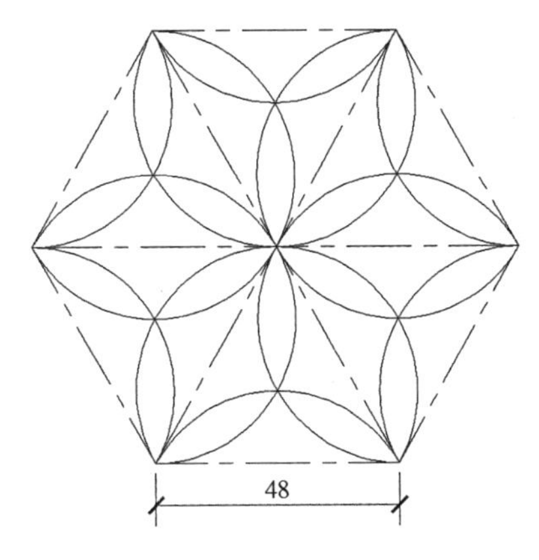

图 4-1　花格

4.1.3　理论知识

1. 多边形绘制

1) 命令调用方法

(1) 工具栏:单击工具栏按钮。

(2) 下拉菜单:绘图→多边形。

(3) 键盘命令:Polygon。

2) 功能

创建等边、闭合多段线图形。

3) 操作及选项说明。

命令:Polygon

输入侧面数＜4＞:

指定正多边形的中心点或[边(E)]：

输入选项[内接于圆(I)/外切于圆(C)]＜I＞：

指定圆的半径：

(1) 侧面数：指定正多边形的边数，默认为4，即矩形。可输入的边数为3～1024。

(2) 中心点：指定多边形的中心点的位置。

(3) 内接于圆：指定外接圆的半径，正多边形的所有顶点都在此圆周上。

(4) 外切于圆：指定从正多边形圆心到各边中点的距离。

(5) 边：通过指定第一条边的端点(长度和方向)来定义正多边形。

4.1.4 操作技能

1. 新建文件，设置绘图环境

设置图形界限、绘图单位、图层，线型等参数。

2. 绘制多边形

命令：Polygon

输入侧面数＜4＞：6

指定正多边形的中心点或[边(E)]：e

指定边的第一个端点：　　　//指定起点

指定边的第二个端点：48　　　//鼠标右移，打开动态输入，输入多边形边长

3. 绘制辅助线

命令：Line

指定第一个点：　　　　　　　//选择多边形一个角点

指定第二个点或[放弃(U)]：//选择对称角点

重复绘制直线，绘制如图1-2所示直线 *ae* 和 *cd*，两条直线交点为 *f*。

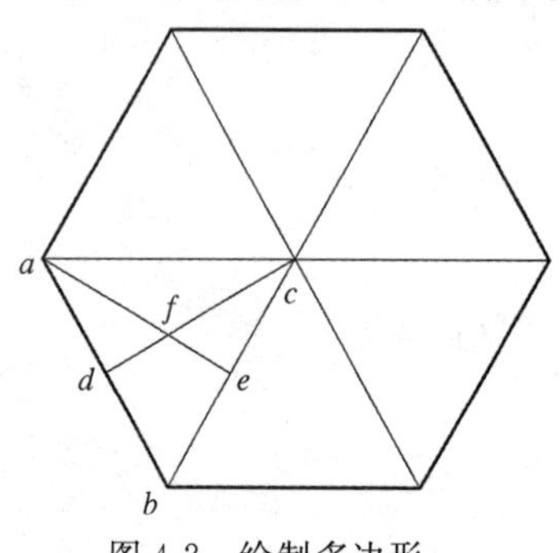

图4-2　绘制多边形

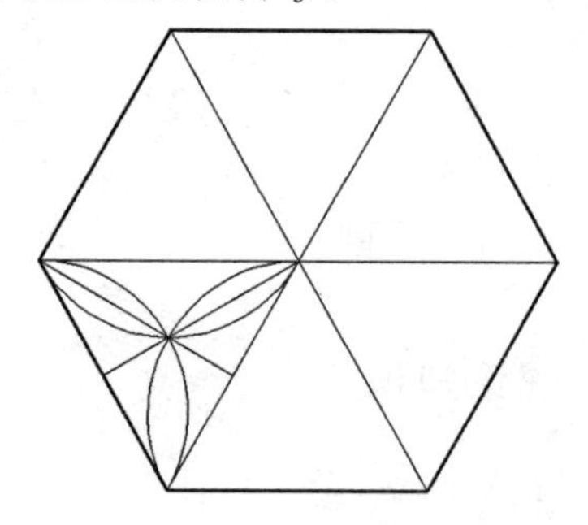

图4-3　绘制圆弧

4. 绘制圆弧

命令：Arc

圆弧创建方向：逆时针(按住Ctrl键可切换方向)。

指定圆弧的起点或[圆心(C)]：　　　　　　　//点击a点

指定圆弧的第二个点或[圆心(C)/端点(E)]：　//点击f点

指定圆弧的端点：　　　　　　　　　　　　　//点击c点

重复上述步骤，用3点绘制圆弧方式，绘制圆弧afb和bfc。结果如图4-3所示。

5. 环形阵列

命令:ARRAYPOLAR

选择对象:　　　　　　　　　　　　　　　　　　//选择3条圆弧

指定阵列的中心点或[基点(B)/旋转轴(A)]: //选择点c

选择夹点以编辑阵列或[关联(AS)/基点(B)/项目(I)/项目间角度(A)/填充角度(F)/行数(ROW)/旋转项目(ROT)/退出(X)]＜退出＞:I

输入阵列中的项目数或[表达式(E)]＜4＞:6　　　　　　　　//阵列数

选择夹点以编辑阵列或[关联(AS)/基点(B)/项目(I)/项目间角度(A)/填充角度(F)/行数(ROW)/旋转项目(ROT)/退出(X)]＜退出＞://回车,结束命令

结果如图4-4所示。

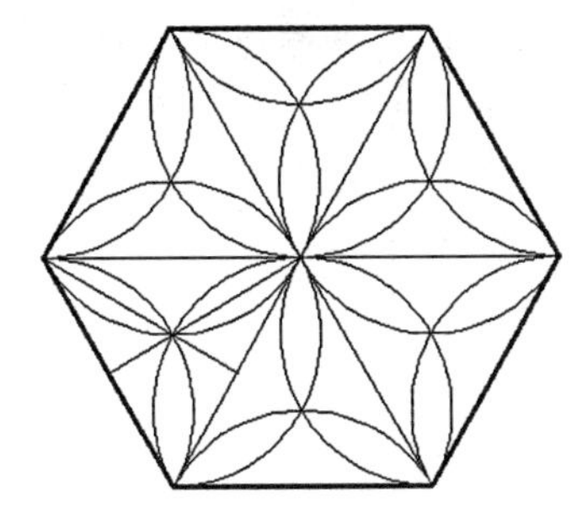

图4-4　阵列复制花瓣

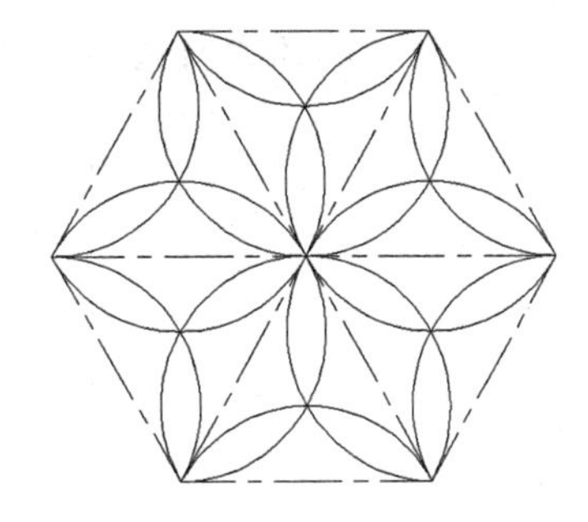

图4-5　花纹

6. 删除辅助线

删除辅助线,更换多边形及对角线线型。结果如图4-5所示。

4.1.5 拓展提高

绘制正多边形时,如采用等分圆的方法,一定要弄清楚正多边形与圆的关系。

多边形内接于圆实际就是圆外接于多边形,圆的半径就是多边形的重心到多边形各顶点的距离。多用于已知偶数边正多边形对顶点距离绘制正多边形。

多边形外切于圆实际就是圆内切于多边形,圆的半径就是多边形的中心到多边形各边中点的距离。多用于已知偶数边正多边形对边距离绘制正多边形。

如图4-6所示,同样大小的圆,使用不同的正多边形与圆的关系,画出圆的大小不一样。

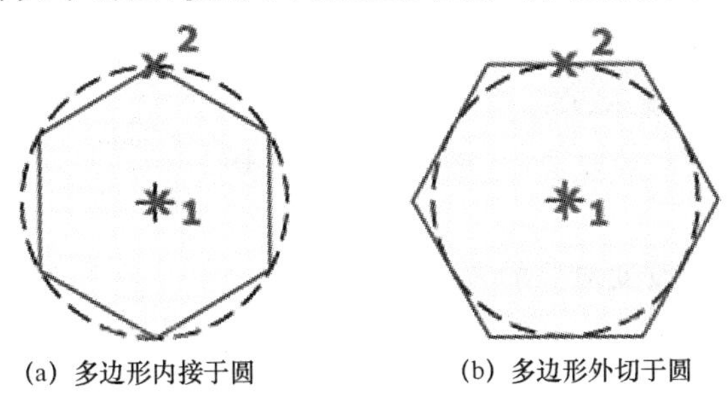

(a) 多边形内接于圆　　(b) 多边形外切于圆

图4-6　正多边形与圆的关系

任务 4.2　地砖铺贴图案的绘制

4.2.1　学习目标

(1) 学会使用旋转、比例缩放等命令。

(2) 熟练使用复制、移动等命令。

4.2.2　课题展示

如图 4-7 所示图案相同图案不同角度的拼贴,整个图形呈现有规律的重复。图形总长和总宽为 70,等分为 4 份,难以直接用直线精确绘制,可以用等分或比例缩放来实现。

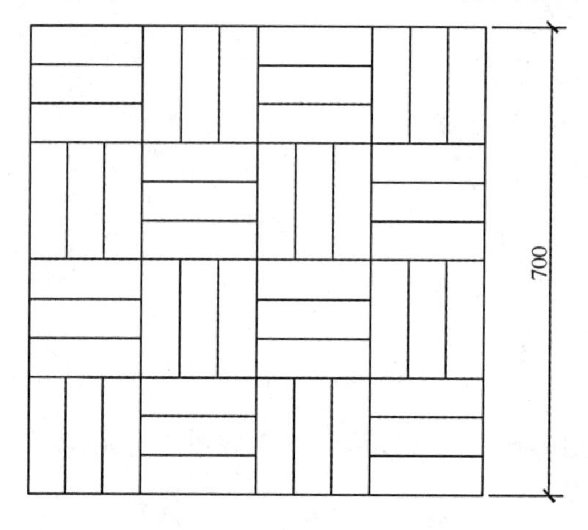

图 4-7　地砖铺贴图案

4.2.3　理论知识

1. 旋转对象

1) 命令调用方法

(1) 工具栏:修改→旋转。

(2) 下拉菜单:修改→旋转。

(3) 键盘命令:Rotate(或 RO)。

(4) 快捷菜单:选择要旋转的对象,在绘图区域右击鼠标,选择“旋转”命令。

2) 功能

绕指定基点旋转对象,改变对象的方向。

3) 操作及选项说明

命令:Rotate

UCS 当前的正角方向:ANGDIR=逆时针　ANGBSE=0

选择对象:

指定基点:

指定旋转角度,或[复制(C)/参照(R)]<0>:

(1) 基点:对象旋转的中心点。

(2) 旋转角度:对象绕基点旋转的角度数。逆时针对正,顺时针为负。

(3) 复制:不改变原对象的位置,复制已选择的对象,并按指定角度旋转。

(4) 参照:通过指定角度,或指定 2 点,作为旋转的角度及方向。输入“R”后,命令行将提示:

指定参照角＜0＞:

指定新角度或[点(P)]:

2. 比例缩放

1) 命令调用方法

(1) 工具栏:单击绘图工具栏中按钮。

(2) 下拉菜单:绘图→缩放。

(3)键盘命令:Scale(或 SC)。

2) 功能

放大或缩小选定的对象,缩放后保持对象的比例不变。

3) 操作及选项说明

命令:Scale

选择对象:

指定基点:

指定比例因子或[复制(C)/参照(R)]＜0＞:

(1) 基点:对象缩放的基准点,即缩放操作的中心。

(2) 比例因子:对象缩放的比例。大于 1 的比例因子使对象放大。介于 0 和 1 之间的比例因子使对象缩小。还可以拖动光标使对象变大或变小。

(3) 复制:不改变原对象,复制已选择的对象,并按指定比例因子和基点缩放。

(4) 参照:按参照长度和指定的新长度缩放所选对象。

4.2.4 操作技能

1. 绘制基准线

命令:Line

指定第一个点: //在任意指定起点

指定下一个点或[放弃(U)]:300 //鼠标上移,输入长度

指定下一个点或[放弃(U)]:300 //鼠标右移,输入长度

结果如图 4-8(a)所示。

2. 阵列及复制,形成基本图块

命令:Array

选择对象: //选择左侧竖向线

输入阵列类型[矩形(R)/路径(PA)/极轴(PO)]＜阵列＞:

类型一矩形 关联一是

选择夹点以编辑阵列或[关联(AS)/基点(B)/计数(COU)/间距(S)/列数(COL)/行数(R)/层数(L)/退出(X)]＜退出＞:COL

输入列数或[表达式(E)]＜4＞:4

指定列数之间的距离或[总计(T)/表达式(E)] <955>:10

选择夹点以编辑阵列或[关联(AS)/基点(B)/计数(COU)/间距(S)/列数(COL)/行数(R)/层数(L)/退出(X)]<退出>:R

输入行数或[表达式(E)]<3>:1

指定行数之间的距离或[总计(T)/表达式(E)] <0>:0

结果如图 4-8(b)所示。

命令:COPY

选择对象:　　　　　　　　//选择上侧水平线

当前设置:复制模式=多个

指定基点或[位移(D)/模式(O)]<位移>://选择该线条端点作为基点

指定第二个点或[阵列(A)]<使用第一个点作为位移>:

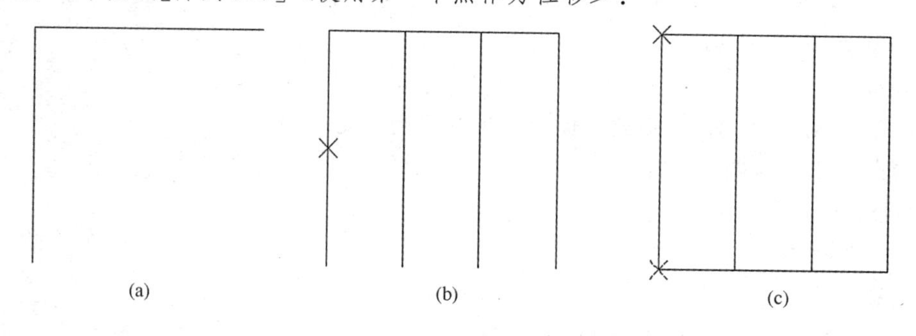

图 4-8　绘制基本图块

3. **复制并旋转基本图块,形成新的单元**

命令:COPY

选择对象:　　　　　　　　//选择图 4-8(c)

当前设置:复制模式=多个

指定基点或[位移(D)/模式(O)]<位移>://选择任意点作为基点

指定第二个点或[阵列(A)]<使用第一个点作为位移>:

命令:ROTATE

UCS 当前的正角方向:ANGDIR=逆时针　ANGBSE=0

选择对象:　　　　　//选择上一步骤复制的基本图块

指定基点:　　　　　//指定图块某一角点作为基点

指定旋转角度,或[复制(C)/参照(R)]<0>:90

命令:MOVE

选择对象:　　　//选择基本图块

选择对象://回车,结束选择

指定基点或[位移(D)]<位移>://指定图块某一角点作为基点

指定第二个点或<使用第一个点作为位移>:　//移动到另一基本图块对应角点

结果如图 4-9(a)所示

4. **重复步骤 3,形成完整图形**

重复复制基本图块,移动,可得图 4-9(b)、(c)。

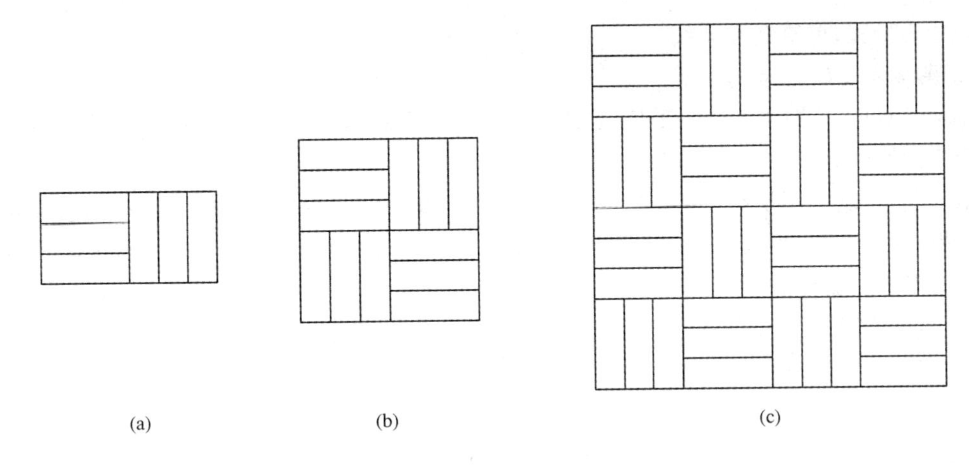
(a) (b) (c)

图 4-9　复制图块

5. 比例缩放

命令:Scale

选择对象:　　　　　　　　//旋转图 4-9(c)中所有对象

指定基点:　　　　　　　　//旋转任意角点

指定比例因子或[复制(C)/参照(R)]<0>:700/1200,定义的基本模块长度为 300,图 4-9(c)图形长度为 1200,图 4-7 实际长度为 700,应采用缩小比例。

4.2.5　拓展提高

1. 基点的选择

使用“修改”工具栏编辑图形时,经常会遇到选择对象,并确定“基点”。选择合适的“基点”有时会做到事半功倍的作用。基点一般为特征点,如端点、中点、交点、圆心等,可以在选择的对象上,也可以在其他图形上。为精确绘图,有时还需要添加辅助线,选择辅助线上的特征点,绘图结束后再删除辅助线。

本任务中,首先绘制基本图块的水平和竖向线作为基准线,其余线条采用“复制”实现。第一次复制时,先选水平线,命令行提示“选择基点”时候,在绘图区域任何位置点击鼠标左键,然后鼠标下移,键盘输入复制的间距“10”。结果如图 4-10(a)所示。

继续复制时,选择对象为新复制的水平线,基点选为第一条水平线的端点(图 4-10(b)),提示选择第二点时,鼠标下移至新复制水平线端点(图 4-10(c))。只要不输入“Esc”或按右键,就可持续复制等距离直线。

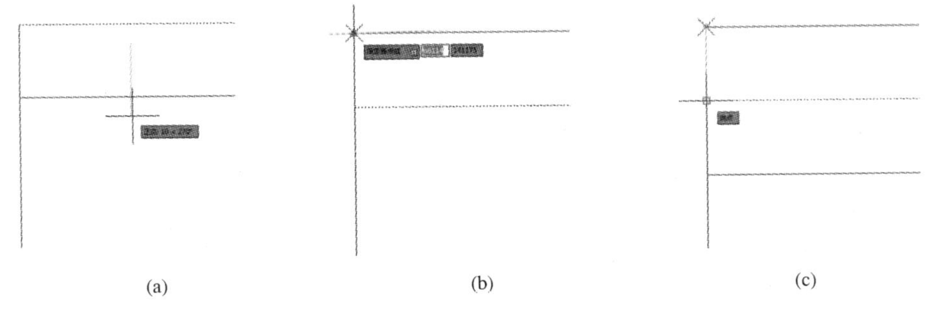
(a) (b) (c)

图 4-10　基点的选择

同样的步骤，可复制竖向线。

2. 编辑方法的选择

AutoCAD 的“修改”和“修改 II”工具栏提供了大量的编辑图线的工具。编辑图形时，如何选择合适的修改工具，会很大程度上影响绘图速度。

本任务中，基本图块绘制时，图 4-10 使用的是“复制”，如果“阵列”命令使用熟练，可一次复制多根等距离的水平线，也是提高绘图速度的一种方式。若采用“偏移”命令，则比上述两种方式更为简便。具体如下：

命令：OFFSET

当前设置：删除源＝否　图层＝源　OFFSETGAPTYPE＝0

指定偏移距离或[通过(T)/删除(E)/图层(L)]＜通过＞：10　　//指定直线间距

选择要偏移的对象，或[退出(E)/放弃(U)]＜退出＞：

指定要偏移的那一侧上的点，或[退出(E)/多个(M)/放弃(U)]＜退出＞：m　//重复偏移

指定要偏移的那一侧上的点，或[退出(E)/多个(M)/放弃(U)]＜下一个对象＞：//鼠标下移，点击左键

指定要偏移的那一侧上的点，或[退出(E)/多个(M)/放弃(U)]＜　下一个对象＞：//鼠标下移，点击左键

指定要偏移的那一侧上的点，或[退出(E)/多个(M)/放弃(U)]＜　下一个对象＞：//鼠标下移，点击左键

指定要偏移的那一侧上的点，或[退出(E)/多个(M)/放弃(U)]＜下一个对象＞：//按右键，结束偏移

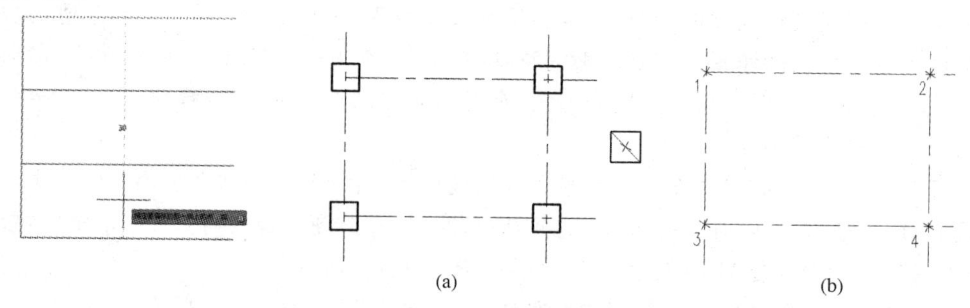

图 4-11　偏移对象　　　　图 4-12　辅助线的使用

若需要复制等距离对象数量不多时，用“复制”命令最方便，其次是“偏移”命令。若复制数量多，用“阵列”命令的优势就很明显了。

3. 辅助线的使用

用 AutoCAD 绘图时，使用必要的辅助线不仅实现精确绘图，而且还可以提高绘图速度。建筑制图中常见的图 4-12(a)所示轴网上的柱，有两种绘制方式，一种是原位绘制一根柱，即对 X、Y 向轴线偏移复制，修剪，最后复制多个，得到图 4-12(a)。若采用图 4-12(b)的方式，则更快捷。先用“矩形”命令创建柱轮廓线，柱的中心是轴网交点，可以作为基准点，因此添加一根对角线作为辅助线，再利用“复制”命令，选择矩形(柱轮廓效果)，选择辅助线中点为基准点，复制到目标点 1～4。结束复制后，删除源对象，即完成绘图。

多轴网中同样截面的柱数量很多，还可以先复制一行或一列，再按行或列复制，或者复制

一个柱截面到轴网中后，直接考虑“阵列”，加快绘图速度。

任务 4.3　会议桌的绘制

4.3.1　学习目标

(1) 掌握矩形、圆角、倒角等命令的使用。

(2) 正确使用各种复制方式来快速绘制图形。

4.3.2　课题展示

会议桌总长 4000mm，宽 1600mm，由直线和圆弧组成。可用矩形和圆角命令绘制。

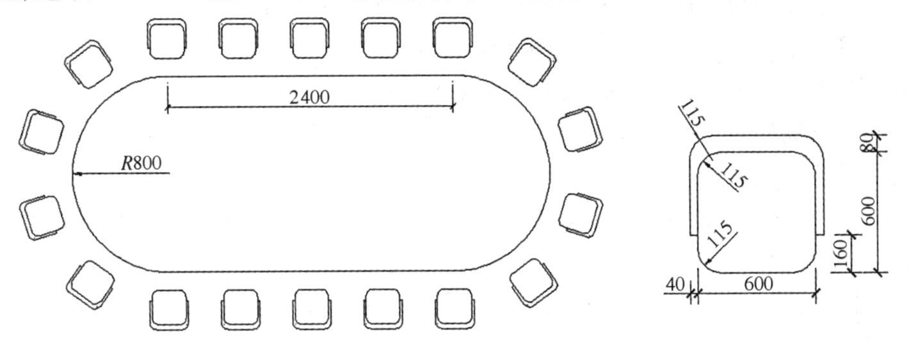

图 4-13　会议桌

4.3.3　理论知识

1. 矩形

1) 命令调用方法

(1) 工具栏：单击绘图工具栏中 按钮。

(2) 下拉菜单：绘图→矩形。

(3) 键盘命令：Rectang(或 REC)。

2) 功能

创建矩形多段线。

3) 操作及选项说明

命令行：Rectang

指定第一个角点或[倒角(C)/标高(E)/圆角(F)/厚度(T)/宽度(W)]：

指定另一个角点或[面积(A)/尺寸(D)/旋转(R)]：

(1) 第一个角点/另一个角点：指定两个角点确定矩形(图 4-14(a))。

(2) 倒角/圆角：绘制带倒角/圆角的矩形(图 4-14(b)、(c))。

(3) 标高：指定矩形标高(Z 坐标)，即把矩形画在标高为 Z，平行于 XY 平面的平面上。

(4) 厚度：指定矩形的厚度(图 4-14 (d))。

(5) 宽度：指定各边线宽(图 4-14 (e))。

(6) 面积：指定面积和长或宽创建矩形。选择该项系统提示：

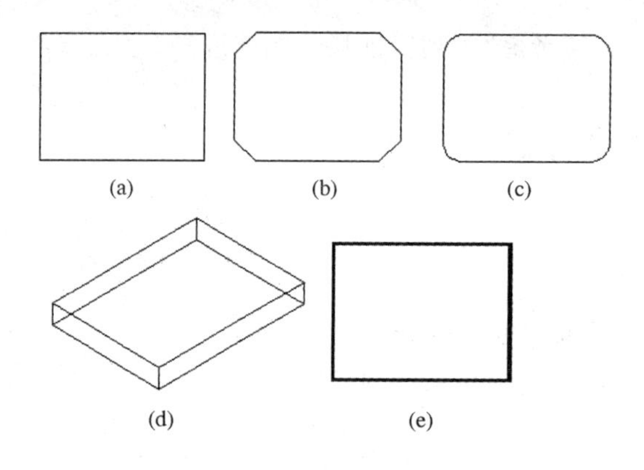

图 4-14　绘制矩形

输入以当前单位计算的矩形面积＜0.0000＞:(输入面积值)

计算矩形标注时依据[长度(L)/宽度(W)]＜长度＞:(回车或输入 W)

输入矩形长度＜0.0000＞:(指定长度或宽度)

指定长度或宽度后,系统自动计算另一边长度后绘制出矩形。如果矩形被倒角或圆角,则长度或宽度计算中会考虑此设置。

(7) 尺寸:使用长和宽创建矩形。第二个指定点将矩形定位在与第一角点相关的四个位置之一内。

(8) 旋转:旋转所绘制的矩形的角度。选择该项,系统提示:

指定旋转角度或[拾取点(P)]＜45＞:(指定角度)

指定另一个角点或[面积(A)/尺寸(D)/旋转(R)]:(指定另一个角点或选择其他选项)

指定旋转角度后,系统按指定角度创建矩形。

操作时还应注意,如果要被倒角的两个对象都在同一图层,则倒角线将位于该图层。否则,倒角线将位于当前图层上。

绘图过程中标高、厚度、宽度值修改后,后续矩形都将按相同标高、厚度或宽度绘制。

2. 倒角

1) 命令调用方法

(1) 工具栏:单击绘图工具栏中按钮。

(2) 下拉菜单:修改→倒角。

(3) 键盘命令:Chamfer(或 CHA)。

2) 功能

倒角是使用成角的直线连接两个对象,从而给对象添加倒角。指定倒角大小的方法一是距离法,分别指定两倒角边上的倒角距。二是角度法,指定第一倒角边上的倒角距和第二边上的倒角角度。

3) 操作及选项说明

命令:Chamfer

(修剪模式)当前倒角距离 1=0,距离 2=0

选择第一条直线或[放弃(U)/多段线(P)/距离(D)/角度(A)/修剪(T)/方式(E)/多个(M)]:

选择第二条直线,或按住 Shift 键选择直线以应用角点或[距离(D)/角度(A)/方法(M)]:

(1) 选择第一条/第二条直线：选择要倒角的直线。可以是一段平滑的圆弧连接一对直线段、非圆弧的多段线、样条曲线、双向无限长线、射线、圆、圆弧和椭圆等。

(2) 多段线：对多段线的各个交叉点倒斜角。为了得到最好的连接效果，一般设置斜线是相等的值。系统根据指定的斜线距离把多段线的每个交点都做斜线连接，斜线将与原多段线自动合并，如图 4-15 所示。

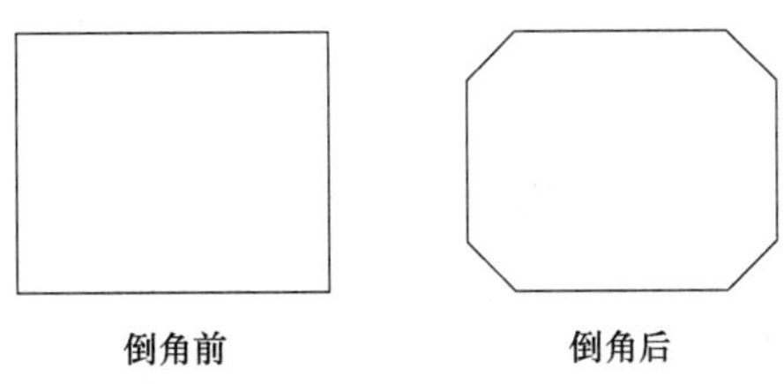

图 4-15　斜线连接多段线

(3) 距离：选择倒角的两个斜线距离。可以相同或不相同，用户应注意距离 1 和距离 2 的位置关系(图 4-16)。若二者均为 0，则系统不绘制连接的斜线，而是把两个对象延伸至相交点处并修剪超出的部分。

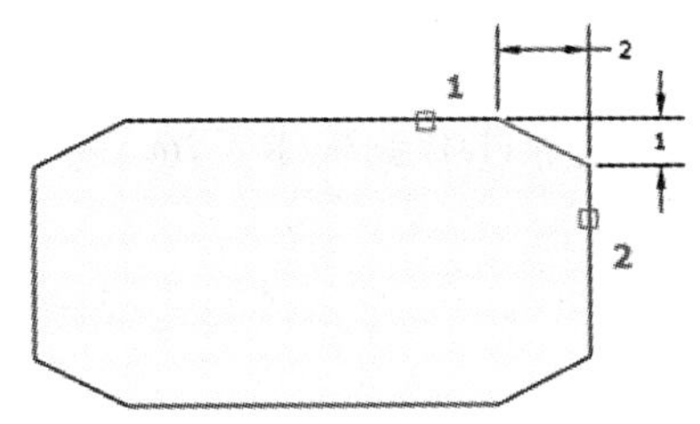

图 4-16　倒角

(4) 角度：选择第一条直线的斜线距离和第一条直线的倒角角度。

(5) 修剪：决定在用斜线连接两条边时，是否修剪两条边(图 4-17)。

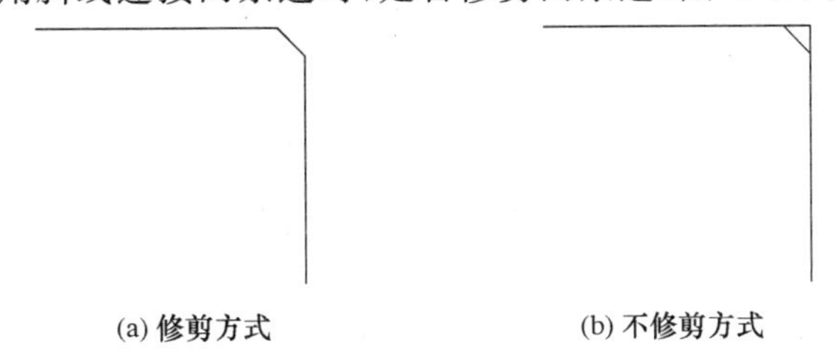

图 4-17　修剪选项

(6) 方式：决定采用“距离”方式还是“角度”方式来倒斜角。

(7) 多个：同时对多个(组)对象进行倒角。

给通过直线段定义的图案填充边界加倒角会删除图案填充的关联性。如果图案填充边界是通过多段线定义的，将保留关联性。

如果要被倒角的两个对象都在同一图层，则倒角线将位于该图层。否则，倒角线将位于当前图层上。此图层影响对象的特性(包括颜色和线型)。

3. 圆角

1) 命令调用方法：

(1) 工具栏：修改→圆角 。

(2) 菜单:修改→圆角。

(3) 键盘命令:FILLET(或 F)。

2) 功能

用指定半径决定的一段平滑圆弧连接两个对象。

3) 操作及选项说明

命令:FILLET

当前设置:模式＝修剪,半径＝0.0000

选择第一个对象或[放弃(U)/多段线(P)/半径(R)/修剪(T)/多个(M)]:

选择第二个对象,或按住 shift 键选择对象以应用角点或[半径(R)]:

除了需要输入圆角半径外,其余操作与“倒角”命令均相同。

4.3.4 操作技能

1. 绘制矩形

命令:Rectang

指定第一个角点或[倒角(C)/标高(E)/圆角(F)/厚度(T)/宽度(W)]://矩形的左下角角点,可任意指定

指定另一个角点或[面积(A)/尺寸(D)/旋转(R)]:@1600,4000 //用相对坐标输入右上角角点

2. 圆角

命令行:FILLET

当前设置:模式＝修剪,半径＝0.0000

选择第一个对象或[放弃(U)/多段线(P)/半径(R)/修剪(T)/多个(M)]:r

指定圆角半径＜0＞:800

选择第一个对象或[放弃(U)/多段线(P)/半径(R)/修剪(T)/多个(M)]:

选择第二个对象,或按住 shift 键选择对象以应用角点或[半径(R)]://轮流选择组成 4 个角点的边,进行圆角。按鼠标右键结束圆角。

3. 绘制座椅

命令:Rectang //绘制座位

指定第一个角点或[倒角(C)/标高(E)/圆角(F)/厚度(T)/宽度(W)]:

指定另一个角点或[面积(A)/尺寸(D)/旋转(R)]:@600,600

命令行:FILLET

当前设置:模式＝修剪,半径＝0.0000

选择第一个对象或[放弃(U)/多段线(P)/半径(R)/修剪(T)/多个(M)]:r

指定圆角半径＜0＞:115

选择第一个对象或[放弃(U)/多段线(P)/半径(R)/修剪(T)/多个(M)]:

选择第二个对象,或按住 shift 键选择对象以应用角点或[半径(R)]://轮流选择组成 4 个角点的边,进行圆角。按鼠标右键结束圆角。

结果如图 4-18 所示。

命令:Line //绘制扶手

指定第一个点: //选择点 1

指定下一点或[放弃(U)]:160　　　　//鼠标上移,使用动态捕捉,绘制点2

指定下一点或[放弃(U)]:　　　　　//鼠标右移,使用动态捕捉,绘制点3

命令:Line　　　　　　　　　　　　//开始绘制扶手轮廓

指定第一个点:　　　　　　　　　　//选择点3

指定下一点或[放弃(U)]:40　　　　//鼠标右移,使用动态捕捉

指定下一点或[放弃(U)]:520　　　 //鼠标上移,使用动态捕捉

指定下一点或[放弃(U)]:680　　　 //鼠标左移,使用动态捕捉

指定下一点或[放弃(U)]:520　　　 //鼠标下移,使用动态捕捉

指定下一点或[放弃(U)]:40　　　　//鼠标右移,使用动态捕捉

命令行:FILLET

当前设置:模式＝修剪,半径＝0.0000

选择第一个对象或[放弃(U)/多段线(P)/半径(R)/修剪(T)/多个(M)]:r

指定圆角半径＜0＞:115

选择第一个对象或[放弃(U)/多段线(P)/半径(R)/修剪(T)/多个(M)]:

重复上述步骤,完成扶手右侧圆角。结果如图4-19所示。

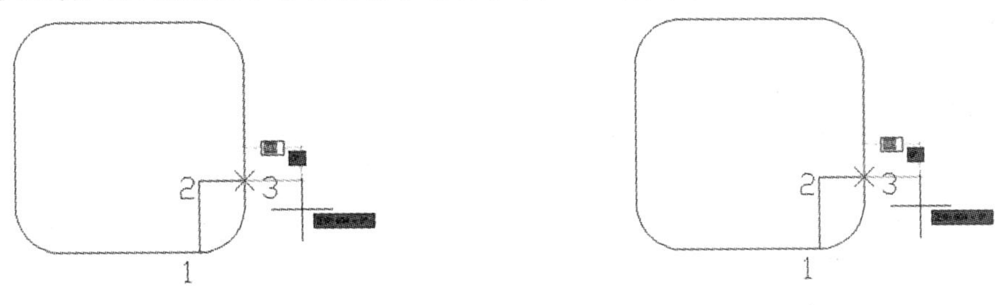

图4-18　绘制座椅(1)　　　　图4-19　绘制座椅(2)

4. 创建块

命令:block

选择图4-19中所有对象,块名:Chair;选择图4-18中点1所在直线中点为插入点。

5. 矩形阵列复制座椅

命令:ARRAY

选择对象:

输入阵列类型[矩形(R)/路径(PA)/极轴(PO)]＜阵列＞:

类型＝矩形　关联＝是

选择夹点以编辑阵列或[关联(AS)/基点(B)/计数(COU)/间距(S)/列数(COL)/行数(R)/层数(L)/退出(X)]＜退出＞:COL

输入列数或[表达式(E)]＜4＞:5

指定列数之间的距离或[总计(T)/表达式(E)]＜955＞:1200

选择夹点以编辑阵列或[关联(AS)/基点(B)/计数(COU)/间距(S)/列数(COL)/行数(R)/层数(L)/退出(X)]＜退出＞:R

输入行数或[表达式(E)]＜3＞:1

指定行数之间的距离或[总计(T)/表达式(E)]＜0＞:0

结果如图4-20所示。

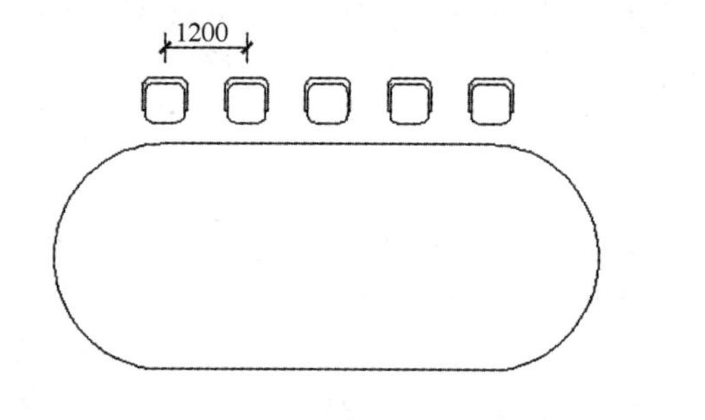

图 4-20　矩形阵列

图 4-21　镜像

6. 镜像座椅

命令:Mirror

选择对象:　　　　　　　//选择图块“Chair”

指定镜像线的第一点:　//选择点 a

指定镜像线的第二点:　//选择点 b

要删除源对象吗?[是(Y)/否(N)]＜N＞://回车,不删除源对象

结果如图 4-21 所示。

7. 环形阵列复制座椅

命令:ARRAYPOLAR

选择对象:　　　　　　　　　　　　//选择左上角图块“Chair”

指定阵列的中心点或[基点(B)/旋转轴(A)]: //选择左侧圆心 O

选择夹点以编辑阵列或[关联(AS)/基点(B)/项目(I)/项目间角度(A)/填充角度(F)/行数(ROW)/旋转项目(ROT)/退出(X)]＜退出＞:F

指定填充角度(+=逆时针、-=顺时针)或[表达式(E)]＜360＞:180　　　//半圆

选择夹点以编辑阵列或[关联(AS)/基点(B)/项目(I)/项目间角度(A)/填充角度(F)/行数(ROW)/旋转项目(ROT)/退出(X)]＜退出＞:I

输入阵列中的项目数或[表达式(E)]＜4＞:6　　　　　　　　//阵列数

选择夹点以编辑阵列或[关联(AS)/基点(B)/项目(I)/项目间角度(A)/填充角度(F)/行数(ROW)/旋转项目(ROT)/退出(X)]＜退出＞: //回车,结束命令

结果如图 4-22 所示。

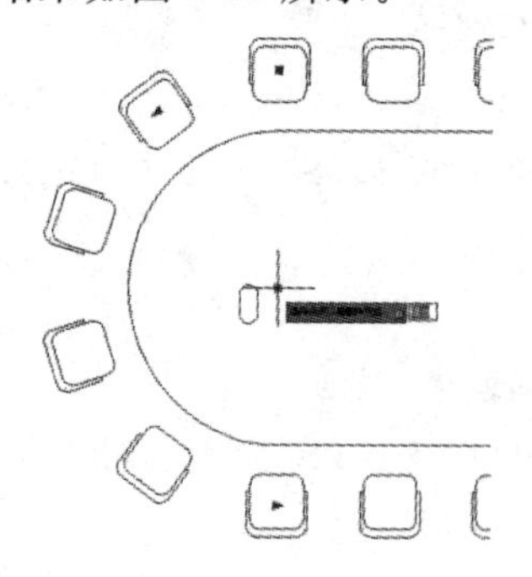

图 4-22　环形阵列

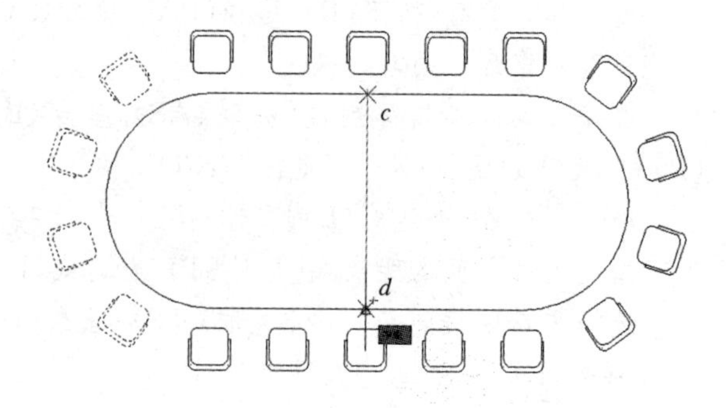

图 4-23　镜像

8. 镜像复制

命令:Mirror

选择对象:　　　　　　//选择左侧 4 个图块“Chair”(虚线显示)

指定镜像线的第一点:　//选择点 c

指定镜像线的第二点:　//选择点 d

要删除源对象吗?[是(Y)/否(N)]<N>://回车,不删除源对象

结果如图 4-23 所示。

9. 成图

删除辅助线,清洁图面。

4.3.5 拓展提高

1. 使用圆角命令时注意事项

(1) 圆角半径是指连接被圆角对象的圆弧半径。修改圆角半径将影响后续的圆角操作。如果设置圆角半径为 0,则被圆角的对象将被修剪或延伸直到它们相交,并不创建圆弧。

(2) 为平行直线圆角时,是以平行直线间的距离为直径创建圆弧连接。

(3) “修剪”选项指定是否修剪选定对象,将对象延伸到创建的弧的端点。对于封闭的多段线,圆、椭圆等图形,圆角后并不修剪。是否要选择修剪模式,要根据参与圆角的对象来确定,避免将不应该修剪的部分修剪掉了。

(4) 封闭的多段线、圆、椭圆等图形间不能圆角。

2. 使用倒角命令时注意事项

(1) 倒角距离是指连接被倒角对象的斜线在 X 轴、Y 轴上投影长度。若倒角距离设为 0,可对不相交的两条线进行修剪,也可对两条平行直线进行修剪。

(2) 可以倒角的对象有直线、多段线、射线和构造线。

任务 4.4　客厅布置图

4.4.1 学习目标

(1) 掌握沙发整体布局要点。

(2) 按样图估算图形大小。

(3) 熟练偏移、修剪、复制、填充等命令。

(4) 掌握打断、分解、合并命令的使用。

4.4.2 课题展示

通过客厅各种家具的绘制,巩固之前学习过的圆弧、修剪、镜像、旋转等操作方法,提高使用 AutoCAD 的综合绘图能力和图形编辑能力。

首先分析图形,家具以矩形为主,三人沙发和单人沙发样式相同,可创建单人沙发图块,编辑后得三人沙发。桌上植物可在“设计中心”选用图块插入。

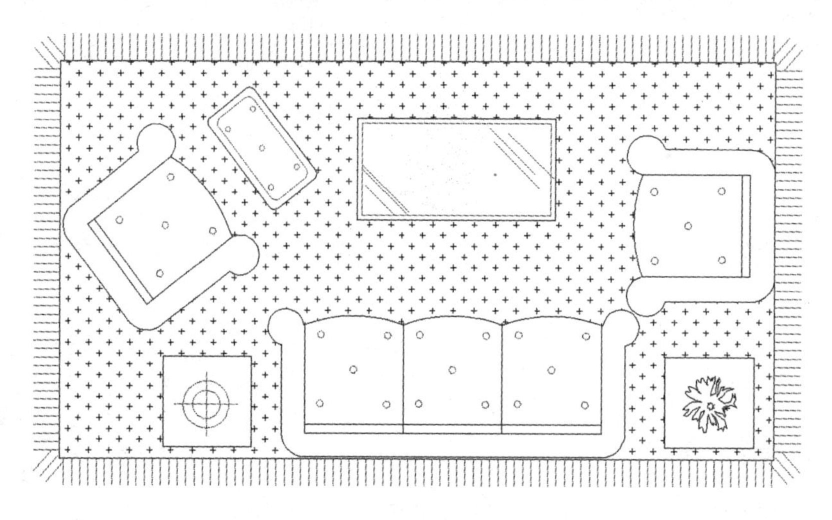

图 4-24　客厅的平面布置

4.4.3　理论知识

1. 打断

1）命令调用方法

(1) 工具栏：修改→打断。

(2) 下拉菜单：修改→打断。

(3) 键盘命令：Break(或 BR)。

2）功能

在两点之间打断选定对象。可以在对象上的两个指定点之间创建间隔，从而将对象打断为两个对象。如果这些点不在对象上，则会自动投影到该对象上。Break 通常用于为块或文字创建空间。

3）操作及选项说明

命令：Break

选择对象：

指定第二个打断点或[第一点(F)]：

指定第二个打断点：

(1) 选择对象：指定对象选择方法或对象上的第一个打断点。

将显示的下一个提示取决于选择对象的方式。如果使用定点设备选择对象，本程序将选择对象并将选择点视为第一个打断点。在下一个提示下，可指定第二个点或替代第一个点以继续。

(2) 指定第二个打断点或第一点：指定第二个打断点或输入"f"指定第一个点，用指定的新点替换原来的第一个打断点。

(3) 第二个打断点：指定用于打断对象的第二个点。

线、圆弧、圆、多段线、椭圆、样条曲线、圆环以及其他几种对象类型都可以拆分为两个对象或将其中的一端删除。

程序将按逆时针方向删除圆上第一个打断点到第二个打断点之间的部分，从而将圆转换成圆弧(图 4-25)。

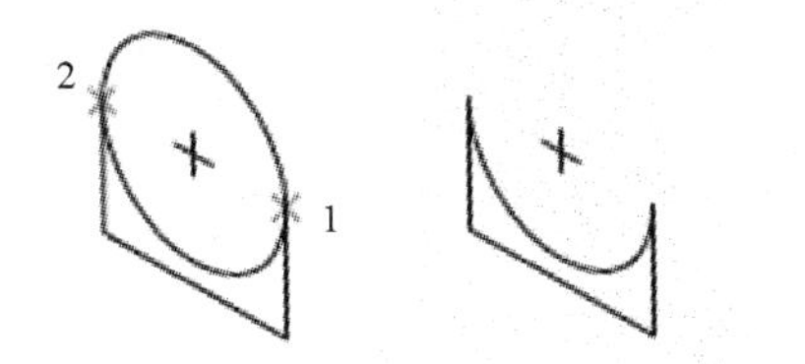

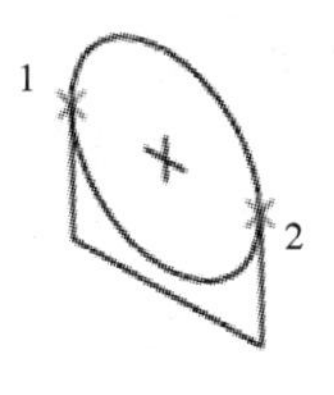

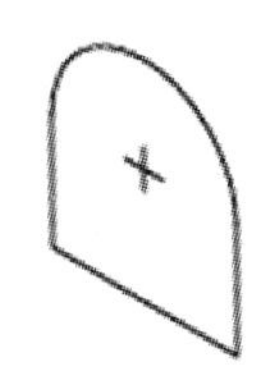

图 4-25　不同打断方式

还可以使用“打断于点”工具在单个点处打断选定的对象。有效对象包括直线、开放的多段线和圆弧。不能在一点打断闭合对象(例如圆)。

2. 分解

1) 命令调用方法

(1) 工具栏:修改→分解。

(2) 下拉菜单:修改→分解。

(3) 键盘命令:Explode(或 X)。

2) 功能

将复合对象分解为其组件对象。

3) 操作及选项说明

命令:Explode

选择对象:

可以分解的对象包括块、多段线及面域等。

任何分解对象的颜色、线型和线宽都可能会改变。其他结果将根据分解的复合对象类型的不同而有所不同。可分解对象的分解结果如下:

二维多段线:放弃所有关联的宽度或切线信息。对于宽多段线,将沿多段线中心放置结果(直线和圆弧)。

三维多段线:分解成直线段。

三维实体:将平整面分解成面域;将非平整面分解成曲面。

阵列:将关联阵列分解为原始对象的副本。

块:一次删除一个编组级。如果一个块包含一个多段线或嵌套块,那么对该块的分解就首先显露出该多段线或嵌套块,然后再分别分解该块中的各个对象。

面域:分解成直线、圆弧或样条曲线。

3. 合并

1) 命令调用方法

(1) 工具栏:修改→合并。

(2) 下拉菜单:修改→合并。

(3) 键盘命令:Join(或 J)。

2) 功能

合并线性和弯曲对象,以便创造单个对象。

3) 操作及选项说明

命令:Join

选择对象:

该命令可实现公共端点处合并一系列有限的线性和开放的弯曲对象，以创建单个二维或三维对象。合并后对象类型取决于选定的对象类型、首先选定的对象类型以及对象是否共面。

构造线、射线和闭合的对象无法合并。

选择源对象或要一次合并的多个对象：可合并的对象有直线、多段线、三维多段线、圆弧、椭圆弧、螺旋或样条曲线。合并多个对象时，无需指定源对象。

4.4.4 操作技能

1. 新建文件并设置绘图环境

执行“文件/新建”命令，新建文件名为“客厅”的图形文件；

执行“格式/单位”命令，设置单位为毫米；

执行“格式/图形界限”命令，设置绘图界限为 6000×4200。

2. 绘制和偏移线段

命令：Line

指定第一点：

指定下一个点或［放弃(U)］：//绘制竖向直线 1

命令：Line

指定第一点：

指定下一个点或［放弃(U)］：//绘制水平直线 2

命令：Offset

当前设置：删除源＝否　图层＝源　OFFSETGAPTYPE＝0

指定偏移距离或［通过(T)/删除(E)/图层(L)］＜通过＞：140

选择要偏移的对象，或［退出(E)/放弃(U)］＜退出＞：//选择直线 1

指定要偏移的那一侧上的点，或［退出(E)/多个(M)/放弃(U)］＜退出＞：//鼠标右移

选择要偏移的对象，或［退出(E)/放弃(U)］＜退出＞：//回车，结束

重复偏移，依次指定偏移距离 600，140，完成竖向平行线的绘制。

选择直线 2，指定偏移距离为 140，50，完成水平方向平行线的绘制。

结果如图 4-26 所示。

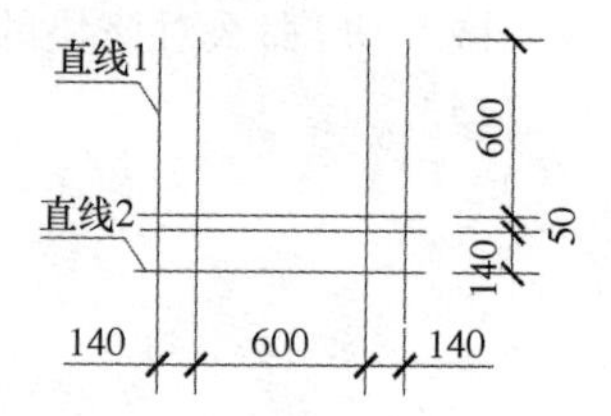

图 4-26　绘制并偏移直线

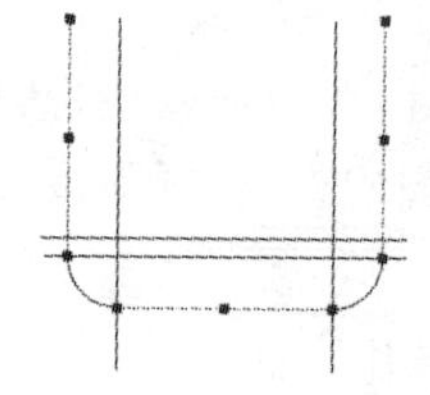

图 4-27　圆角

3. 圆角

命令：Fillet

当前设置：模式＝修剪，半径＝0.0000

选择第一个对象或［放弃(U)/多段线(P)/半径(R)/修剪(T)/多个(M)］：r

指定圆角半径＜0.0000＞：140

选择第一个对象或［放弃(U)/多段线(P)/半径(R)/修剪(T)/多个(M)］：//选择直线 1

选择第二个对象，或按住 Shift 键选择对象以应用角点或[半径(R)]://选择直线 2

重复圆角，结果如图 4-27 所示。

4. 修剪对象

命令:Trim

当前设置:投影=UCS，边=无

选择剪切边…

选择对象或＜全部选择＞：　//选择图 4-28 中所有虚线显示直线

选择对象：　　　　　　　//回车，结束选择对象

选择要修剪的对象，或按住 Shift 要延伸的对象，或[栏选(F)/窗交(C)/投影(P)/边(E)/删除(R)/放弃(U)]://选择带"×"的直线段

结果如图 4-29 所示。

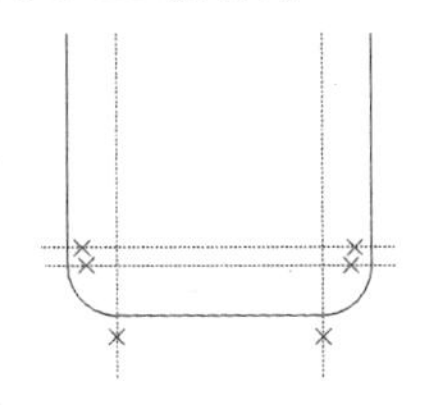

图 4-28　选择修剪对象

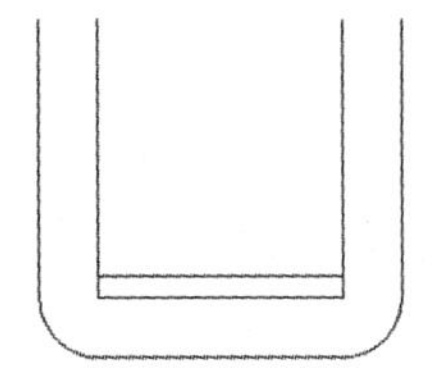

图 4-29　修剪

5. 绘制圆、打断并镜像

绘制半径为 100 的圆，过程略。圆与扶手交点为点 1、点 2(图 4-30(a))。

命令:Break

选择对象：

指定第二个打断点或[第一点(F)]:f

指定第一个打断点：　//选择点 1

指定第二个打断点：　//选择点 2

结果如图 4-30(b)所示。

镜像复制圆弧，结果如图 4-30(c)所示。

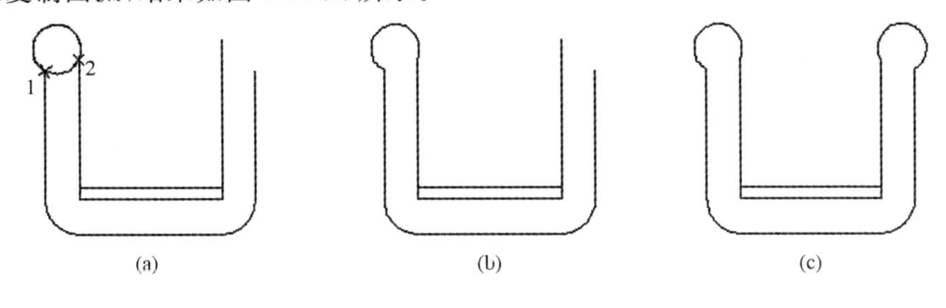

图 4-30　扶手绘制

6. 绘制圆、创建块

打开正交模式，捕捉直线 2 中点，绘制辅助线。

绘制座位内小圆，复制、镜像，结果如图 4-31 所示。

删除辅助线选择图 4-31 中其余对象，创建名为"Sofa"的块。

7. 绘制三人沙发

执行"绘图/插入图块"命令，在绘图区域插入"Sofa"图块。

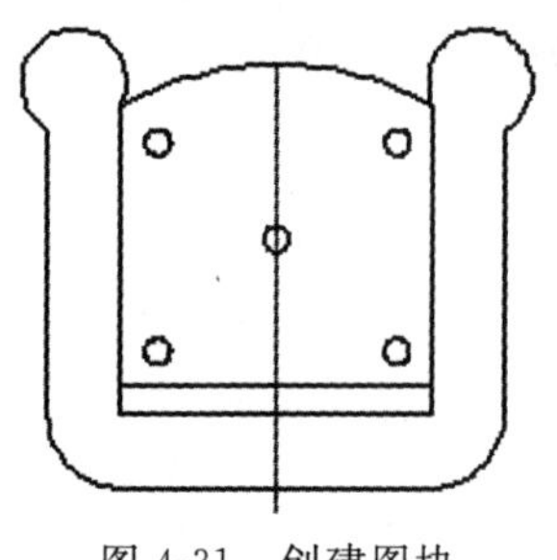

图 4-31　创建图块

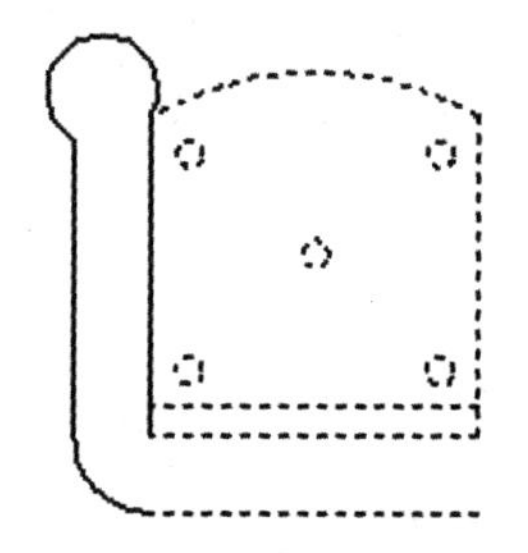

图 4-32　编辑图块

执行“编辑/分解”命令，分解图块。

删除一侧扶手，结果如图 4-32 所示。

命令：ARRAY

选择对象：　　　　　//选择图 4-32 中所有虚线对象

输入阵列类型[矩形(R)/路径(PA)/极轴(PO)]＜阵列＞：

类型＝矩形　关联＝是

选择夹点以编辑阵列或[关联(AS)/基点(B)/计数(COU)/间距(S)/列数(COL)/行数(R)/层数(L)/退出(X)]＜退出＞：COU

输入列数或[表达式(E)]＜4＞：3

输入行数或[表达式(E)]＜4＞：1

指定列数之间的距离或[总计(T)/表达式(E)] ＜0＞：600　//沙发座位宽 600

选择夹点以编辑阵列或[关联(AS)/基点(B)/计数(COU)/间距(S)/列数(COL)/行数(R)/层数(L)/退出(X)]＜退出＞：* 取消 *

结果如图 4-33 所示。

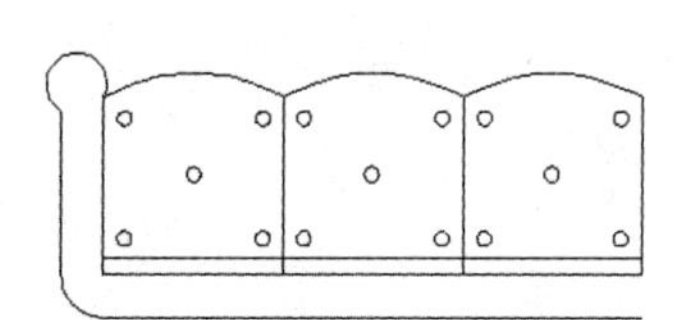

图 4-33　阵列图形

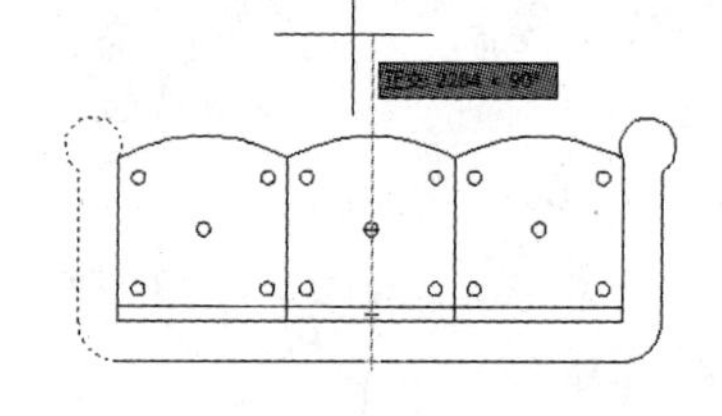

图 4-34　镜像复制

命令：Mirror

选择对象：　　　　　//选择图 4-34 虚线

指定镜像线的第一点：

指定镜像线的第二点：//选择图 4-34 所在直线上 2 点

要删除源对象吗？[是(Y)/否(N)]＜N＞：//回车，不删除源对象

8. 插入图块，布置沙发。

执行“修改(插入块”命令，插入块“Sofa”。右侧单人沙发旋转 90°，左侧旋转-45°。结果如图 4-35 所示。

9. 绘制矩形地毯

命令：Rectang

指定第一个角点或 [倒角(C)/标高(E)/圆角(F)/厚度(T)/宽度(W)]：

指定另一个角点或 [面积(A)/尺寸(D)/旋转(R)]：@4500,2500

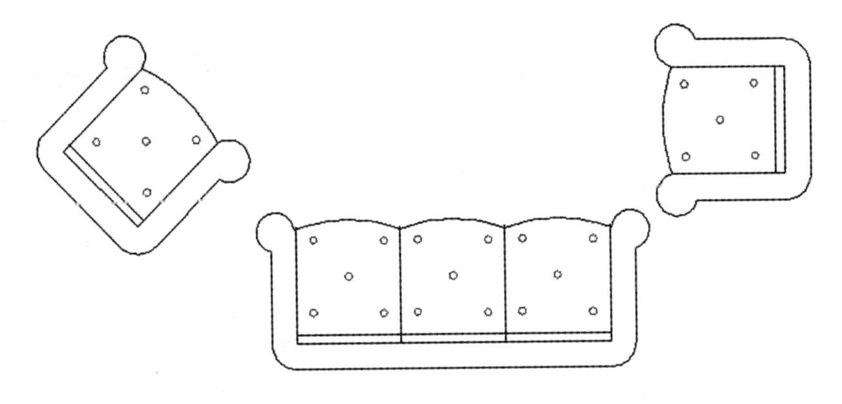

图 4-35 沙发布置图

绘制地毯图例短线，复制，镜像，结果如图 4-36 所示。

重复复制、镜像，完成左右两侧短线。

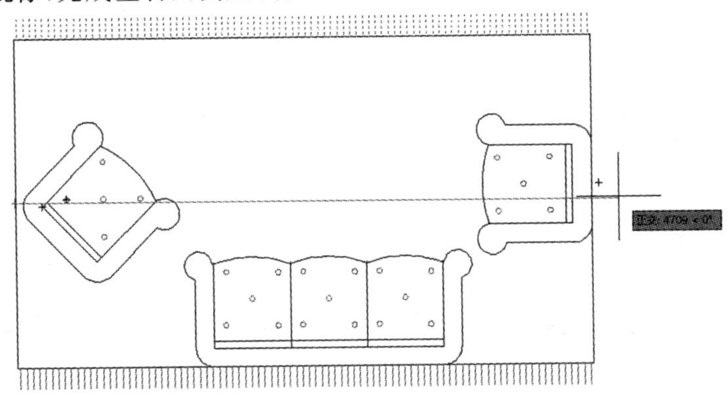

图 4-36 地毯绘制

10. 绘制茶几、方桌

用矩形(Rectang)绘制如图 4-37 所示尺寸的方桌、茶几，并按规定位置布置。

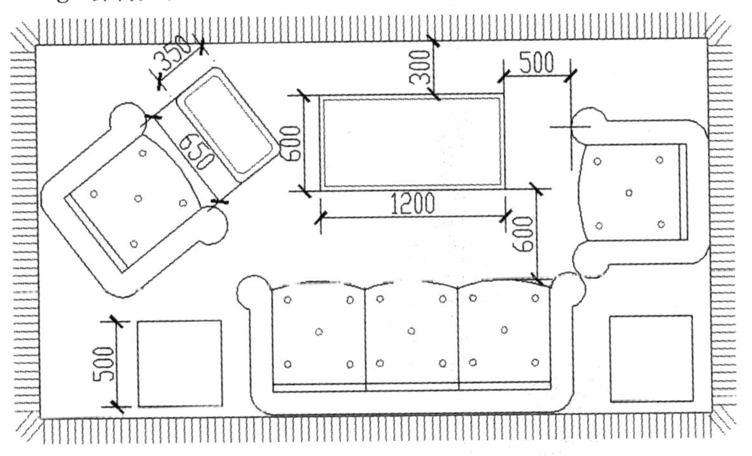

图 4-37 家具平面布置

11. 填充图案

执行“绘图(填充图案”,弹出图 4-38 对话框,选择图案类型为“CROSS”,比例为 10。

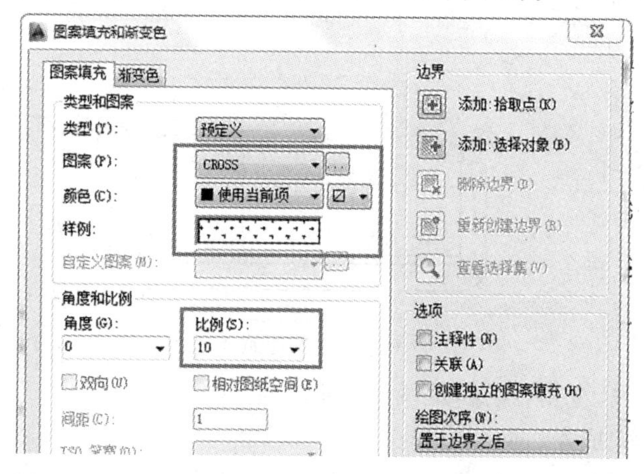

图 4-38 填充图案对话框

12. 完善图形。

徒手绘制茶几、条桌、方桌上图例。删除多余线条,即可得如图 4-24 所示客厅布置图。

任务 4.5 轴测图的绘制

4.5.1 学习目标

(1) 掌握轴测图基本绘制命令。

(2) 掌握轴测图工作平面基本概念。

4.5.2 课题展示

该建筑主要由 2 部分组成,四坡屋顶的主体结构和双破屋顶的入口(南面)。图形以直线为主,入口处有半圆形拱,可用椭圆中“等轴测圆”方式绘制。

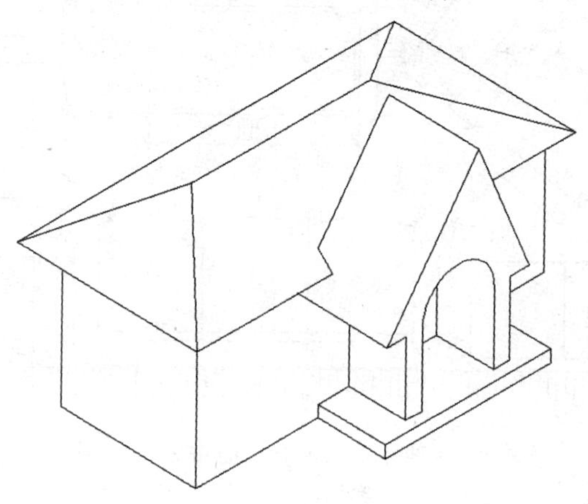

图 4-39 建筑轴测图

4.5.3 理论知识

1. 等轴测图形

等轴测图形是通过沿三个主轴对齐,从特定的视点模拟三维对象的绘图方式。

通过设定"等轴测捕捉/栅格",可以很容易地沿三个等轴测平面之一对齐对象。尽管等轴测图形看似三维图形,但它实际上是二维表示。因此不能期望提取三维距离和面积、从不同视点显示对象或自动消除隐藏线。

如果捕捉角度是 0,那么等轴测平面的轴是 30°、90°和 150°。将捕捉样式设定为"等轴测"后,可以在三个平面中的任一个平面上工作,每个平面都有一对关联轴:

上平面:捕捉和栅格沿 30°和 150°轴对齐。

右平面:捕捉和栅格沿 30°和 90°轴对齐。

左平面:捕捉和栅格沿 90°和 150°轴对齐。

按 F5 键或 Ctrl+E 组合键可以循环切换不同的等轴测平面:上平面、右平面和左平面。如图 4-40 所示。

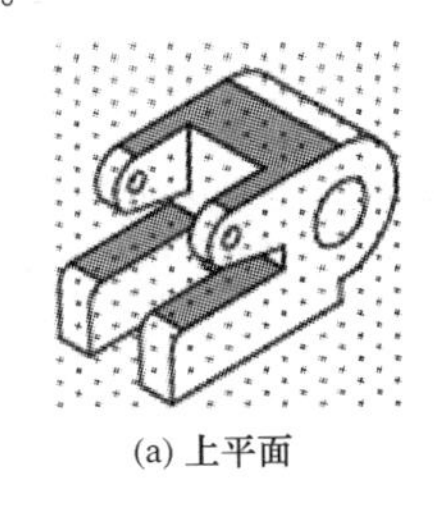

(a) 上平面

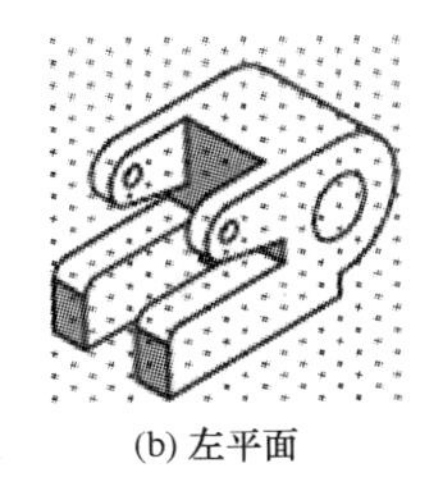

(b) 左平面

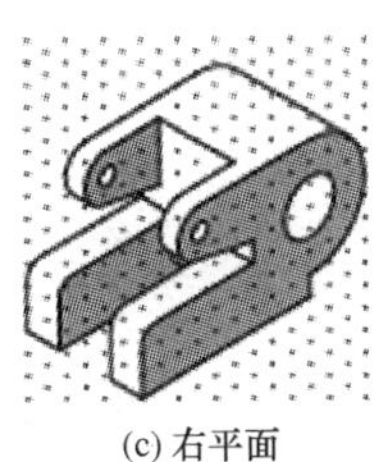

(c) 右平面

图 4-40 等轴测图平面

选择三个等轴测平面之一将导致"正交"和十字光标沿相应的等轴测轴对齐。例如,打开"正交"时,指定点将沿正在上面绘图的模拟平面对齐。因此,可以先绘制上平面,然后切换到左平面绘制另一侧,接着再切换到右平面完成图形。

在等轴测平面上绘图时,可使用椭圆表示从某一平面查看的圆。要绘制形状正确的椭圆,最简单的方法是使用 Ellipse 命令的"等轴测圆"选项。仅当"捕捉"模式的"样式"选项设定为"等轴测"时,"等轴测圆"选项才可用。

注意:要表示同心圆,请绘制一个中心相同的椭圆,而不是偏移原来的椭圆。偏移可以产生椭圆形的样条曲线,但不能表示所期望的缩放距离。

2. 命令调用方法

下拉菜单:单击"工具(草图设置",在"草图设置"对话框的"捕捉和栅格"选项卡的"捕捉类型"下,选择"等轴测捕捉"(图 4-41)。也可在"状态栏"中点击"等轴测草图"图标调用该命令。绘图时,应打开正交模式(F8)。

4.5.4 操作技能

(1) 新建文件,设定绘图环境,打开正交模式。

(2) 切换工作平面至＜等轴测平面 左视＞,绘制主体建筑西立面山墙及坡屋顶(图 4-42)。

(3) 切换工作平面至＜等轴测平面 右视＞,绘制主体建筑南立面(图 4-43)。

(4) 绘制入口台阶(图 4-44)。

(5) 以台阶中点作为基准,绘制入口平面轮廓。以下列出等轴测圆的绘制步骤,直线段绘

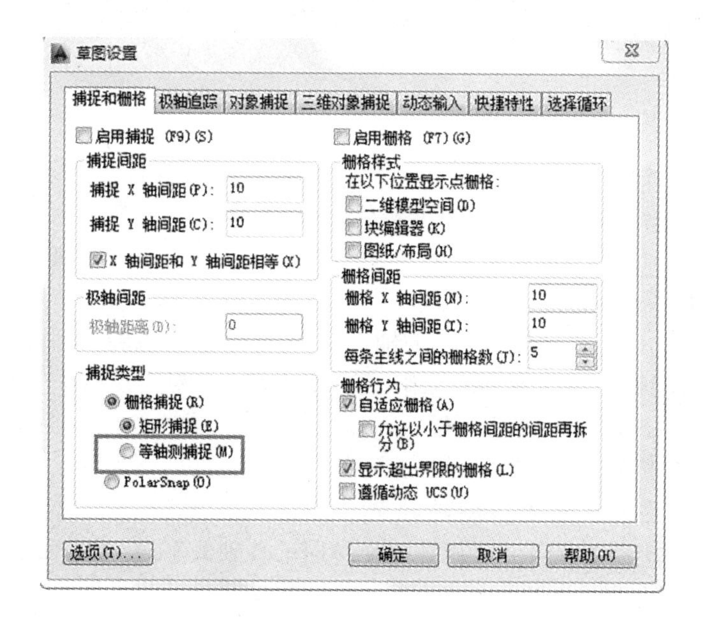

图 4-41　设置“等轴测捕捉”

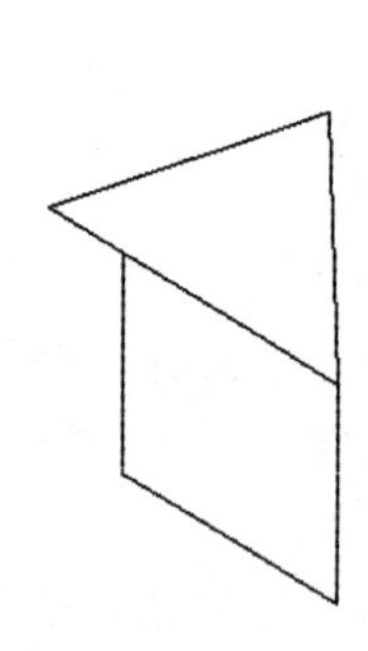

图 4-42　西山墙轴测图

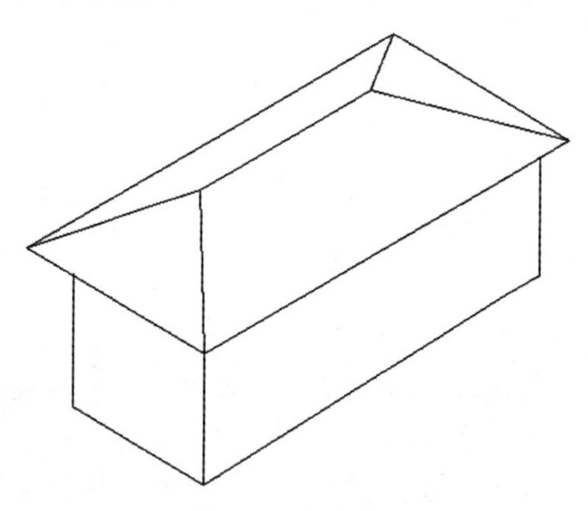

图 4-43　主体建筑轴测图

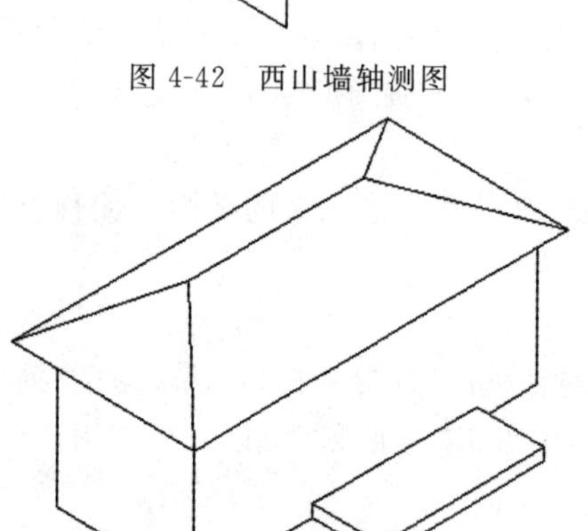

图 4-44　台阶轴测图

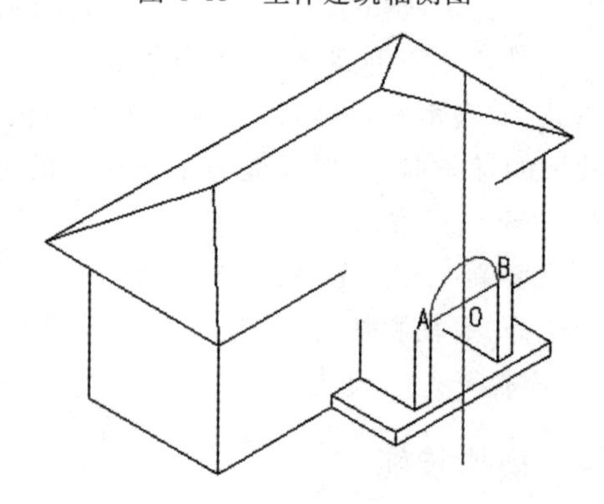

图 4-45　建筑入口轴测图

制过程略。

命令:Ellipse

指定椭圆轴的端点或[圆弧(A)/中心点(C)/等轴测圆(I)]:I

指定等轴测圆的圆心:　　　　　　　　　　//选定 O 点

指定等轴测圆的半径或[直径(D)]：　　//选择 A 点或(B 点)

命令：Trim　　//修剪等轴测圆

选择对象或<全部选择>：找到 1 个　　//选择直线 AB

选择要剪切的对象，或按住 Shift 键选择要延伸的对象：//点击等轴测圆位于直线 AB 下侧部分

结果如图 4-45 所示。

(6) 绘制屋顶，补充屋顶交线。

(7) 删除辅助线，结果如图 4-39 所示。

4.5.5 拓展提高

等轴测图就是一种在二维空间里描述三维物体的最简单的方法。它能以人们比较习惯的方式，直观、清晰地反映构件的形状和特征，帮助用户和设计人员理解建筑设计。

对于回转体的等轴测图，应注意椭圆长短轴方向(图 4-46)，避免变形的圆。

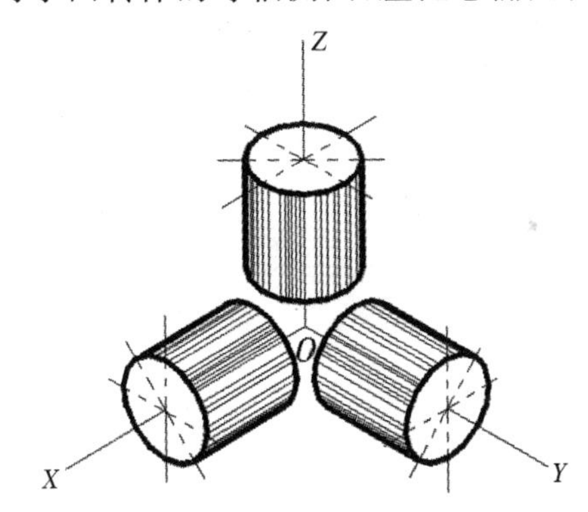

图 4-46　椭圆长短轴方向

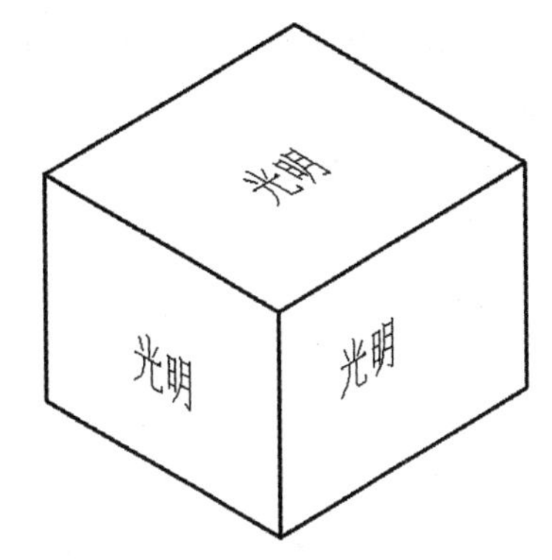

图 4-47　等轴测文字

等轴测图上字体与矩形捕捉字体书写方式不同(图 4-47)。可通过设置字体样式分别定义三个工作面上所需输入的文字，也可利用同种文字样式，通过调整倾斜角度和旋转角度获得，具体见表 4-1。

表 4-1　等轴测文字特性

平面位置	文字倾斜角度/(°)	文字旋转角度/(°)
左视	330	330
右视	30	30
俯视	330	30

项目5　文字创建与尺寸标注

文字说明和尺寸标注是绘图设计过程中相当重要的一个环节。

文字对象是 AutoCAD 图形中重要的元素，也是建筑设计人员的必要注释工具之一，适当的文字说明使图形更加清晰。

AutoCAD 提供的字体分为两类：一类是 Windows 系统字体，如 TrueType 字体，包括宋体、黑体、楷体等汉字，字体扩展名为. tif；另一类是 AutoCAD 特有的形文字，字体扩展名为. shx。使用文字说明前，应对文字样式，即文字字体、高度、方向等特性，进行设置。

由于图形的主要作用是表达物体的形状，而物体各部分的真实大小和各部分之间的确切位置只能通过尺寸标注来表达，因此，没有正确的尺寸标注，绘制处的图纸对于加工制造就没有什么意义。AutoCAD2017 提供了方便、准确的尺寸标准功能。

任务5.1　标题栏的绘制

5.1.1　学习目标

（1）掌握文字样式的设置方法。

（2）学会绘制标题栏。

（3）学会创建单行文字和多行文字。

5.1.2　课题展示

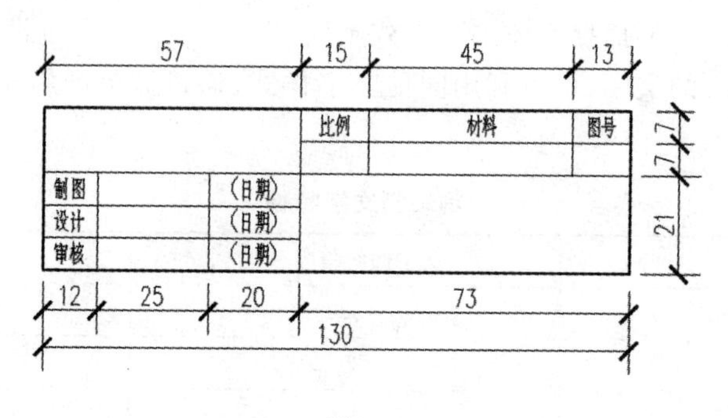

图 5-1

5.1.3　理论知识

1. 文字样式

1）命令调用方法

（1）工具栏：文字→文字样式。

（2）下拉菜单：格式→文字样式。

（3）键盘命令：Style（或 ST）。

2）功能

根据用户要求设置文字样式，包括样式名、字体大小、高度和效果等。

3）操作及选项说明

启用“文字样式”命令，系统将弹出“文字样式”对话框（图 5-2）。各选项说明如下：

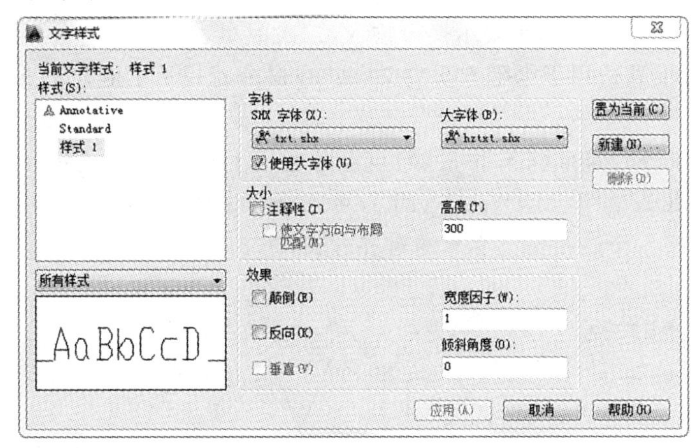

图 5-2　“文字样式”对话框

系统默认文字样式名为“Standard”，字体为 TXT。可以点击“新建”创建用户自己的文字样式。

如果文字只用于尺寸标注，可以只选用“字体”选项中的“SHX 字体”，若需中文标注，还需选择“大字体”选项下的 HZTXT，该字体是专为亚洲国家设计的一种文字。也可直接在“字体”选项下选择“仿宋”作为中文字体。

“高度”选项下默认数值为 0.0（实际输入时默认文字高为 2.5）。若用户修改某种文字样式的高度为非零数值，则尺寸标注使用该文字样式时，文字高度显示为灰色，不能修改。

调整“宽度因子”可设置文字的高宽比，工程图纸中的数字高宽比一般为 0.7～0.8。

效果：有颠倒、反向、垂直三种效果。只有在选定字体支持双向时，“垂直”才可用。TrueType 字体的垂直定位不可用。

调整“倾斜角度”可设置文字的倾斜角度。角度为正时向右倾斜；为负时向左倾斜。建筑建筑制图标准规定，尺寸标注中文字宜倾斜 15°。

文字样式必须“置为当前”后才能顺利输入，已有样式修改后，应点击“应用”并关闭对话框后才能输入。

2. 单行文字

1）命令调用方法

（1）工具栏：文字→单行文字 AI。

（2）下拉菜单：绘图→文字→单行文字。

（3）键盘命令：Text（或 DT）。

2）功能

创建和编辑文字。单行文字命令并不是只能创建一行文字对象，该工具也可以创建多行文字对象，只是系统将每行文字看作是一个单独的对象。

3）操作及选项说明

命令：Text

当前文字样式:Standard　当前文字高度:2.5000

指定文字的起点或[对正(J)/样式(S)]:

指定高度＜2.5000＞:

指定文字的旋转角度＜0＞:

单行文字输入结束,一次回车表示换行输入,二次回车表示结束输入。

(1) 对正:该选项只适用于水平方向的文字。在命令行提示下键入J,AutoCAD将提示具体的对齐方式:

[对齐(A)/布满(F)/居中(C)/中间(M)/右对齐(R)/左上(TL)/中上(TC)/右上(TR)/左中(ML)/正中(MC)/右中(MR)/左下(BL)/中下(BC)/右下(BR)]:

在此提示下选择一个选项作为文本的对齐方式(图5-3)。

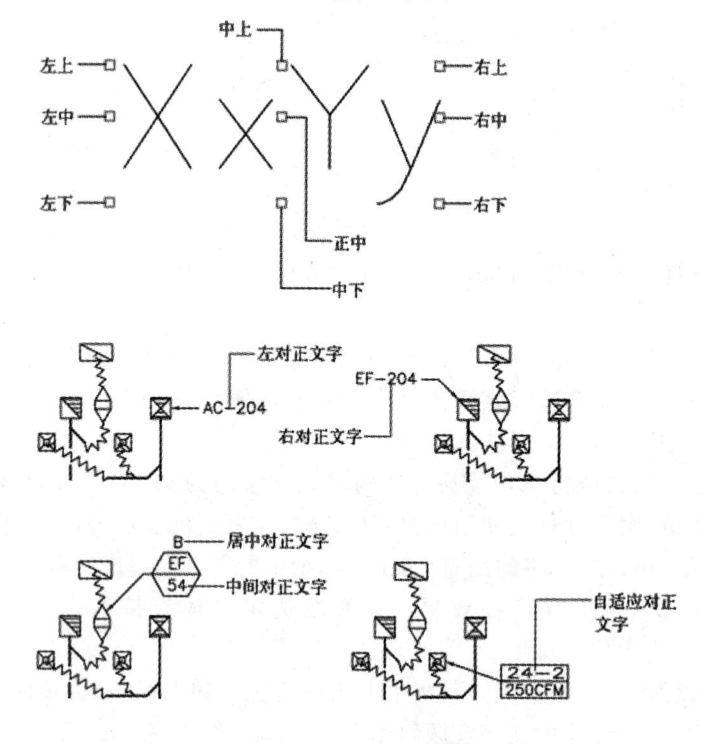

图5-3　文字对正参考线

(2) 样式:选择要输入的文字样式。

3. 多行文字

1) 命令调用方法

(1) 工具栏:文字→多行文字 A。

(2) 下拉菜单:绘图→文字→多行文字。

(3) 键盘命令:Mtext(或T)。

2) 功能

创建文本段落,可为图形标注多行文本、表格文本和下划线文本。多行文本一经创建,即为一个整体。

3) 操作及选项说明

命令:MTEXT(或T)

当前文字样式:Standard　　当前文字高度:2.5000

指定第一角点:

指定对角点或[高度(H)/对正(J)行距(L)/旋转(R)/样式(S)/宽度(W)]:

系统同时弹出如图 5-4 所示对话框。

图 5-4　“文字格式”对话框

5.1.4　操作技能

(1) 绘制 130mm×35mm 的矩形框,并用分解命令分解矩形。

命令:Rectang　　　　　　　　//启用矩形命令

指定第一个角点或[倒角(C)/标高(E)/圆角(F)/厚度(T)/宽度(W)]://拾取一点作为矩形的左下角点

指定另一个角点[面积(A)/尺寸(D)/旋转(R)]:@130,35　　//用相对坐标输入矩形右上角点

命令:Explode(或 x)　　　　//启用分解命令

选择对象:找到 1 个　　　　　//选择矩形

选择对象:　　　　　　　　　//按<Enter>键,结束操作

(2) 使用偏移(Offset)命令,把左边垂直边框线向右边依次偏移 12、25、20、15、45。如图 5-5 所示。

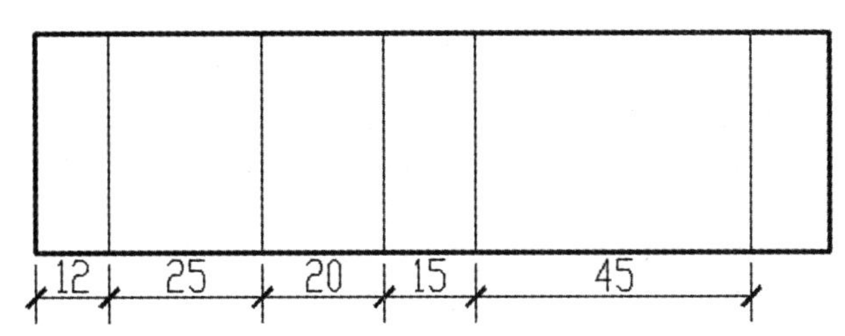

图 5-5　使用“偏移”命令绘制竖向边框平行线

(3) 使用偏移(Offset)命令,把底边水平边线向上偏移 7,共 4 次,如图 5-6 所示。

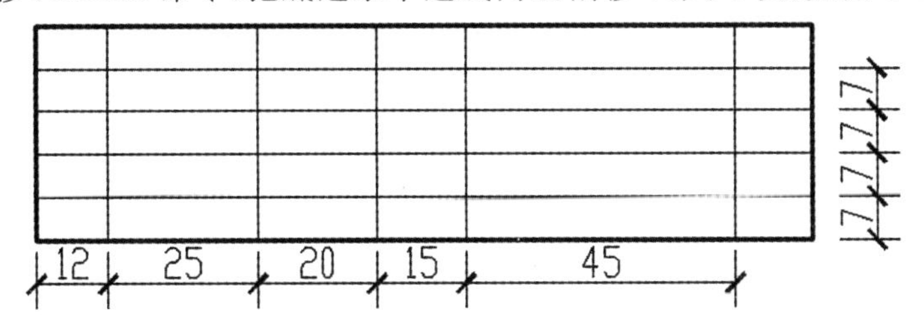

图 5-6　使用“偏移”命令绘制水平边框平行线

(4) 使用修剪(Trim)命令,剪去多余线条,结果如图 5-7 所示。

(5) 设置标题栏的文字样式。按照制图规范规定,该标题栏中“图名、校名、班级”等字体高

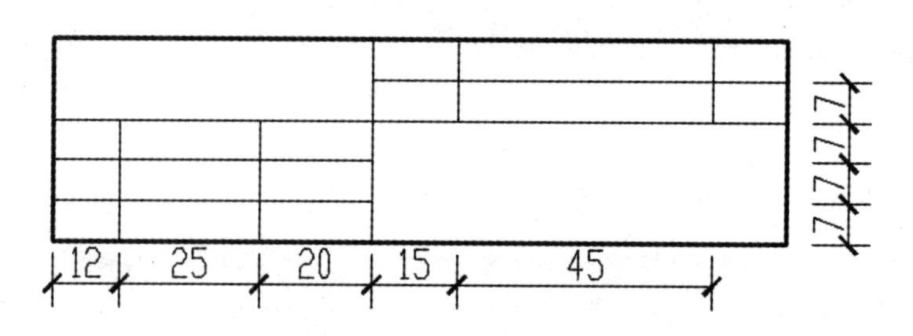

图 5-7　修剪图线

度应为 5 号字，其余为 3 号字，因此应设置 2 种字体样式。新建字体样式名为“标题 1”，仿宋体，宽高比为 0.7，高度为 3.5mm。另新建字体样式名“标题 2”，仿宋体，宽高比为 0.7，高度为 5mm。

(6) 插入文字，并移动，调整文字与网格相对位置。结果如图 5-8 所示。

			比例	材料	图号
制图		(日期)	(校名, 班级)		
设计		(日期)			
审核		(日期)			

图 5-8　标题栏

5.1.5　拓展提高

1. 特殊字符的输入

建筑工程制图中会使用到“±”、“?”等常用符号，AutoCAD 中，这些特殊字符可用控制码表示，具体输入见表 5-1。也可利用图 5-9 所示，文字格式中的“符号”选项输入特殊字符。

表 5-1　　**特殊字符的输入**

名称	输入方式	名称	输入方式
下划线	%%U	角度符号	%%D
上划线	%%O	直径符号	%%C
标高符号	%%P		

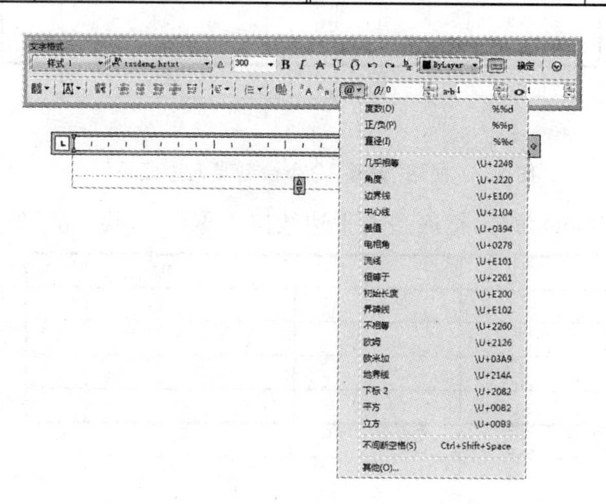

图 5-9　特殊字符输入

2. 编辑文字

要快速修改文字内容，可直接双击文字(单行文字和多行文字均可)，即可编辑文字内容。

还可使用图文字工具栏上的“编辑”按钮，或执行“DDEDIT”命令。

此外，还可使用特性窗口编辑图形中的本及属性，Ctrl＋1 键即可打开属性对话框。

图 5-10 “文字”工具栏

任务 5.2 楼梯间的尺寸标注

尺寸标注是绘图设计过程中相当重要的一个环节。由于图形的主要作用是表达物体的形状，而物体各部分的真实大小和各部分之间的确切位置只能通过尺寸标注来表达，因此，没有正确的尺寸标注，绘制的图纸对于加工制造就没有什么意义。AutoCAD2010 提供了方便、准确的尺寸标准功能。

5.2.1 学习目标

（1）掌握标注样式的设置。

（2）掌握常用建筑尺寸的标注方法。

（3）巩固文字注写和图案填充等操作技能。

5.2.2 课题展示

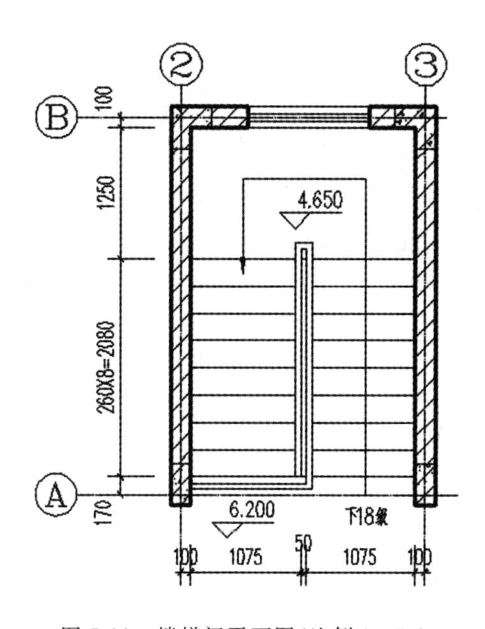

图 5-11 楼梯间平面图(比例 1∶50)

5.2.3 理论知识

1. 标注样式

1）命令调用方法

（1）工具栏：标注→标注样式。

(2) 下拉菜单:格式→标注样式或标注→标注样式。

(3) 键盘命令:DIMSTYLE。

2) 功能

创建和修改标注样式。

3) 操作及选项说明

命令:DIMSTYLE

执行上述命令后,AutoCAD 打开“标注样式管理器”对话框(图 5-12)。利用此对话框可方便直观地设置和浏览尺寸标注样式,包括建立新的标注样式、修改已存在的样式、设置当前尺寸标注样式、样式重命名以及删除一个已存在的样式等。系统默认样式名为“建筑公制”。对话框中各选项说明如下:

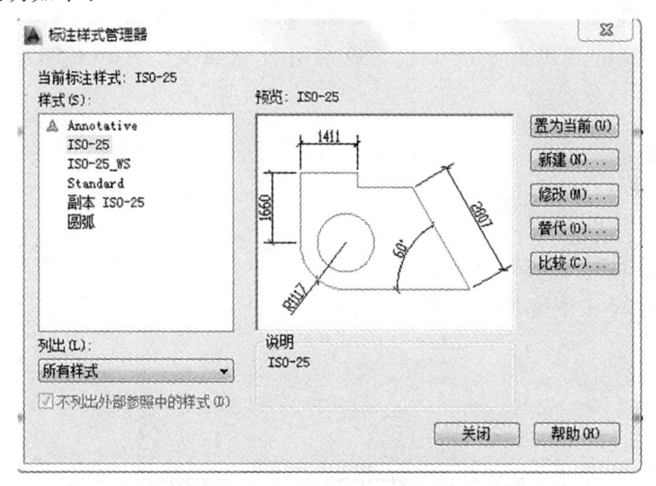

图 5-12 “标注样式管理器”对话框

(1) 置为当前:把在“样式”列表框中选中的样式设置为当前样式。

(2) 新建:单击此按钮,AutoCAD 打开“创建新标注样式”对话框,如图 5-13 所示,利用此对话框可创建一个新的尺寸标注样式。

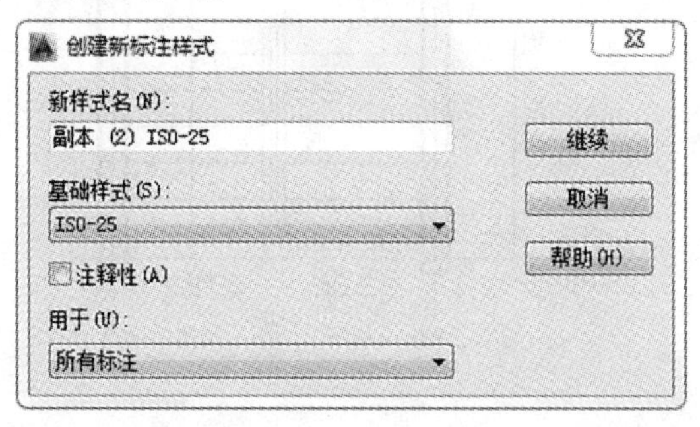

图 5-13 “创建新标注样式”对话框

(3) 修改:单击此按钮,AutoCAD 将弹出“修改标注样式”对话框,该对话框中的各选项与“新建标注样式”对话框中完全相同,用户可以在此对已有标注样式进行修改。

(4) 替代:修改一个已存在的尺寸标注样式。单击此按钮,AutoCAD 将弹出“替代当前样式”对话框,该对话框中的各选项与“新建标注样式”对话框中完全相同,用户可以改变选项设置。

(5) 比较:比较两个尺寸标注样式在参数上的区别,或浏览一个尺寸标注样式的参数设置。

确定图 5-13 中新标注样式名称后,单击"继续",系统继续图 5-14 所示对话框,用户可对新建的标注样式各参数进行设置。

4) 线

利用"新建标准样式"对话框中的"线"选项卡,可以设置尺寸线、尺寸界线、箭头和圆心标注的格式和样式等,如图 5-14 所示。

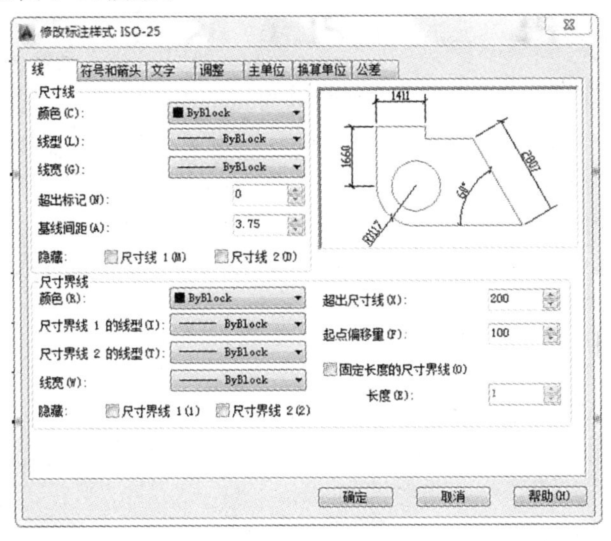

图 5-14 "线"选项卡

(1) 尺寸线:设置尺寸线的特性

① 颜色/线型/线宽:设置尺寸线的颜色/线型/线宽。默认都是 Byblock。

② 超出标记:尺寸线超出尺寸界线的长度,如图 5-15 所示。

图 5-15 "超出标记"

图 5-16 基线间距

③ 基线间距:设置基线标注时,各尺寸线之间的距离,如图 5-16 所示。

④ 隐藏:确定是否隐藏尺寸线及相应的箭头(图 5-17)。

图 5-17 "隐藏"尺寸线

(2) 尺寸界线:控制尺寸界线的外观

① 颜色/线型/线宽:设置尺寸界线的颜色/线型/线宽。方法同尺寸线。

② 隐藏:确定是否隐藏尺寸界线(图 5-18)。

③ 超出尺寸线:指定尺寸界线超出尺寸线的长度,如图 5-19 所示。

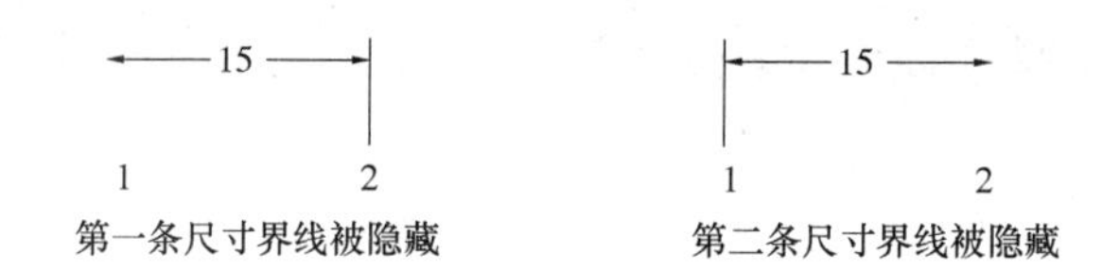

图 5-18 “隐藏”尺寸界线

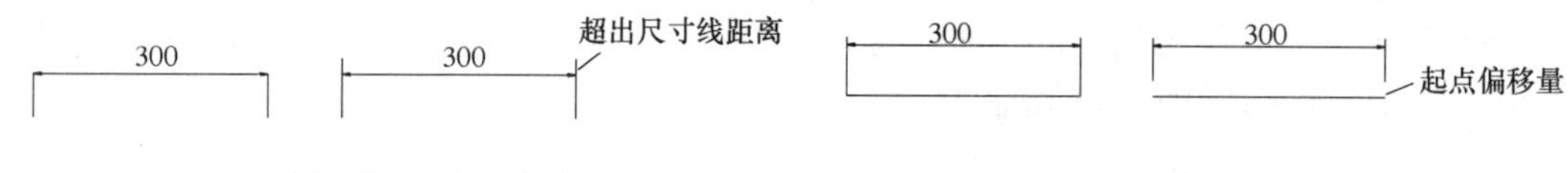

图 5-19 设置“超出尺寸线”

图 5-20 设置“起点偏移量”

④ 起点偏移量:图形中定义标注的点到尺寸界线的偏移距离,如图 5-20 所示。

⑤ 固定长度的尺寸界线:选中该复选框,系统以固定长度的尺寸界线标注尺寸。可以在下面的“长度”微调框中输入长度值。

5) 符号和箭头

利用“新建标注样式”对话框中的“符号和箭头”选项卡,可以设置箭头、圆心标记、弧长符号和半径标注折弯的格式和位置等,如图 5-21 所示。

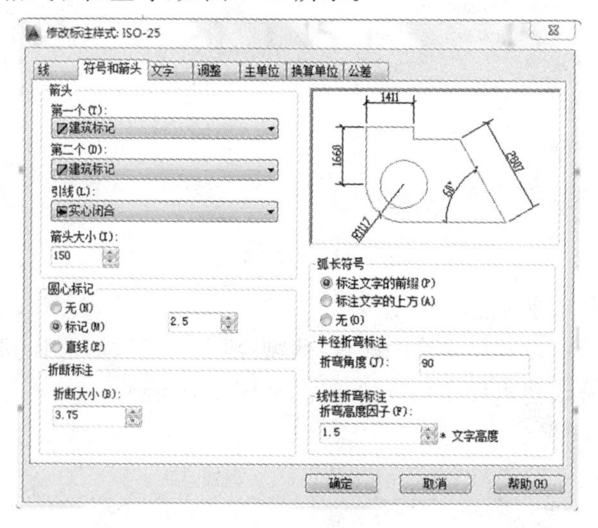

图 5-21 “符号和箭头”选项卡

(1) 箭头:控制箭头的外观。

第一个/第二个:设置尺寸线左右箭头形式。当改变第一个箭头的类型时,第二个箭头将自动改变以同第一个箭头相匹配,标注直径、半径、圆弧时用默认箭头,除此之外,建筑制图统一选用建筑标记作为尺寸标注箭头。

(2) 圆心标记:确定圆心标记方式。有无、标记、直线三种形式。

(3) 折断标注:控制折断标注的间距宽度。

(4) 弧长符号:控制弧长标注中圆弧符号的显示方式及位置。若需要显示弧长符号,则 AutoCAD 提供图中图 5-22(a)、(b)两种方式,若无需显示,则选择“无”,结果如图 5-22 (c)所示。

(5) 半径折弯标注:控制折弯(Z 字形)半径标注的显示。折弯标志通常在圆或圆弧的中心点位于页面外部时创建。其中“折弯角度”选项用于确定折弯半径标注尺寸线的横向线段的角度。

(6) 线性折弯标注:控制线性标注折弯的显示。当标注不能精确表示实际尺寸时,通常将折弯线添加到线性标注中。实际尺寸一般比所需值小。

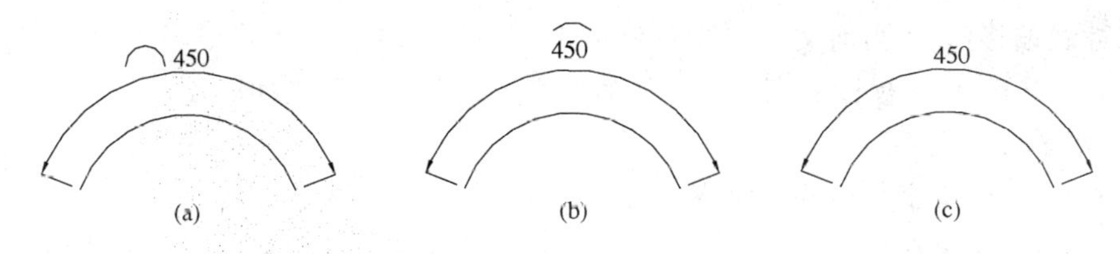

图 5-22　设置弧长符号位置

6）文字

利用“新建标注样式”对话框中的“文字”选项卡，可以设置标注文字的格式、位置和对齐方式等，如图 5-23 所示。

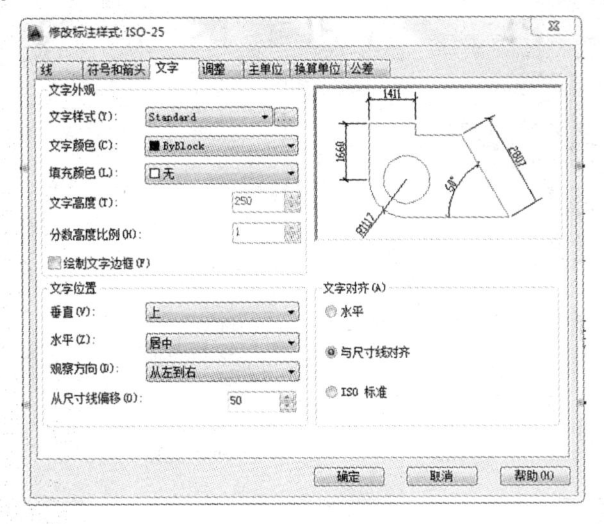

图 5-23　“文字”选项卡

(1) 文字外观：设置标注文字的样式、颜色、高度等参数。

(2) 文字位置：设置标注文字的位置。有以下几种位置：

垂直：控制标注文字相对尺寸线的垂直位置。其位置选项包括：居中、上方、外部和 JIS(按照日本工业标准(JIS)放置标注文字)，具体如图 5-24 所示。

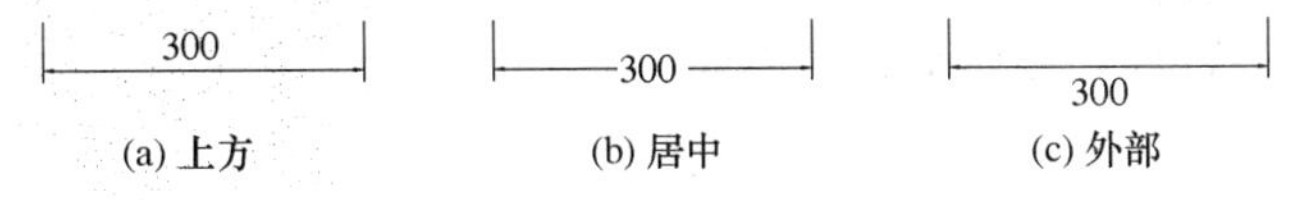

图 5-24　文字位置

水平：控制标注文字在尺寸线上相对于尺寸界线的水平位置。主要有：居中、第一条尺寸界线、第二条尺寸界线、第一条尺寸界线上方和第二条尺寸界线上方等四种位置，具体如图5-25所示。

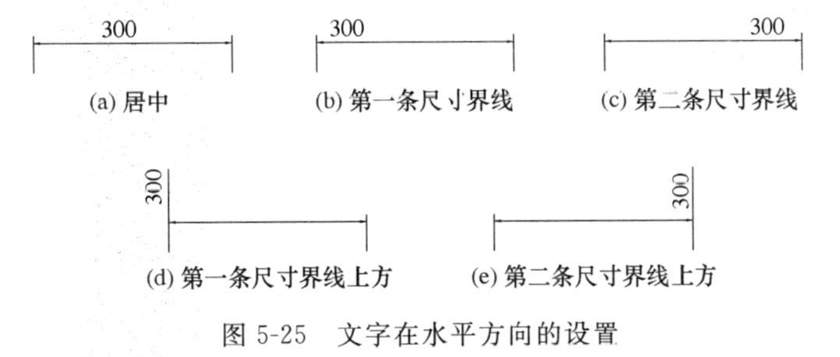

图 5-25　文字在水平方向的设置

从尺寸线偏移：设置当前文字与线间距。

(3) 文字对齐：设置标注文字与尺寸线的对齐形式。有以下三种形式：

水平：水平放置文字。

与尺寸线对齐：文字与尺寸线对齐。

ISO 标准：当文字在尺寸界线内时，文字与尺寸线对齐。当文字在尺寸界线外时，文字水平排列。

7) 调整

利用"新建标注样式"对话框中的"调整"选项卡，可以调整标注文字、箭头、引线和尺寸线的位置，如图 5-26 所示。

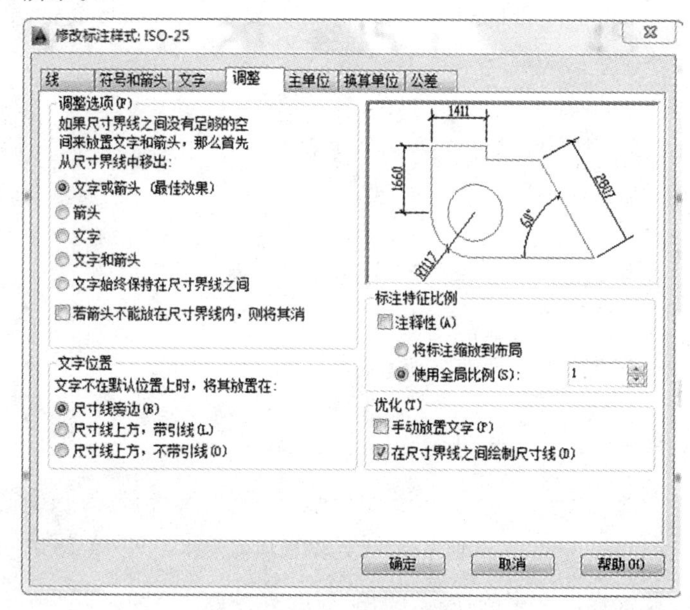

图 5-26 "调整"选项卡

(1) 调整选项：调整尺寸界线之间文字和箭头的位置。如果有足够大的空间，文字和箭头都将默认放在尺寸界线内。否则，将按照以下几种方式放置：

文字或箭头(最佳效果)：按照最佳效果将文字或箭头移动到尺寸界线外。

箭头：先将箭头移动到尺寸界线外，然后移动文字。

文字：先将文字移动到尺寸界线外，然后移动箭头。

文字和箭头：文字和箭头都移动到尺寸界线外。

文字始终保持在尺寸界线之间：始终将文字放在尺寸界线之间。

若不能放在尺寸界线内，则隐藏箭头：若尺寸界线内没有足够的空间，则隐藏箭头。

(2) 文字位置：文字不在默认位置上时，可将其移动以下几种位置。具体如图 5-27 所示。

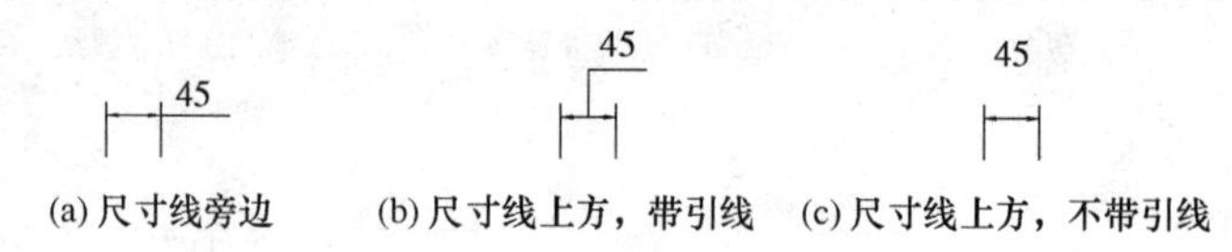

图 5-27 调整文字的位置

尺寸线旁边：只要移动标注文字尺寸线就会随之移动。

尺寸线上方，带引线：移动文字时尺寸线将不会移动。如果将文字从尺寸线上移开，将创建一条连接文字和尺寸线的引线。当文字非常靠近尺寸线时，将省略引线。

尺寸线上方，不带引线：移动文字时尺寸线不会移动。远离尺寸线的文字不与带引线的尺寸线相连。

(3) 标注特性比例：设置全局标注比例值或图纸空间比例。

将标注缩放到布局：根据当前模型空间视口和图纸空间之间的比例确定比例因子。

使用全局比例：为所有标注样式设置一个比例，这些设置指定了大小、距离或间距，包括文字和箭头的大小。该缩放比例并不更改标注的测量值。

8）主单位

利用“新建标注样式”对话框中的“主单位”选项卡，可以设置主标注单位的格式和精度，并设置标注文字的前缀和后缀，如图 5-28 所示。

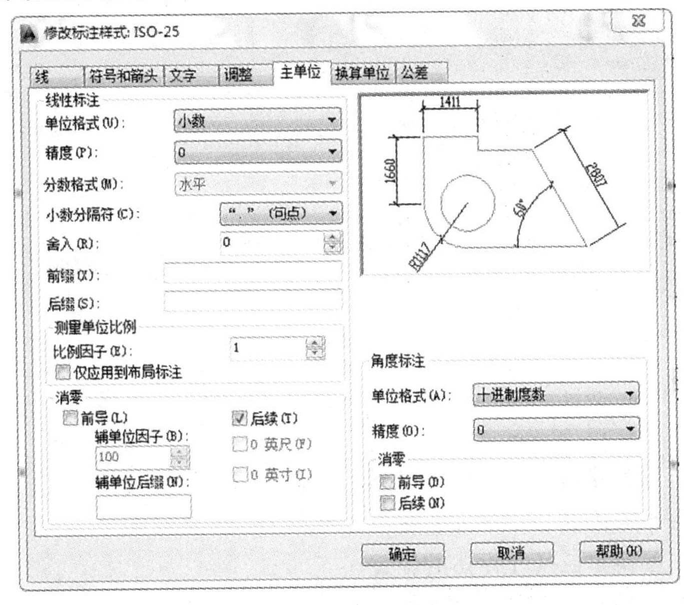

图 5-28 “主单位”选项卡

(1) 线性标注：设置线性标注的格式和精度。

① 单位格式：设置除角度之外的所有标注类型的当前单位格式。有科学、小数、建筑、工程、分数等几种格式，默认为“小数”格式。

② 精度：设置标注文字的小数位数。

③ 分数格式：设置分数格式。

④ 小数分隔符：设置用于十进制格式的分隔符。

⑤ 舍入：设置除角度之外的尺寸测量的圆整规则。

⑥ 前缀或后缀：在标注文字中包含前缀或后缀。可以输入文字或使用控制代码显示特殊符号。

(2) 测量单位比例：定义线性比例选项。主要应用于同一图纸中不同比例的图形的标注。

(3) 消零：控制不输出前导零和后续零以及零英尺和零英寸部分。如选中“前导”复选框则表示不输出所有十进制标注中的前导零。例如，0.300 变成.300；如选中“后续”复选框则不输出所有十进制标注中的后续零，例如，0.300 变成 0.3。

(4) 角度标注:设置当前角度标注格式。

9) 换算单位

利用“新建标注样式”对话框中的“换算单位”选项卡,可以指定标注测量值中换算单位的显示并设置其格式和精度,如图 5-29 所示。

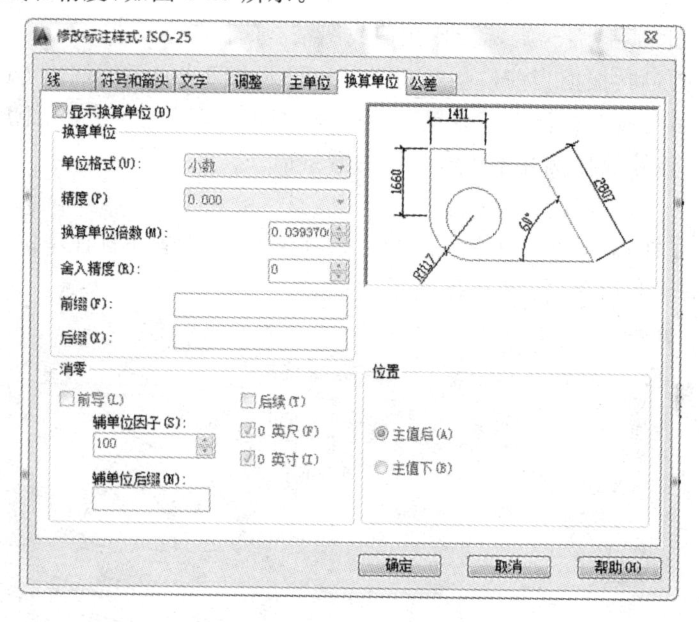

图 5-29 “换算单位”选项卡

(1) 显示换算单位:向标注文字添加换算单位的尺寸值。只有选中此复选框,其他选项才可用。

(2) 换算单位:设置除角度之外的所有标注类型的当前换算单位格式。

(3) 消零:控制不输出前导零和后续零以及零英尺和零英寸部分。

(4) 位置:控制替换单位尺寸标注的位置。

主值后:将替换单位尺寸标注放在主单位标注的后面。

主值下:将替换单位尺寸标注放在主单位标注的下面。

10) 公差

“公差”选项卡,可以控制标注文字中公差的格式及显示:

(1) 公差格式:设置公差格式。有以下几个参数可设置:

方式:设置以何种形式标注公差。“无”:不标注公差;“对称”:标注公差的正/负表达式,其中一个偏差量的值应用于标注测量值;“极限偏差”:标注正/负公差表达式,不同的正公差值和负公差值将应用于标注测量值;“极限偏差”:标注一个最大值和一个最小值,一个在上,一个在下;“基本尺寸”:在整个标注范围周围显示一个框。

精度:设置小数位数。

上/下偏差:设置最大/小公差

高度比例:设置公差文字的当前高度。

垂直位置:控制对称公差和极限公差的文字对正,有上对齐、中对齐和下对齐 3 种。

(2) 公差对齐:堆叠时,控制上偏差值和下偏差值的对齐方式。有对齐小数分隔符和对其运算符两种形式。

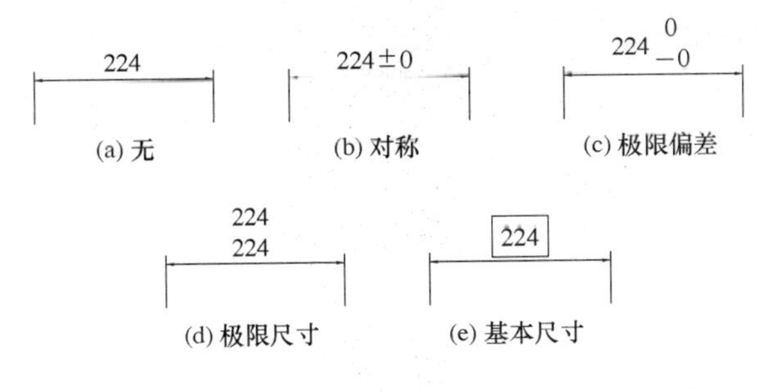

(a) 无　(b) 对称　(c) 极限偏差
(d) 极限尺寸　(e) 基本尺寸

图 5-30　公差标注的形式

(3) 换算单位公差：设置换算公差单位。

2. 尺寸标注

1) 线性标注

(1) 命令调用方法如下：

① 工具栏：标注→线性。

② 下拉菜单：标注→线性。

③ 键盘命令：DIMLINEAR。

(2) 功能。创建水平尺寸、垂直尺寸和旋转尺寸。在标注尺寸前应当打开对象捕捉和极轴追踪功能以准确捕捉尺寸两端点。

(3) 操作及选项说明如下：

命令：DIMLINEAR

指定第一条尺寸界线原点或＜选择对象＞：

指定第二条尺寸界线原点：

指定尺寸线位置或[多行文字(M)/文字(T)/角度(A)/水平(H)/垂直(V)/旋转(R)]：

① 指定尺寸线位置：确定尺寸线的位置。用户可移动鼠标选择合适的尺寸线位置，然后回车或单击鼠标左键，AutoCAD 将自动测量所标注线段的长度并标注出相应的尺寸。

② 多行文字：用多行文字编辑器确定尺寸文本。

③ 文字：输入或编辑尺寸文本。选择此选项后，AutoCAD 将继续提示：

输入标注文字＜默认值＞：

其中的默认值是 AutoCAD 自动测量得到的被标注线段的长度，直接回车即可采用此长度值，也可输入其他数值代替默认值。当尺寸文本中包含默认值时，按两次空格键，可取消默认文字。

④ 角度：确定文字的倾斜角度。

⑤ 水平/垂直：不论标注什么方向的线段，尺寸线均水平/垂直放置。

⑥ 旋转：输入尺寸线旋转的角度值，旋转标注尺寸。

2) 对齐标注

(1) 对齐标注是线性标注的一种特殊形式。用于创建与指定位置或对象平行的标注。命令调用方法如下：

① 工具栏：标注→对齐。

② 下拉菜单：标注→对齐。

③ 键盘命令：DIMALIGNED。

(2) 功能。创建与尺寸界线的原点对齐的线性标注。

(3) 操作及选项说明如下：

命令：DIMALIGNED

命令行提示：

指定第一条尺寸界线原点或<选择对象>：

指定第二条尺寸界线原点：

指定尺寸线位置或

[多行文字(M)/文字(T)/角度(A)/水平(H)/垂直(V)/旋转(R)]：

3) 角度标注

(1) 命令调用方法如下：

① 工具栏：标注→角度 。

② 下拉菜单：标注→角度。

③ 键盘命令：DIMANGULAR。

(2) 功能。标注两条直线或三个点之间的角度，以及圆与圆弧的角度。

(3) 操作及选项说明如下：

命令：DIMANGULAR

命令行将提示：

选择圆弧、圆、直线或<指定顶点>：

(4) 选择圆弧(标注圆弧的中心角)。当用户选取一段圆弧后，AutoCAD 提示：

指定标注弧线位置或[多行文字(M)/文字(T)/角度(A)]：

在此提示下用户可直接确定尺寸线的位置，AutoCAD 按自动测量得到的值标注出相应的角度，用户还可以选择“多行文字(M)”“文字(T)”或“角度(A)”等选项，先对文字进行编辑后，再确定尺寸线的位置。

(5) 选择一个圆(标注圆上某段弧的中心角)。当用户点取圆上一点选择该圆后，AutoCAD 提示选取第二点：

指定角的第二个端点：

指定标注弧线位置或[多行文字(M)/文字(T)/角度(A)]：

在此提示下确定尺寸线的位置，AutoCAD 标出一个角度值，该角度以圆心为顶点，两条尺寸界线通过所选取的两点，第二点可以不必在圆周上，如图 5-31 所示。其余选项同上。

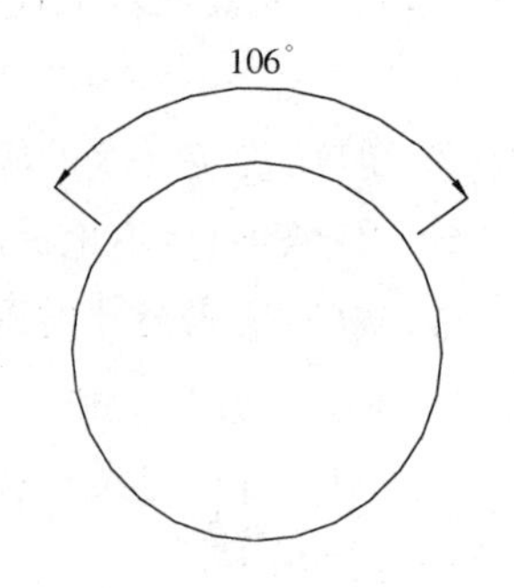

图 5-31 标注圆上某段弧角度

(6) 选择一条直线(标注两条直线间的夹角)。当用户选取一条直线后，AutoCAD 提示选取另一条直线：

选择第二条直线：(选取另外一条直线)

指定标注弧线位置或[多行文字(M)/文字(T)/角度(A)]：

在此提示下确定尺寸线的位置，AutoCAD 标出这两条直线之间的夹角。该角以两条直线的交点为顶点，以两条直线为尺寸界线，所标注角度取决于尺寸线的位置，如图 5-32 所示。其余选项同上。

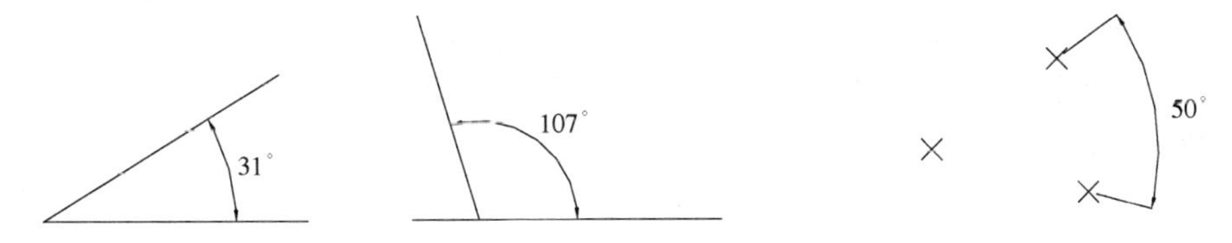

图 5-32　标注两直线的夹角　　　　图 5-33　标准 3 点确定的角度

(7) 指定顶点。直接回车，AutoCAD 提示：

指定角的顶点：

指定角的第一个端点；

指定角的第二个端点：

创建了无关联的标注。

指定标注弧线位置或[多行文字(M)/文字(T)/角度(A)]：

在此提示下给定尺寸线的位置，AutoCAD 根据给定的 3 点标注出角度(图 5-33)。其余同上。

4) 半径/直径标注

半径/直径标注使用可选的中心线或中心标注测量圆弧、圆角和圆的半径/直径。系统将在标注文字前自动添加符号 R 或 ϕ。

(1) 命令调用方法如下：

① 工具栏：标注→半径/直径。

② 下拉菜单：标注→半径/直径。

③ 键盘命令：DIMRADIUS/DIMDIAMETER。

(2) 功能。为圆或圆弧创建半径/直径标注。

(3) 操作及选项说明如下：

命令：DIMRADIUS/ DIMDIAMETER

选择圆弧或圆：

指定尺寸线位置或[多行文字(M)/文字(T)/角度(A)]：

各选项说明同上。结果如图 5-34 所示。

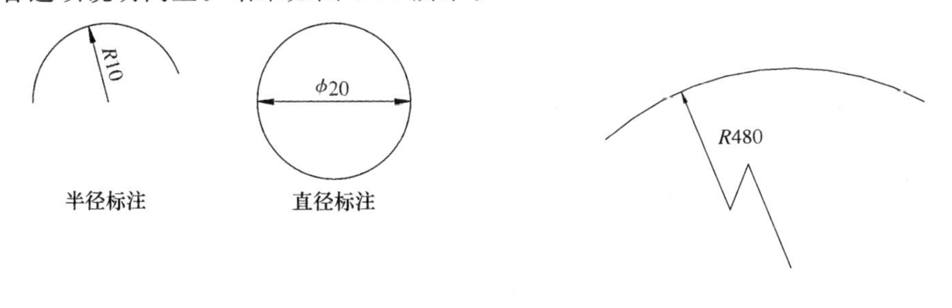

图 5-34　标注圆　　　　图 5-35　折弯标注

5) 折弯标注

(1) 命令调用方法如下：

① 工具栏:标注→折弯。

② 下拉菜单:标注→折弯。

③ 键盘命令:DIMJOGGED。

(2) 功能。圆弧或圆的中心位于布局之外并且无法在其实际位置显示时,可以使用折弯标注,也称为“缩放的半径标注”。

(3) 操作及选项说明如下:

命令:DIMJOGGED

选择圆弧或圆:

指定中心位置替代:

标注文字 = 480

指定尺寸线位置或[多行文字(M)/文字(T)/角度(A)]:

指定折弯位置:

结果如图 5-35 所示。

5.2.4 操作技能

1. 新建文件

新建文件,设置绘图环境,并绘制图形(图 5-36)。

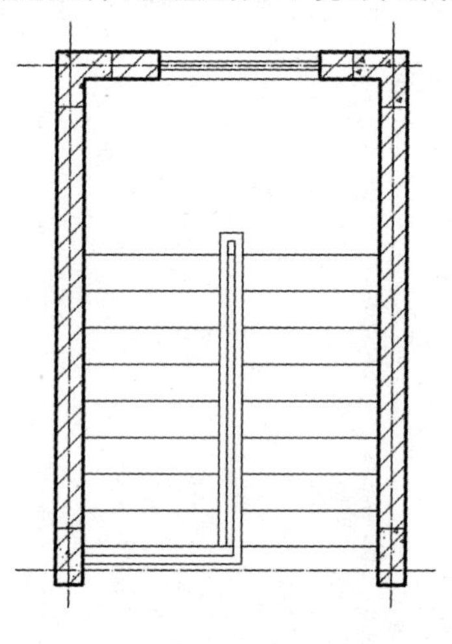

图 5-36 楼梯间平面图

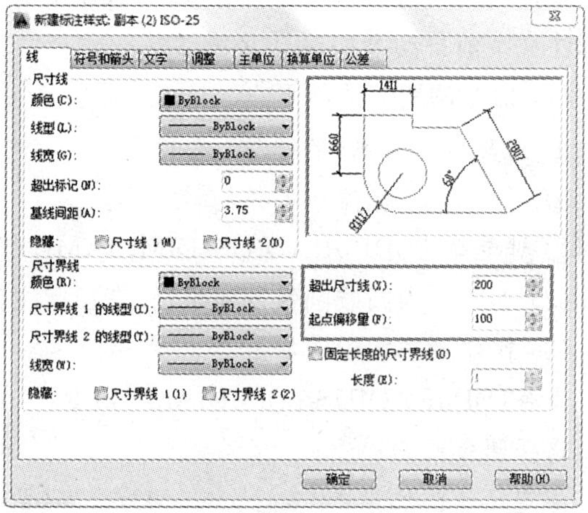

新建标注样式: 副本 (2) ISO-25
线 | 符号和箭头 | 文字 | 调整 | 主单位 | 换算单位 | 公差
尺寸线
颜色(C): ByBlock
线型(L): ByBlock
线宽(G): ByBlock
超出标记(N): 0
基线间距(A): 3.75
隐藏: 尺寸线 1(M) 尺寸线 2(D)
尺寸界线
颜色(R): ByBlock
尺寸界线 1 的线型(I): ByBlock
尺寸界线 2 的线型(T): ByBlock
线宽(W): ByBlock
隐藏: 尺寸界线 1(1) 尺寸界线 2(2)
超出尺寸线(X): 200
起点偏移量(F): 100
固定长度的尺寸界线(O)
长度(E): 1
确定 取消 帮助(H)

图 5-37 设置“线”

2. 添加标注图层

新建尺寸标注图层,并将图层设为当前图层。

3. 设置标注样式

具体如图 5-37—图 5-41 线框。

4. 启用“对象捕捉”功能

设置对象捕捉模式为端点、中点等特殊点。

5. 标注线性尺寸(水平方向)

为使尺寸界限长短一致,可先绘制如图 5-42 所示辅助线 1—6。

命令:DIMLINEAR

指定第一条尺寸界线原点或<选择对象>:　　//选择点 1

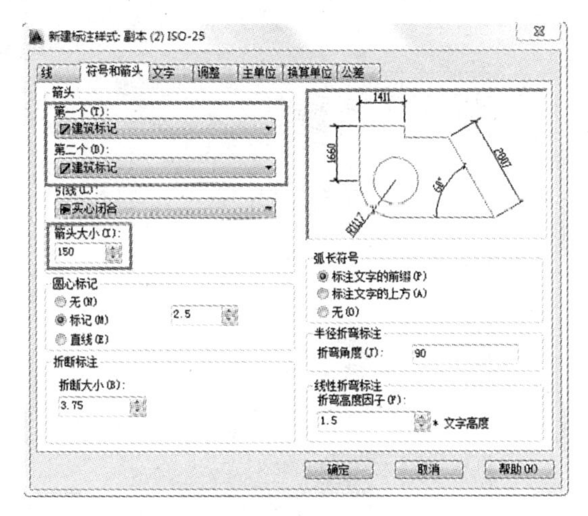

图 5-38　设置“符号和箭头”

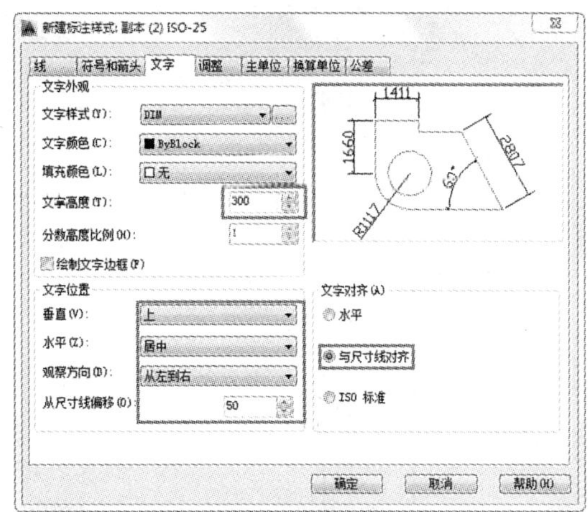

图 5-39　设置“文字”

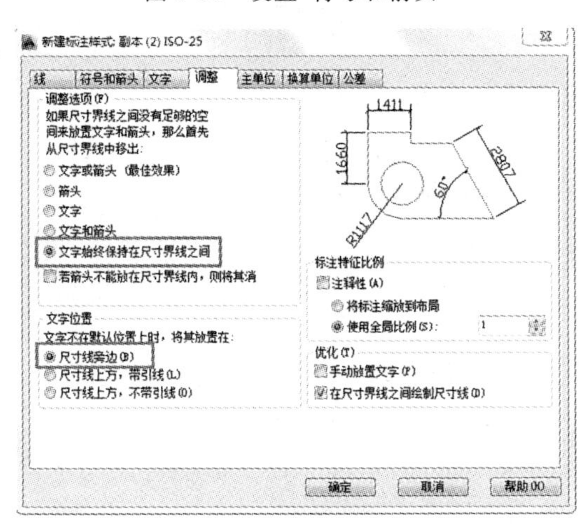

图 5-40　设置“调整”

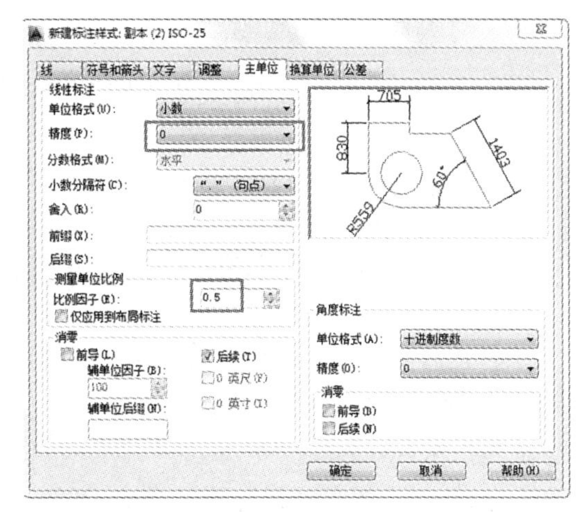

图 5-41　设置“主单位”

指定第二条尺寸界线原点：　　　　　　　　　　//选择点 2

指定尺寸线位置或[多行文字(M)/文字(T)/角度(A)/水平(H)/垂直(V)/旋转(R)]：

标注文字＝100　　　　　　　　　　　　　　　//系统提示

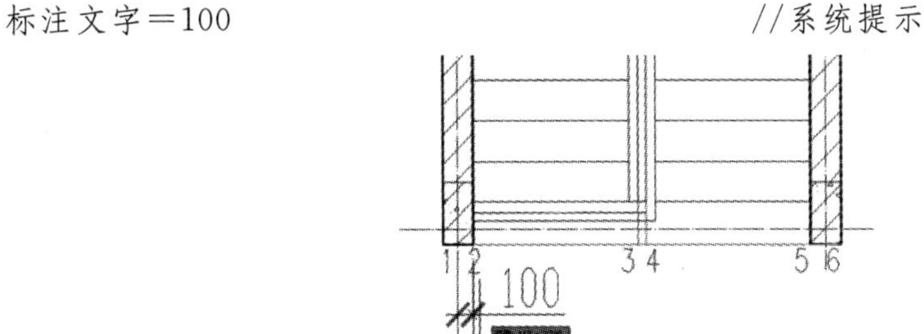

图 5-42　水平线性标注

重复线性标注，选择点 2、点 3、点 4、点 5、点 6 分别标注梯段宽和梯井宽。

6. 标注线性尺寸(竖向)

单跑梯段由 9 个踏步组成，平面上应标注 8 个踏步宽度，用线性标注默认方式只能显示 8 个踏步总宽度，不能标注单个踏步宽(图 5-43)。可采用图 5-44 所示“属性编辑器”修改标注文字。

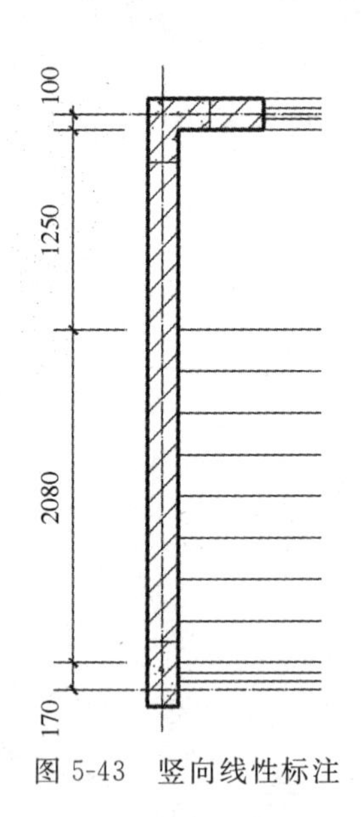

图 5-43　竖向线性标注

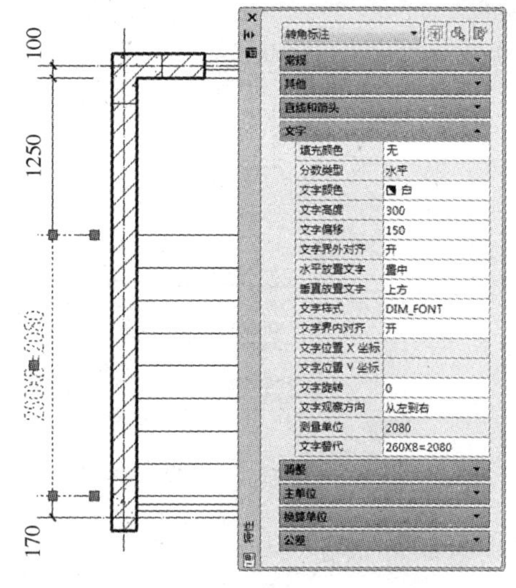

图 5-44　修改标注文字

同时按 Ctrl 和数字 1 键，系统将弹出“属性编辑器”，输入 260×80＝2080。

7. 成图

插入轴线标注标高，上下箭头，删除辅助线，清洁图面，即可得图 5-11。

任务 5.3　建筑平面图的尺寸标注

建筑平面图除了画出建筑物及各部分的形状外，还必须准确、详尽、清晰地标注各部分的尺寸，以表明其大小，以此作为施工的依据。国家制图标准规定：图样上标注的尺寸，除标高及总平面图以米(m)为单位外，其余一律以毫米(mm)为单位，图上尺寸数字都不再注写单位。图样上的尺寸，应以所注尺寸数字为准，不得从图上直接量取。

5.3.1　学习目的

(1) 掌握建筑平面图标注要点。

(2) 巩固标注样式设置。

(3) 掌握连续标注、基线标注等命令。

5.3.2　课题展示(图 5-45)

5.3.3　理论知识

1. 建筑平面图尺寸标注要点

(1) 建筑平面图尺寸主要包括三部分：定形尺寸、定位尺寸和总体尺寸。

(2) 外墙尺寸规定标注三道。第一道为总尺寸，标明房屋的总长度和总宽度；第二道为轴线之间的尺寸，一般为房屋的开间或进深尺寸；最里面一道标出了外墙上门窗洞的定形和定位尺寸。此外还要标注某些局部尺寸，如内墙上的门窗洞位置和宽度、楼梯的主要定位和定形尺寸。

(3) 如果局部尺寸太密、重叠太多表示不清楚，可另用大比例的局部详图表示，建筑平面图中则不必详细注明该部分的细部尺寸。

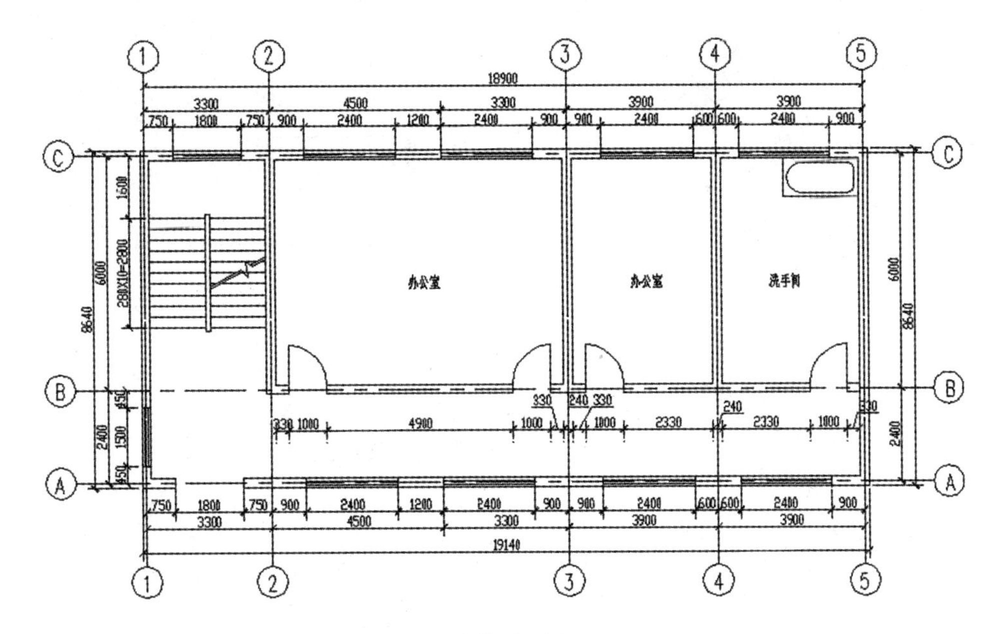

图 5-45　建筑平面图(1∶100)

2. 基线标注

基线标注用于产生一系列基于同一条尺寸界线的尺寸标注，适用于长度尺寸标注、角度标注和坐标标注等。在使用基线标注方式之前，应该先标注出一个相关的尺寸。

1) 命令调用方法

(1) 工具栏：标注→基线。

(2) 下拉菜单：标注→基线。

(3) 键盘命令：DIMBASELINE。

2) 功能

从上一个标注或选定标注的基线处创建线性标注、角度标注或坐标标注。

3) 操作及选项说明

命令：DIMBASELINE

指定第二条尺寸界线原点或[放弃(D)/选择(S)]＜选择＞：

(1) 指定第二条尺寸界线原点：确定另一个尺寸的第二条尺寸界线的起点。默认以上次标注的尺寸为基准标注出相应尺寸。

(2) 选择：选择一个线性标注、坐标标注或角度标注作为基线标注的基准。

基线标注的效果如图 5-46 所示。

3. 连续标注

连续标注又叫尺寸链标注，用于产生一系列连续的尺寸标注，后一个尺寸标注均把前一个标注的第二条尺寸界线作为它的第一条尺寸界线。适用于长度尺寸标注、角度标注和坐标标注等。在使用连续标注方式之前，应该先标注出一个相关的尺寸。命令调用方法如下：

(1) 工具栏：标注→连续。

(2) 下拉菜单：标注→连续。

(3) 键盘命令：DIMCONTINUE。

在命令行提示下的各选项与基线标注中完全相同，不再叙述。连续标注的效果如图 5-47 所示。

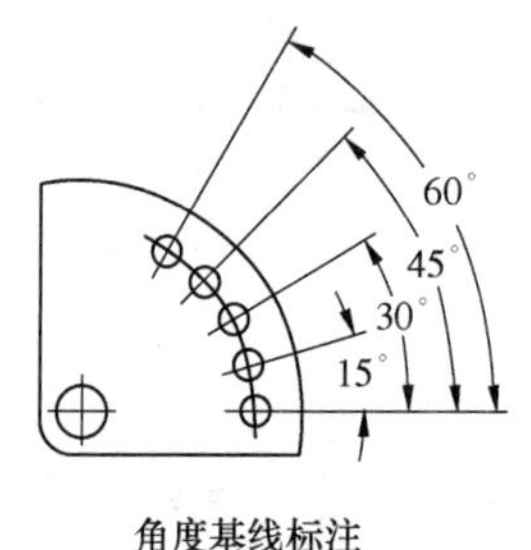

角度基线标注　　　　线性基线标注

图 5-46　基线标注

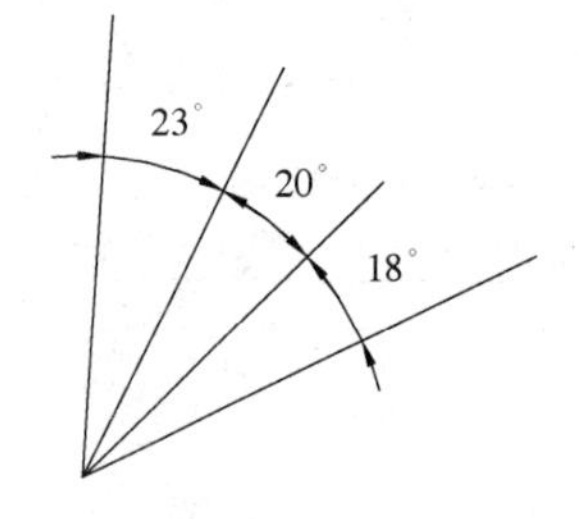

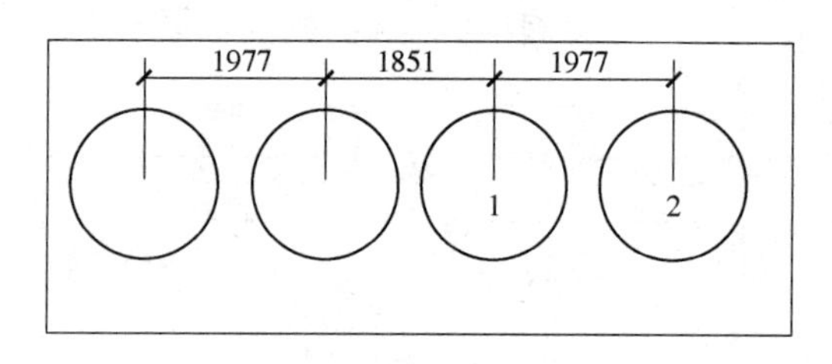

图 5-47　连续标注

4. 快速标注

1）命令调用方法

(1) 工具栏：标注→快速标注。

(2) 下拉菜单：标注→快速标注。

(3) 键盘命令：QDIM。

2）功能

同时选择多个圆或圆弧进行直径或半径的标注，也可同时选择多个对象进行基线标注和连续标注，选择一次即可完成多个标注。

3）操作及选项说明

命令：QDIM

关联标注优先级　=　端点

选择要标注的几何图形：(选择要标注尺寸的多个对象后回车)

指定尺寸线位置或[连续(C)/并列(S)/基线(B)/坐标(O)/半径(R)/直径(D)/基准点(P)/编辑(E)/设置(T)]<连续>：

(1) 指定尺寸线位置。直接确定尺寸线的位置，AutoCAD在该位置按默认的尺寸标注类型标注出相应的尺寸。

(2) 连续/并列/基线/坐标/半径/直径：产生一系列连续标注/并列标注/基线标注/坐标标注/半径标注/直径标注。

(3) 基准点：为基线和坐标标注设置新的基准点。

(4) 编辑：编辑一系列标注。将提示用户在现有标注中添加或删除点。

(5) 设置：为指定尺寸界线原点设置默认对象捕捉。系统将提示：

关联标注优先级[端点(E)/交点(I)]：

程序将返回到上一个提示。

5. 标注间距

1）命令调用方法

（1）工具栏：标注→标注间距。

（2）下拉菜单：标注→标注间距。

（3）键盘命令：DIMSPACE。

2）功能

对平行线性标注和角度标注之间的间距做同样的调整。

3）操作及选项说明

命令：DIMSPACE

选择基准标注：

选择要产生间距的标注：

输入值或[自动(A)]＜自动＞：

若直接输入数值，则表示指定从基准标注均匀隔开选定标注的间距值。例如，如果输入值0.5，则所有选定标注将以0.5的距离隔开。若回车，则选择"自动"产生间距。系统将在选定基准标注的标注样式中指定的文字高度自动计算间距。所得的间距值是标注文字高度的两倍。

5.3.4 操作技能

（1）按图5-45所示尺寸绘制图形（图5-48）。

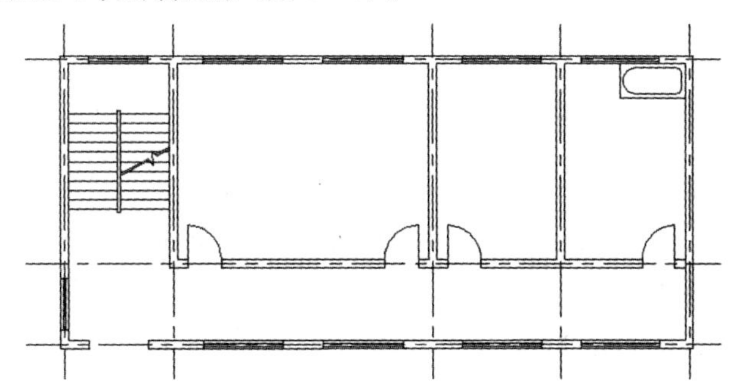

图5-48 建筑平面图

（2）新建"标注"图层，用于尺寸标注。将新图层"置为当前"。

（3）创建带属性的块，插入块，标注轴线（图5-49）。

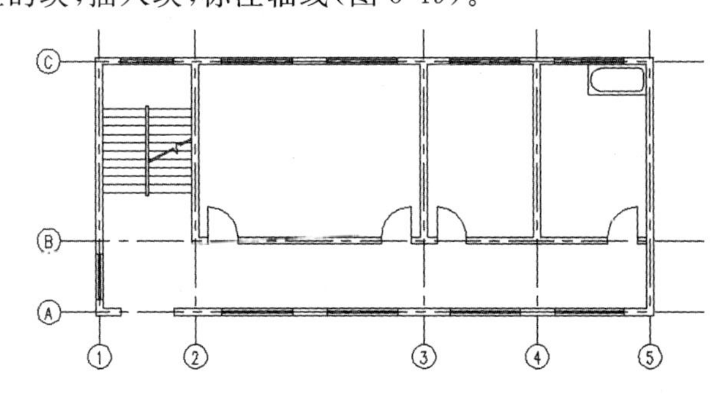

图5-49 标注轴线

(4) 选择建筑物纵向、横向点划线中点所在平面为对称轴，镜像轴线标注(图 5-50)。

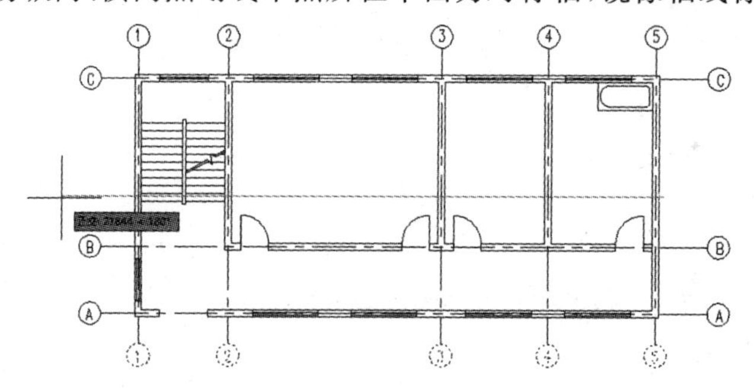

图 5-50　镜像轴线标注

(5) 创建标注样式(过程略，可参照 5.2 节)。

(6) 连续标注 1～5 轴间第三道尺寸(门窗洞定形和定位尺寸)。

执行“标注→线性”，从轴线 1 开始标注墙边线与轴线距离 120(图 5-51)。

执行“标注→连续”，无需选择第一点，鼠标自动从已标注的尺寸线引出，系统提示选择第二点，用户可连续选择要标注的尺寸，点击，直至回车，结束标注。

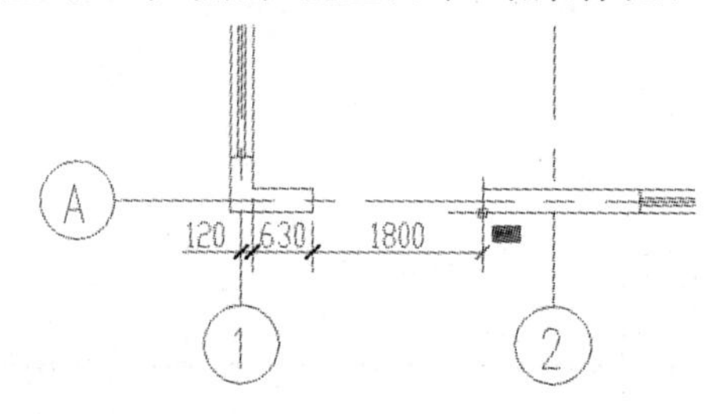

图 5-51　连续标注

(7) 快速标注第二道尺寸(开间尺寸，轴线间距离)

执行“标注→连续标注”命令，选择 1—5 轴轴线，回车，绘图区域将显示轴线间尺寸标注，移动鼠标至合适位置，确认，退出。

(8) 标注第一道尺寸(建筑总长)。

执行“标注→线性”，选择东西山墙线最外侧角点，绘制总长尺寸线。

(9) 重复步骤(6)—(8)，沿进深方向标注三道尺寸。结果如图 5-52 所示。

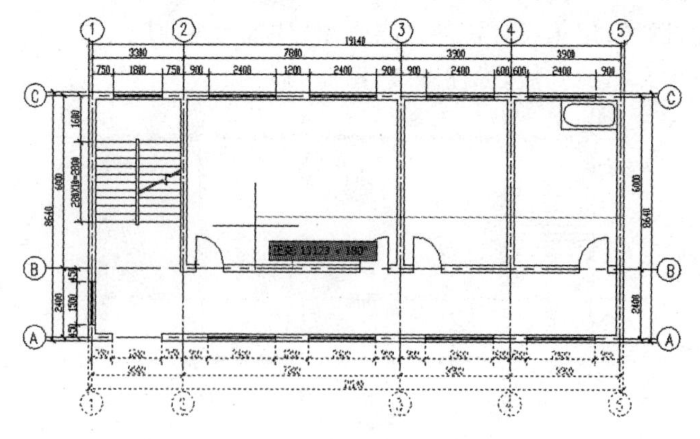

图 5-52　镜像尺寸标注

(10) 镜像 1—5 轴间所有尺寸标注，至北面墙体外侧。镜像西面山墙尺寸标注至东山墙外侧，修改。结果如图 5-52 所示。

(11) 标注 B 轴上内墙门窗洞口定位和定形尺寸(图 5-53)。

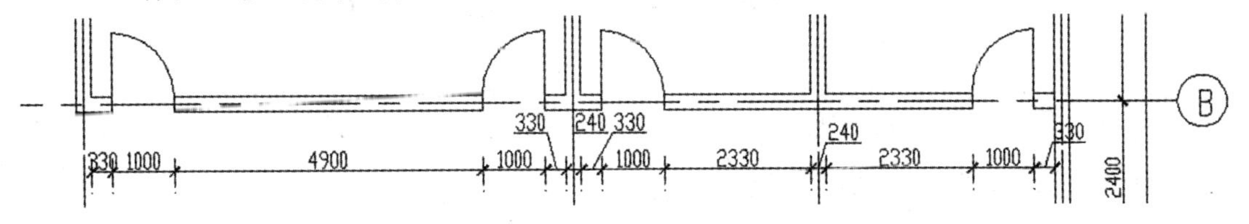

图 5-53　内墙尺寸标注

(12) 插入文字、标高、图名、比例等。

项目6　建筑图的绘制

任务6.1　建筑平面图的绘制

6.1.1　学习目标

（1）掌握多线绘制与编辑命令。

（2）掌握设计中心图块的使用。

（3）巩固尺寸标注、创建块、图案填充等操作技能。

6.1.2　课题展示

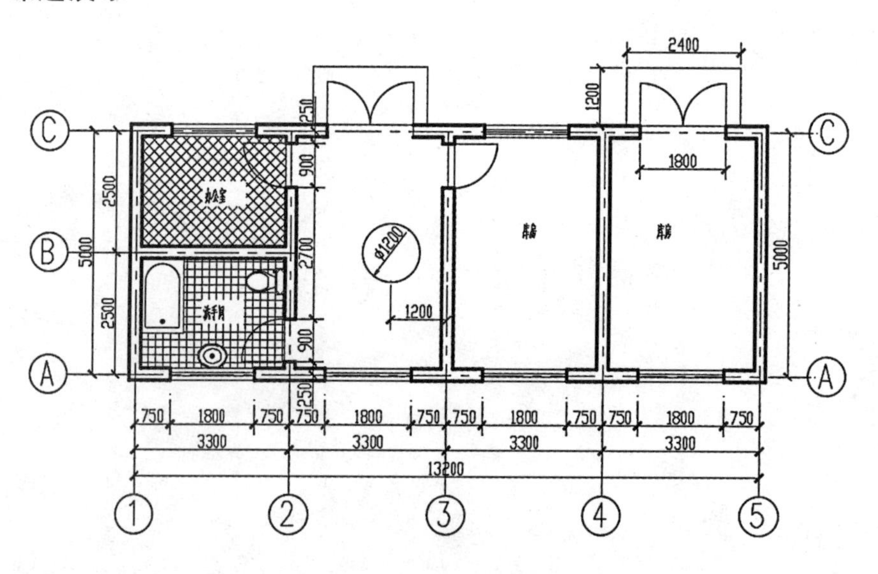

图6-1　建筑平面图

6.1.3　理论知识

1. 建筑平面图的图示内容

（1）定位轴线。根据定位轴线了解各承重构件的平面定位与布置。

（2）墙、柱。墙、柱在平面图中总能剖切到，用粗实线画出其轮廓线，房间应注明其名称。

（3）门窗。门窗均按图例画出，并注明编号。门用“M”表示，窗用“C”表示，也可用所选标准图集中门窗代号来标注。同一类型的门窗用同一个编号。

（4）尺寸和标高。平面图中的尺寸标注分定形尺寸、定位尺寸和总尺寸。外墙尺寸规定标注三道。第一道为总尺寸，标明房屋的总长度和总宽度；第二道为轴线之间的尺寸，一般为房屋的开间或进深尺寸；最里面一道标出了外墙上门窗洞的定形和定位尺寸、主要固定设施的形状和位置尺寸等；如果局部尺寸太密，重叠太多表示不清楚，可另用大比例的局部详图表示，而在建筑平面图中则不必详细注明该部分的细部尺寸。

标高则注明了平面上各主要位置的相对标高值，从中可以看出房屋各处的高度变化。如房间、走廊、厨房等处标高，这些标高均注到完成装修后的建筑标高。

(5) 图线。剖切到的墙和柱等用粗实线表示，可见轮廓线用中实线表示，较小的建筑构配件用细实线表示。

(6) 文字。图内各种文字设置要求见表 6-1(图内高度按 1∶100 比例绘图时设置)。

表 6-1 **文字样式**

文字样式名	打印到图纸高度/mm	图内高度/mm	宽度因子
尺寸标注	3	350	0.7
轴线标注	5	500	0.7
图名	1	1000	0.7
图内文字	5	500	0.7

(7) 底层建筑平面图旁需增加指北针，剖面符号等。

2. 定义多线样式

多线是指一种由多条平行线组成的组合对象，最多可包含 16 条平行线，线间的距离、线的数量、线条的颜色及线型等都可以调整。多线常用于绘制建筑平面图中的墙体、窗户等对象。使用多线之前，应先定义多线样式。

命令行：MLSTYLE

菜单：格式→多线样式

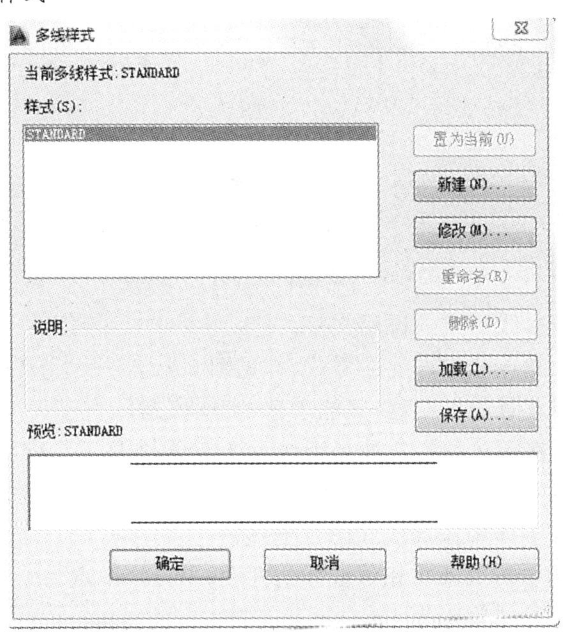

图 6-2 “多线样式”对话框

系统将弹出如图 6-2 所示对话框，各选项说明如下：

(1) 样式：显示已定义的多线样式。

(2) 置为当前：单击该按钮，可以将在“样式”列表框中选择的多线样式设置为当前样式。

(3) 新建:单击该按钮,打开“创建新的多线样式”对话框(图 6-4)。以下将单独讲述该对话框中各选项。

(4) 修改:单击该按钮,打开“修改多线样式”对话框,对已创建的多线样式进行修改。必须将绘图区域中已用该样式绘制的多线删除后,才能修改该多线样式,否则修改无效。

(5) 重命名:重命名“样式”列表框中除默认样式“STANDARD”外的多线样式名称。

(6) 删除:删除“样式”列表框中的多线样式。

(7) 加载:单击该按钮,可以将选择的多线样式加载到当前图形中,也可以单击“文件”按钮,打开“从文件加载多线样式”对话框,选择多线样式文件。在 AutoCAD 2017 中,系统提供的多线样式文件为 acad. mln。

(8) 保存:单击该按钮,打开“保存多线样式”对话框,将当前多线样式保存为 *. mln 文件。

单击图 6-2 中“新建”按钮,系统将打开“创建新的多线样式”对话框。设置“新样式名”后,单击“继续”按钮,打开“新建多线样式”对话框,设置多线的各参数,如图 6-3 所示。

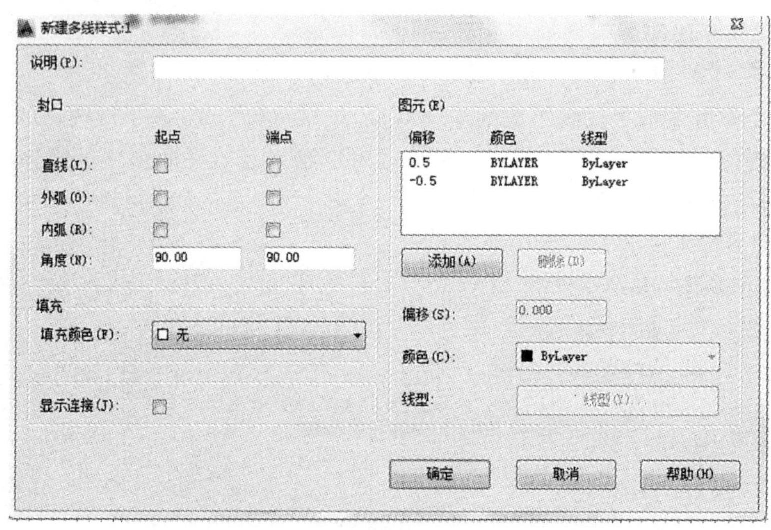

图 6-3 “新建多线样式”对话框

(1) 说明:输入关于多线样式的说明文字。

(2) 封口:控制多线起点和端点处的样式,详见图 6-4。

(3) 填充:设置多线背景的填充色(只能单色,实体填充)。

(4) 显示连接:设置在多线的拐角处是否显示连接线,如图 6-5 所示。

(5) 图元:该选项区可设置多线中线条的数量、颜色和线型等特性。

添加/删除　用于在多线中添加或删除一条线;

偏移　设置选中的线条与相邻线条的间距;平行线中点为 0 轴。默认平行线间距为 1。

颜色　设置平行线的颜色,每根线条颜色可以不相同;

线型　指定平行线的线型,每根线条线型可以不相同。

3. 多线绘制

1) 命令调用方法

命令行:Mline(或 ML)

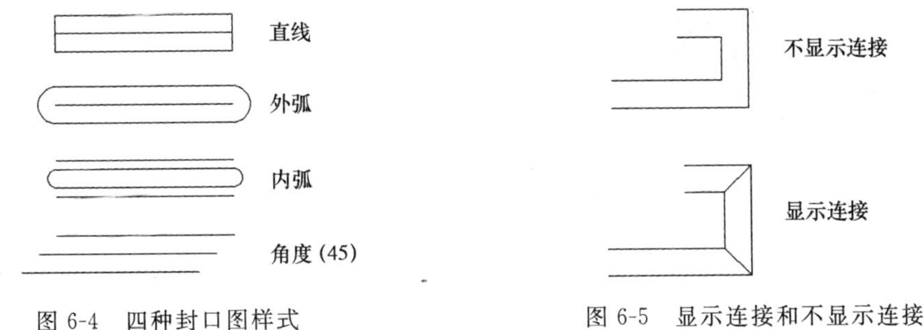

图 6-4 四种封口图样式　　图 6-5 显示连接和不显示连接

下拉菜单:绘图→多线

2) 功能

绘制一组平行线。

3) 操作及选项说明

命令行:Mline

当前设置:对正=无,比例=1.00,样式=STANDARD

指定起点或[对正(J)/比例(S)/样式(ST)]:(指定起点)

指定下一点:(给定下一点)

指定下一点或[放弃(U)]:(继续给定下一点绘制线段。输入U,则放弃前一段的绘制;单击鼠标右键或按 Enter 键,结束命令)

指定下一点或[闭合(C)/放弃(U)]:(继续给定下一点绘制线段。输入C,则闭合线段,结束命令)

4) 具体操作步骤

(1) 对正:绘制多线的基准。共有3种对正类型"上"、"无"和"下"。其中,"上"表示以多线最上侧的线为基准,"下"表示以多线最下侧的线为基准,"无"表示以多线对称轴(0轴)为基准。

(2) 比例:设置多线的缩放比例。

(3) 样式:设置当前使用的多线样式。默认样式是"STANDARD"。

4. 多线编辑

可以采用以下两种方式对多线进行编辑。编辑多线前,应将已用该多线样式绘制的对象删除,否则修改无效。

命令行:MLEDIT

菜单:修改→对象→多线

调用该命令后,打开"多线编辑工具"对话框(图 6-6)。

T形打开、T形合并、T形闭合命令类似于修剪(Trim)命令,使用时,应先选要剪切的多线,再选择剪切边界。这与修剪(Trim)命令选择对象的顺序刚好相反,用户一定要注意。

5. 多线使用注意事项

(1) 建筑平面图中墙体图例是两根平行线组成的多线,窗图例是四根平行线组成的多线,应分别定义多线样式。

(2) 若对已定义的多线样式修改,必须先删除文件中已用该样式绘制的所有图元,确定不想删除的图元,可以"Explode"命令分解,然后才能修改多线样式参数。

6. 设计中心的使用

1) 命令调用方法

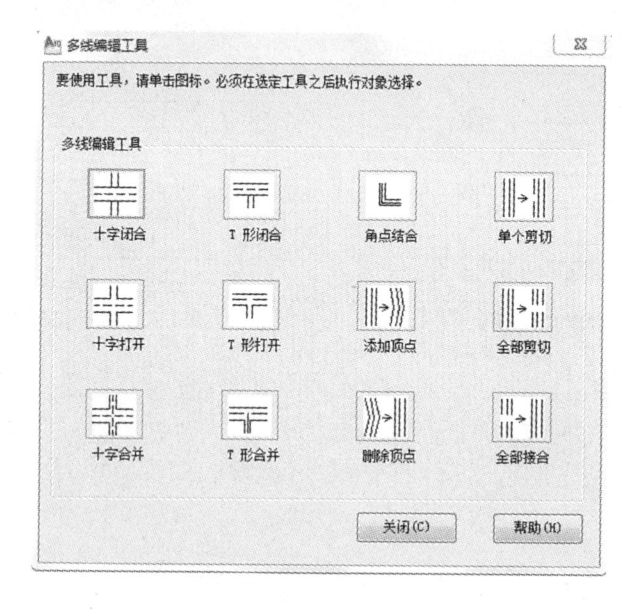

图 6-6 “多线编辑”对话框

(1) 下拉菜单:工具→选项板→设计中心。

(2) 工具栏:标准→设计中心 。

(3) 快捷键:Ctrl+2。

2) 功能

设计中心的功能有很多,建筑制图常用的功能有:

(1) 根据不同的查询条件在本地计算机和网络上查找图形文件,找到后可以将它们直接加载到绘图区域或设计中心。

(2) 查看块、图层和其他图形文件的定义并将这些图形定义插入到当前图形文件中。

3) 选项及操作说明

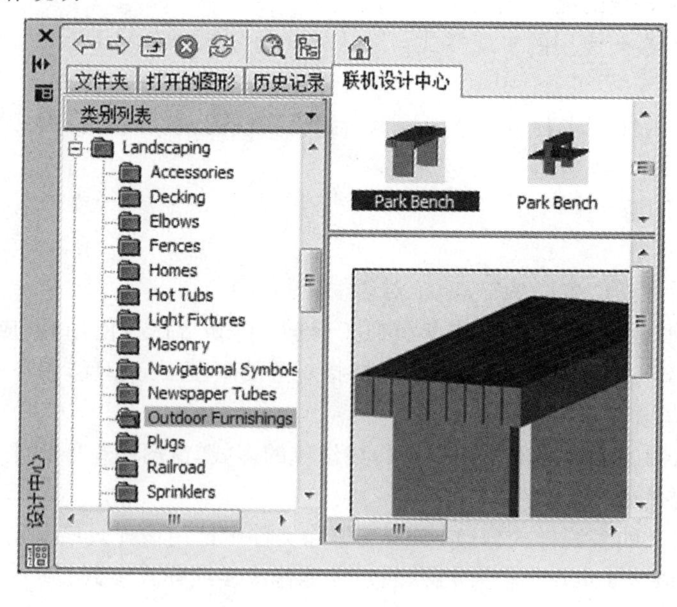

图 6-7 “设计中心”对话框

设计中心对话框如图 6-7 所示。绘制建筑平面图常用的室内设施、家具、植物等已经制作为图块，包含在文件“Home - Space Planner. dwg”文件和“House Designer. dwg”文件中。绘制总平面图时，还可以使用“Landscaping. dwg”文件中的图块，它包含各种室外设施和绿化平面图形。

设计中心的图块默认尺寸单位为英寸，用公制绘图时，部分图块需要调整插入比例后才能与当前图形匹配。

6.1.4 操作技能

1. 设置图层和线型

图层与线型设置如图 6-8 所示。

状	名称	开.	冻结	锁...	颜色	线型	线宽	打印...	打.	新.
✓	0				白	Continu...	—— 默认	Color_7		
	尺寸标注				绿	Continu...	—— 默认	Color_3		
	门窗				黄	Continu...	—— 默认	Color_2		
	墙线				白	Continu...	—— 0.3...	Color_7		
	填充				白	Continu...	—— 默认	Color_7		
	文字				白	Continu...	—— 默认	Color_7		
	轴线				红	CENTER	—— 默认	Color_1		

图 6-8 新建图层

2. 绘制定位轴线

切换图层至“轴线”图层，用“直线”和“偏移”命令在“轴线”图层绘制定位轴线，如图 6-9 所示。

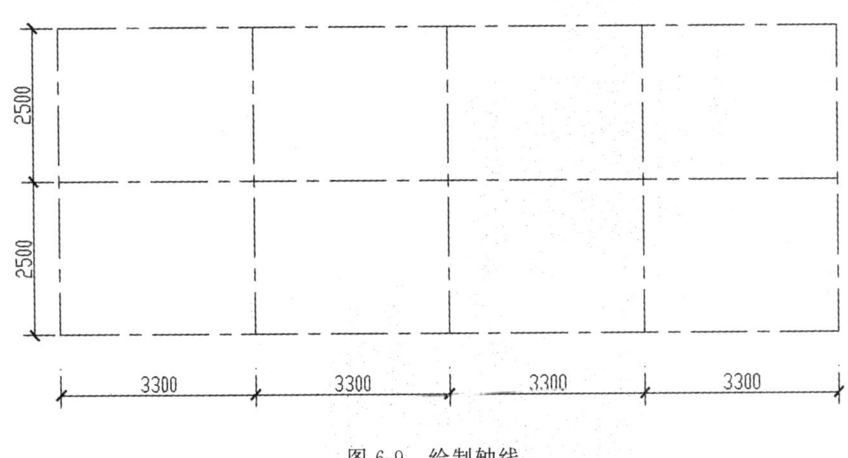

图 6-9 绘制轴线

3. 定义多线样式

定义“墙体”多线样式，选择“封口”的起点和端点为直线，其余保持默认不变。并将“墙体”多线样式置为当前。

4. 多线绘制

切换到“墙线”图层。

命令行:Mline

当前设置:对正＝无,比例＝1.00,样式＝STANDARD

指定起点或[对正(J)/比例(S)/样式(ST)]:s

输入多线比例＜20＞　:240　　　　　　　//墙体厚度一般为 240mm

当前设置:对正＝无,比例＝240.00,样式＝standard

指定起点或[对正(J)/比例(S)/样式(ST)]:ST

指定多线样式名或[?]:墙体

指定起点或[对正(J)/比例(S)/样式(ST)]:　//指定起点

指定下一点:

指定下一点或[放弃(U)]://输入 U,则放弃前一段的绘制;单击鼠标右键或按 Enter 键,则结束命令)

指定下一点或[闭合(C)/放弃(U)]:　//输入 C,则闭合线段,结束绘制

结果如图 6-10 所示。

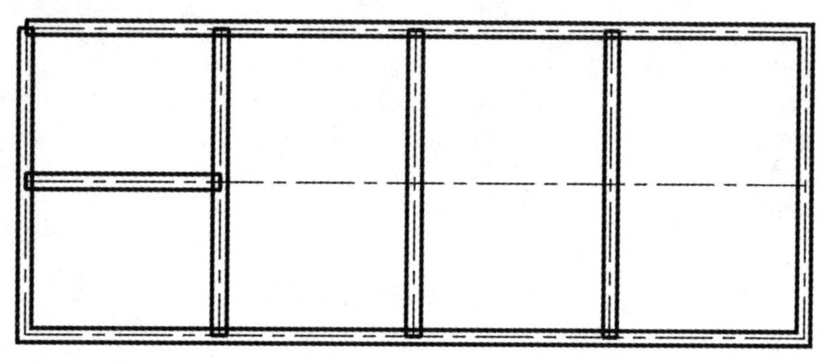

图 6-10　绘制墙体

5. 多线编辑

命令行:Mledit

对图 6-10 外墙角点选用图 6-6 中"角点结合"命令。内外墙交点选用"T 形打开"命令。

命令行:Offset

当前设置:删除源＝否　图层＝源　OFFSETGAPTYPE＝0

指定偏移距离或[通过(T)/删除(E)/图层(L)]＜通过＞:750

选择要偏移的对象,或[退出(E)/放弃(U)]＜退出＞:　//选择轴线

指定要偏移的那一侧上的点,或[退出(E)/多个(M)/放弃(U)]＜退出＞:

命令行:Trim

当前设置:投影＝UCS,边＝无

选择剪切边…

选择对象或＜全部选择＞:　//选择已复制的轴线

选择对象:　　　　　　//回车,结束对象选择

选择要修剪的对象,或按住 shift 要延伸的对象,或[栏选(F)/窗交(C)/投影(P)/边(E)/删除(R)/放弃(U)]:　//选择轴线之间,需要开门窗洞口的墙体

结果如图 6-11 所示。采用相同方法可完成其他门窗洞口绘制,删除多余线条,结果如图 6-12 所示。

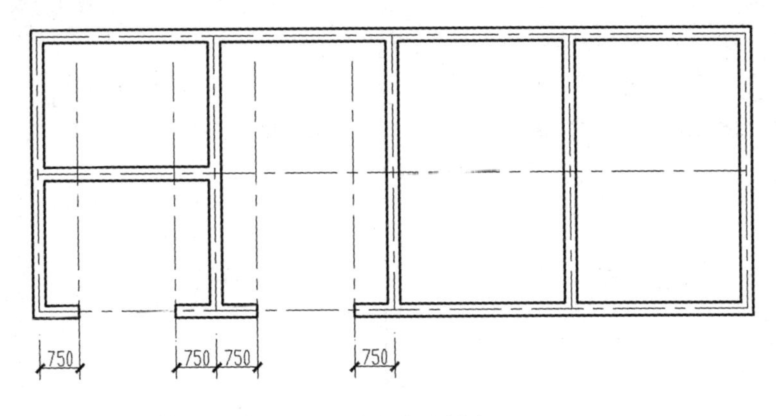

图 6-11 偏移轴线

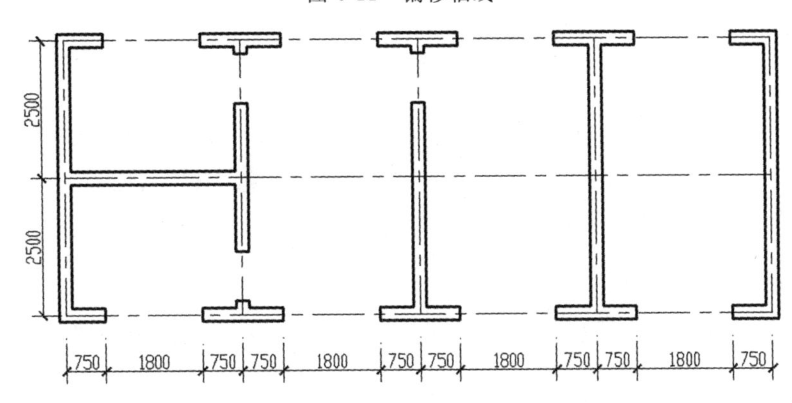

图 6-12 绘制墙体

6. 插入门

先绘制 1/4 圆弧和直线,创建门图块,基准点选为门转动轴,插入图块(图 6-14)。也可直接利用“设计中心”House Designer.dwg 中图块。

7. 插入窗

插入窗的方式有两种。一是绘制 4 条长 1800 的平行线,创建图块,并插入。这种方式适合宽度相同的窗,不同宽度的窗插入时需调整 x 方向比例。另一种是新建多线样式,置为当前,直接在图中绘制窗线。这种方式的通用性更好。本文采用第二种方式,新建“window”多线样式,设置 4 根平行线,如图 6-13 所示。

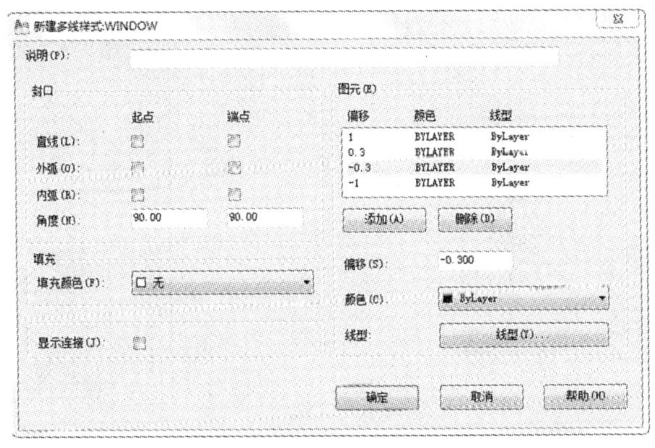

图 6-13 新建多线样式

切换到窗所在图层，绘制多线，结果如图 6-14 所示。

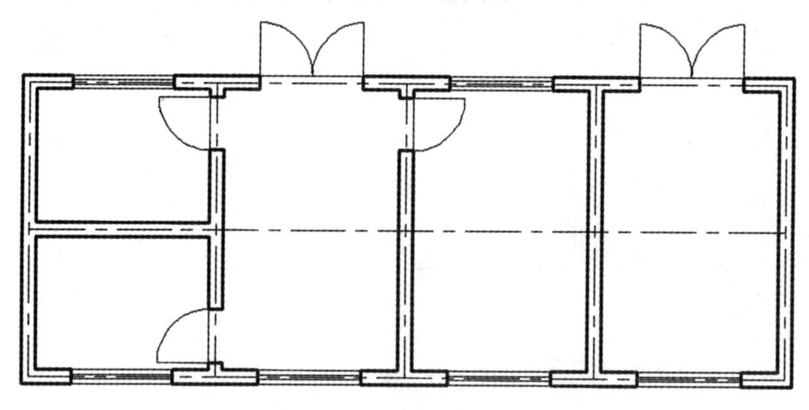

图 6-14　插入门窗

8. 插入洁具

单击下拉菜单“工具”→“选项板”→“设计中心”找到 AutoCAD 目录下 Sample 文件夹中的“Design Center”，点击“House Designer. dwg”文件中的相应图块(图 6-15)，图块默认以英制单位表示，插入时应换算成公制单位，并调整比例后再插入。插入结果如图 6-16 所示。

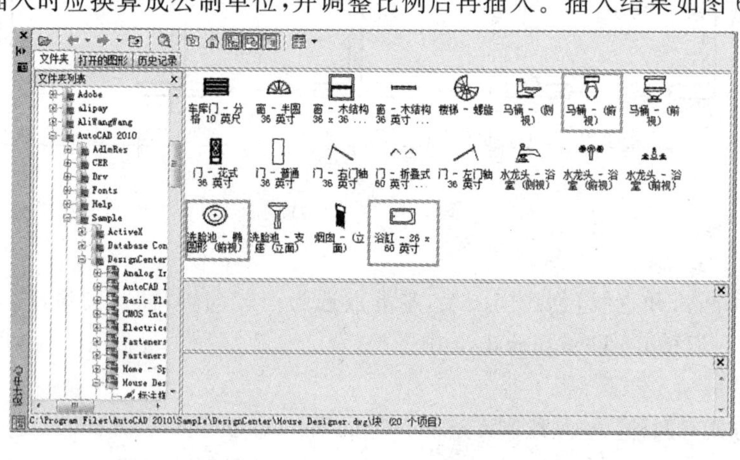

图 6-15　“设计中心”对话框

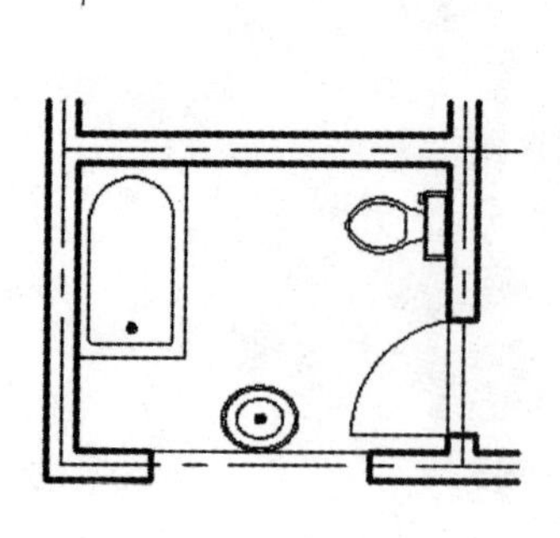

图 6-16　插入洁具

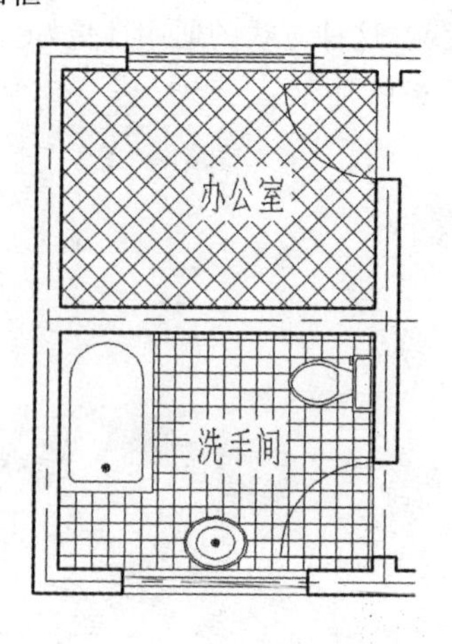

图 6-17　填充图案

9. 填充图案

命令行:Hatch

弹出对话框后,选择图案“ANSI37”,填充办公室时,角度为0,比例为20;填充洗手间时,角度为45,比例为20。结果如图6-17所示。

10. 标注尺寸、标高、文字等。

11. 根据制图规范要求,将建筑墙体轮廓线加粗。

12. 删除多余线条,即可得到图6-1所示建筑平面图。

6.1.5 拓展提高

1. 线型的比例

在设置轴线线型时,为了保证图形的整体效果,必须进行轴线线型的设定。AutoCAD默认的全局线型缩放比例为1.0,通常线型比例应和打印相协调,如打印比例为1∶100,则线型比例大约设为100。线型的比例设置与使用者习惯和电脑显卡也有关,需反复调试确定。

2. 多线编辑

用户在对墙体对象进行编辑时,可以将“轴线”图层暂时关闭或锁定,这样可以更加方便的观察墙体对象编辑后的效果。若遇到编辑困难的多线对象,可以先“分解”(编辑工具条找到图标或命令行输入“Explode”),再编辑。对象选择的先后顺序也会影响多线编辑效果。

3. 标注建筑面积

执行下拉菜单“工具→查询→查询面积”命令,可为建筑物标注面积(图6-18)。

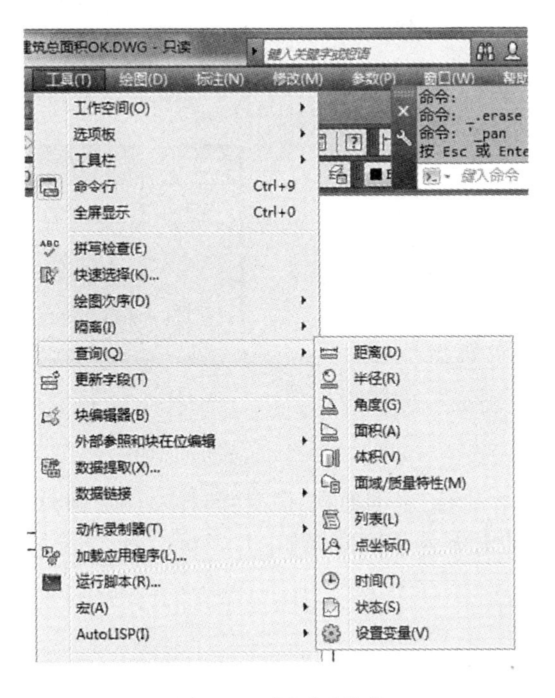

图6-18 “查询”菜单

1) 命令调用方法

(1) 下拉菜单:单击“工具→查询→查询面积”命令

(2) 命令行:Measuregeom

2）功能

查询对象面积、周长、长度、半径、角度等特性。

3）操作及选项说明

命令：Measuregeom

输入选项[距离(D)/半径(R)/角度(A)/面积(AR)/体积(V)]＜距离＞：AR

指定第一个角点或[对象(O)/增加面积(A)/减少面积(S)/退出(X)]＜对象(O)＞：

指定下一个角点或[圆弧(A)/长度(L)/放弃(U)]：

指定下一个角点或[圆弧(A)/长度(L)/放弃(U)/总计(T)]：

指定下一个角点或[圆弧(A)/长度(L)/放弃(U)]：

指定下一个角点或[圆弧(A)/长度(L)/放弃(U)]：

区域＝27072000，周长＝20880

输入选项[距离(D)/半径(R)/角度(A)面积(AR)/体积(V)]＜距离＞：AR

(1) 对象：选择要查询的对象。

(2) 距离：测量指定点或对象的距离、半径、角度、面积或体积；

(3) 半径：测量指定圆弧、圆或多段线圆弧的半径和直径；

(4) 角度：测量与选定的圆弧、圆、多段线线段和线对象关联的角度；

(5) 面积：测量对象或定义区域的面积和周长；MEASUREGEOM 无法计算自交对象的面积。

(6) 体积：测量对象或定义区域的体积。可以通过选项“增加体积/减少体积”，汇总多个三维体的总体积，或从总体积中减去指定体积。

增加面积：打开“加”模式，并在定义区域时即时将面积加入总面积(图 6-19)。

减少面积：从总面积中减去指定的面积(图 6-20)。

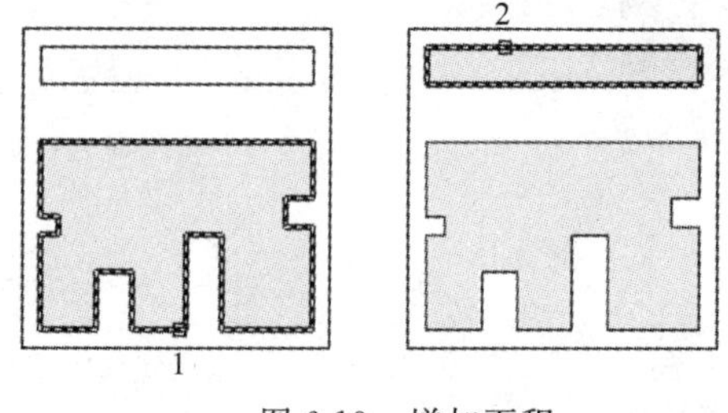

图 6-19　增加面积

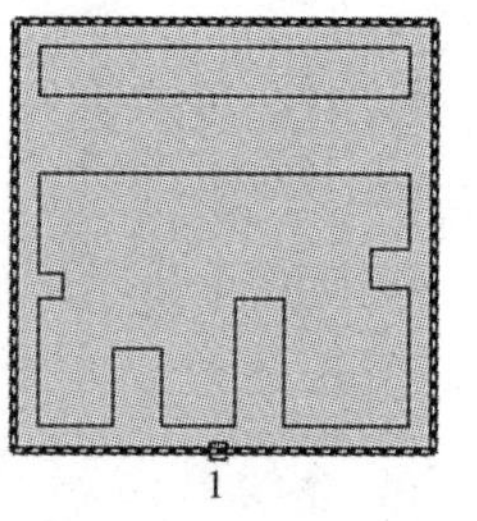

图 6-20　减少面积

4. 实例

图 6-21 为某建筑平面。执行“查询面积”命令，选择左侧房间角点，形成封闭区域后，在命令行或追踪菜单(图 6-22)中均显示该房间面积 27.07m^2。

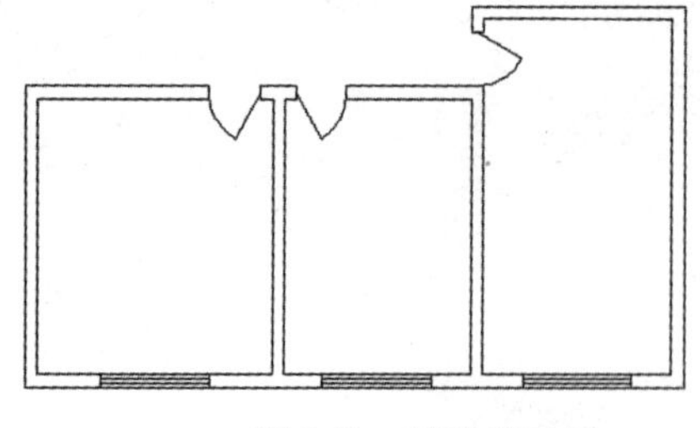

图 6-21　某建筑平面

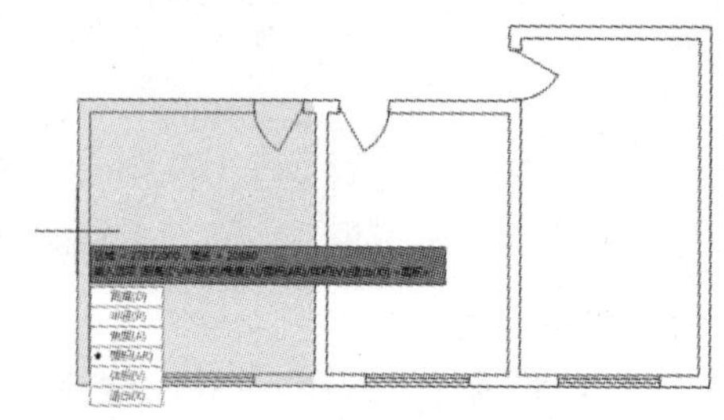

图 6-22　查询面积

任务6.2 建筑立面图的绘制

建筑立面图是表示建筑物外貌和立面装修的建筑图样。其主要反映建筑物外立面的形状;门窗在外立面上的分布、外形,开启方向;屋顶、阳台、台阶、雨篷、窗台、勒脚、雨水管的外形和位置;外墙面装修做法;室内外地坪、窗台窗顶、阳台面、雨篷底、檐口等各部位的相对标高及详图索引符号等。

6.2.1 课题展示

本任务中,通过绘制一民用住宅立面图(图6-23),进一步了解房屋建筑立面图的有关标准,提高AutoCAD综合绘图能力。图中窗台高900mm,窗高1500mm。门洞高2500mm,阳台栏板高900mm。

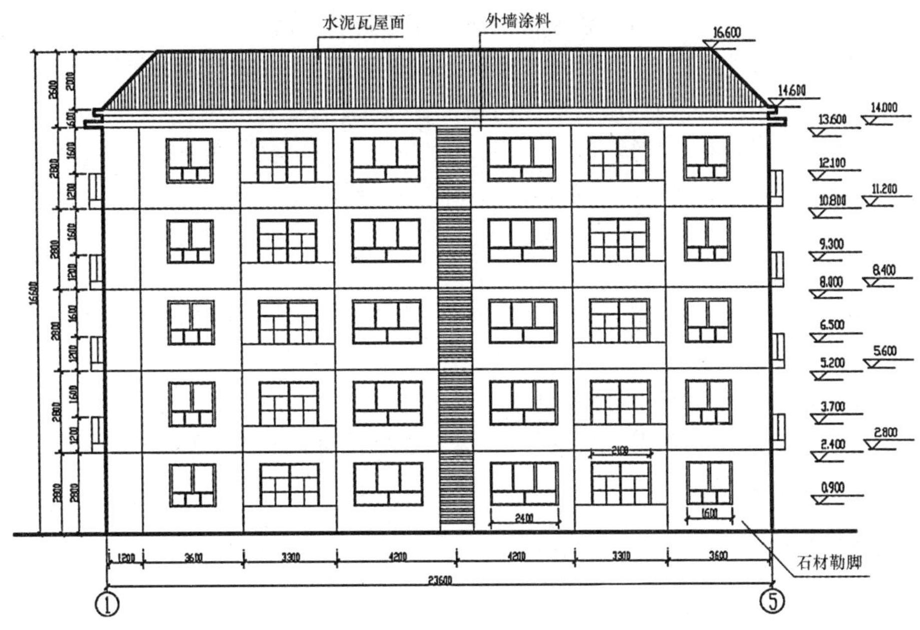

图6-23 建筑立面图

6.2.2 理论知识

1. 立面图绘图特点

(1) 一般按投影关系,画在平面图的上方,与平面图轴线对齐,比例与平面图相同。

(2) 反映建筑物的外形轮廓和各部分配件的形状及相互关系。

(3) 标注外墙各部分的装饰材料和做法以及建筑物外部的标高。

(4) 只画可见轮廓线,不画内部不可见的虚线。

2. 立面图的命名方式

立面图命名有两种形式:有定位轴线的建筑物,宜根据两端的轴线来命名,如①—⑥立面图、Ⓐ—Ⓔ立面图。当没有定位轴线时,可按建筑物的方向命名,如正立面图或南立面图等。

3. 立面图图示内容

1) 定位轴线

在立面图中，一般只标出两端的轴线及其编号，该编号应与平面图一致。图 6-23 中只标注了轴线①和⑤。

2）图线

为增加图面层次，画图时常采用不同的线型：

（1）立面图的外形轮廓用粗实线表示；

（2）室外地坪线用 1.4 倍的加粗实线表示；

（3）门窗洞口、檐口、阳台、雨篷、台阶用中实线表示；

（4）其余线条如墙面分隔线、门窗格子、雨水管以及引出线等均用实线表示。

3）图例

在立面图上，门窗应按规范规定的图例画出。

4）尺寸注写

在立面图上，高度方向尺寸主要用标高表示，一般要标注出室内外地坪、一层楼地面、窗洞口的上下口、女儿墙压顶面、进口平台面及雨篷底面等处的标高。

除了标高、竖向尺寸可不注写，如需注写时，一般可按下列方法标注：最外一道为建筑物的总高度，第二道注楼层间的高度，第三道注门窗的高度，有时还可补充一些局部尺寸。标注标高时，要注意有建筑标高和结构标高之分。建筑标高为包括粉刷层在内的装修完成后的标高，一般用于标注构件的上顶面标高，结构标高为不包括粉刷层的标高及毛面标高，一般用于标注构件的下底面标高。

5）外墙装修做法

外墙面根据设计要求可选用不同材料及做法，在图面上，多选用带有指引线的文字说明。

6）索引符号和详图符号

在施工图中，有时会因所用比例较小无法表示清楚某一局部或某一构件，需要另画详图，用引出线引出索引符号给以索引，并在所画的详图上标注详图符号。索引符号和详图符号必须对应一致，以便查找相互关联的图纸。

6.2.3 操作技能

1. 定义绘图界限和图层参数

由图 6-23 可知，该建筑物长 23.6m，屋顶高 16.6m，可选用 A2 图纸，绘图比例 1∶1，出图比例 1∶100。

单击“图层特性管理器”，建立图 6-24 所示图层。

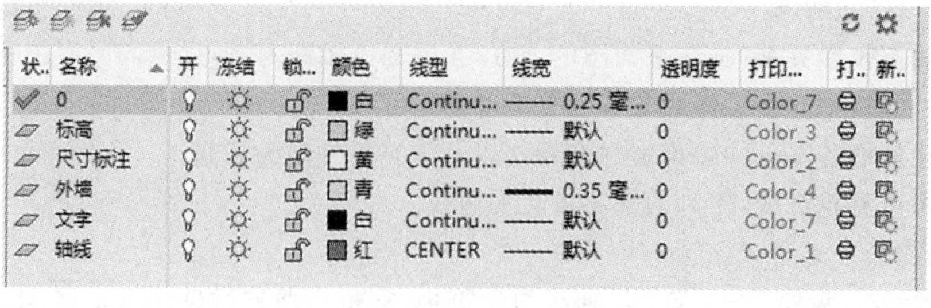

状..	名称	开	冻结	锁...	颜色	线型	线宽	透明度	打印...	打..	新..
✓	0				■白	Continu...	—— 0.25 毫...	0	Color_7		
	标高				□绿	Continu...	—— 默认	0	Color_3		
	尺寸标注				□黄	Continu...	—— 默认	0	Color_2		
	外墙				□青	Continu...	—— 0.35 毫...	0	Color_4		
	文字				■白	Continu...	—— 默认	0	Color_7		
	轴线				■红	CENTER	—— 默认	0	Color_1		

图 6-24　设置图层

2. 绘制立面轮廓和外墙门窗

（1）在“轴线”图层上用“直线”和“偏移”命令绘制定位轴线（只需两端，图 6-25），切换至

"外墙"图层,用"偏移"命令绘制外墙竖向线条(图 6-26)。

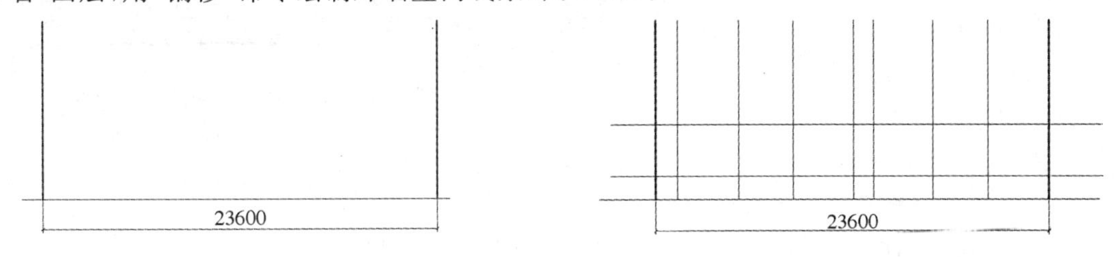

图 6-25　绘制定位轴线图　　　　图 6-26　绘制外墙分隔线

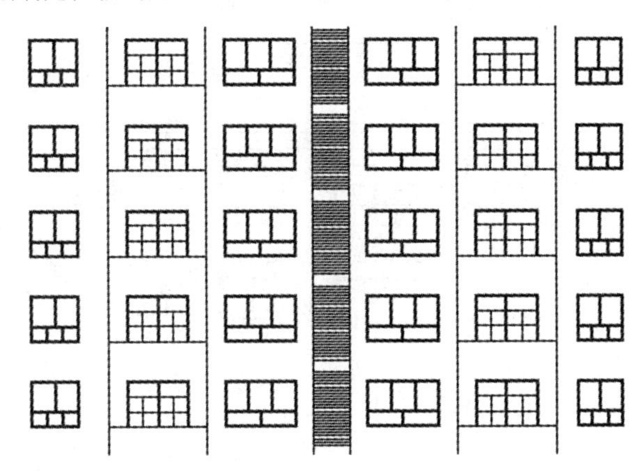

图 6-27　插入门窗图块

(2) 立面窗有 3 种类型,可分别定义 3 种图块,立面门有一种类型,部分高度被阳台栏板遮挡,可与栏板一起定义成图块,并插入外墙立面图(图 6-27)。

3. 绘制屋顶,完成图 6-28 所示图形。

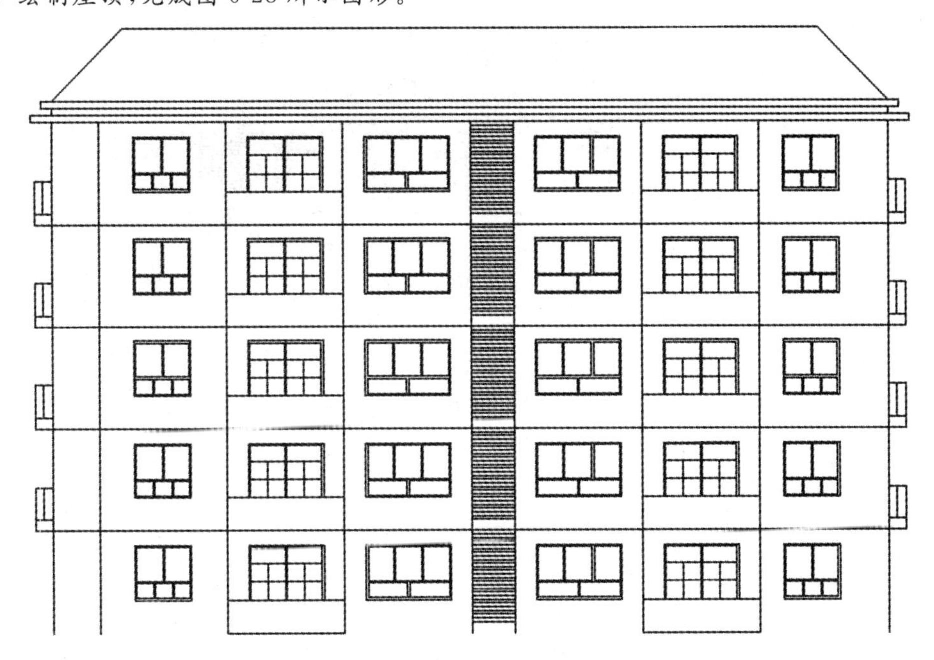

图 6-28　绘制屋顶

4. 设置文字样式并注写文字

(1) 切换至图层“文字”,按建筑制图标准设置文字样式。

(2) 用“单行文字”命令注写文本,效果如图 6-29 所示。应选用 7 号或 10 号仿宋体。比例注写文字应比图名小一号或二号。

15号楼南立面图 1:100

图 6-29 设置文字样式并注写

5. 设置标注样式并标注尺寸

(1) 切换至图层“尺寸标注”,按建筑制图标准设置标注样式。

(2) 按图 6-29 所示尺寸进行标注,效果如图 6-30 所示。

图 6-30 设置标注样式并标注

6. 图案填充

按图 6-24 所示要求,利用“图案填充”(图案名:ANSI31;比例 30;角度 45°)命令,完成屋顶的填充,效果如图 6-31 所示。

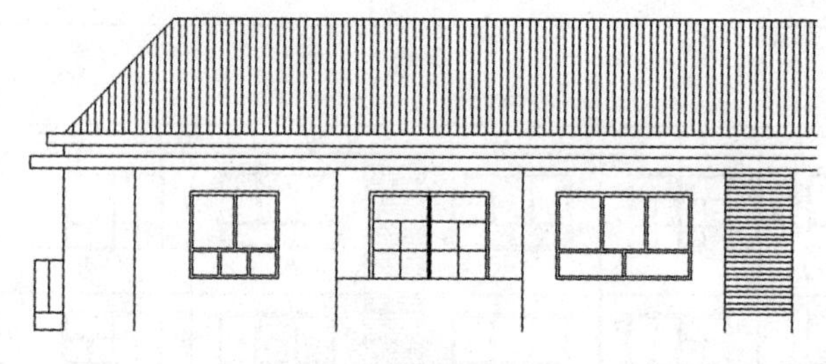

图 6-31 屋顶填充

7. 创建块并插入

(1) 在图层“标高”上绘制标高。单击“绘图”菜单中的“块”的子命令“定义属性”,进行属性设置。其中,设置“标记”为“标高”,“对正”为“中间”,“高度”为 300,指定起点,并将图形移动到合适位置。

(2) 创建图块“标高”并插入,输入相应的高度值(图 6-32)。

(3) 创建图块“定位轴线”并插入到立面图中。

8. 完善图纸

将其余线条补齐,轮廓线设置为粗线,添加室外地平线,删除辅助线,清洁涂面,完成立面图的绘制。

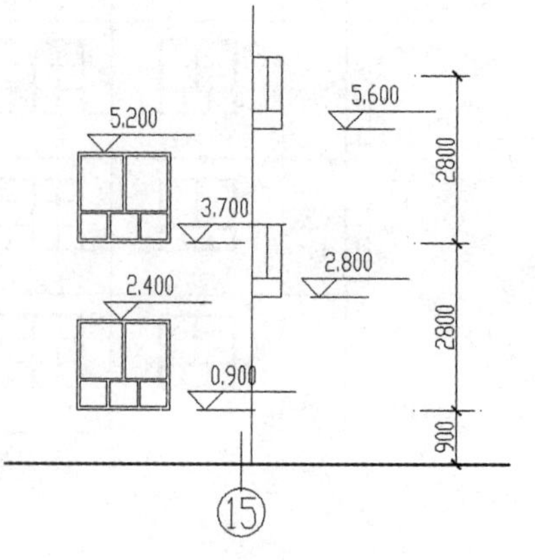

图 6-32 创建并插入标高图块

任务 6.3 建筑剖面图的绘制

建筑剖面图是将建筑物作竖直剖切后所形成的剖视图，主要表示建筑物在垂直方向上各部分的形状、尺寸和组合关系，以及在建筑物剖面位置的层数、层高、结构形式和构造方法。剖视图时的剖切位置，应选择在内部结构比较复杂与典型的部位，并应在通过门窗洞口的位置。

绘制剖面图时，需要借助平面图和立面图，通过辅助线来绘制。绘制辅助线时，可以用构造线和射线，对于较小的图形，也可以用直线。在剖面图中有许多相同结构，可以利用“阵列”、“镜像”和“复制”命令来完成。

6.3.1 学习目的

（1）熟练运用绘图命令和编辑命令。

（2）熟练掌握图形和属性块操作。

（3）掌握二维填充操作。

（4）了解建筑图形的几种视图表现方法。

6.3.2 课题展示

仔细阅读图 6-33 所示建筑底层平面图和图 6-34 所示建筑南立面图，绘制图 6-35 所示 1-1 剖面图。

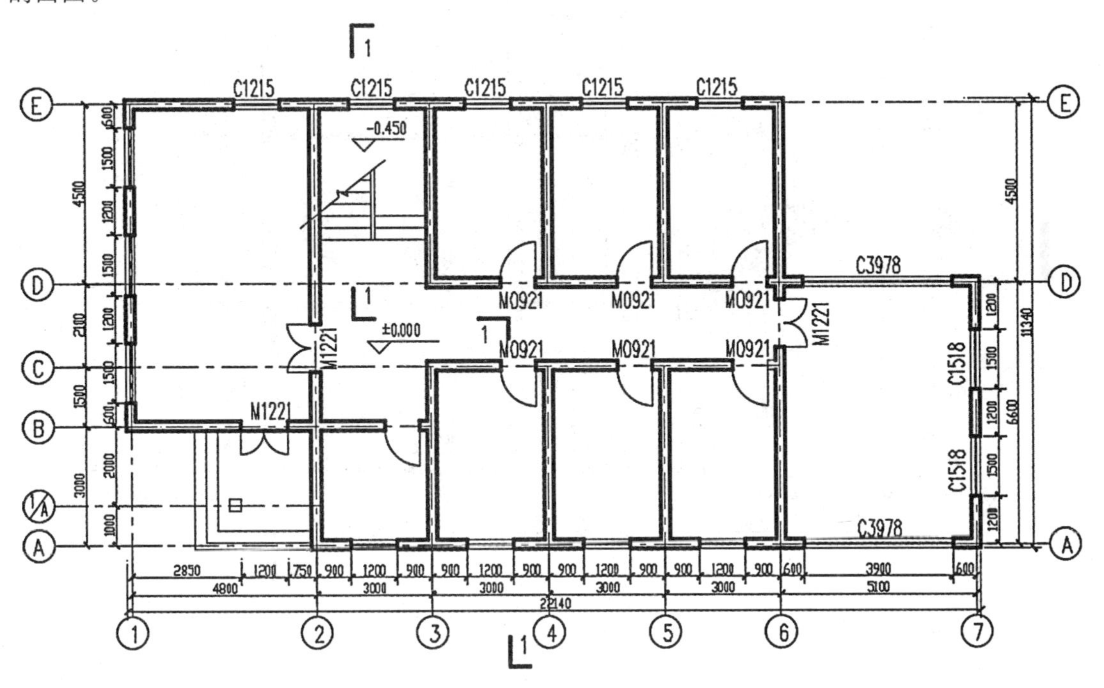

图 6-33 某办公楼底层平面图

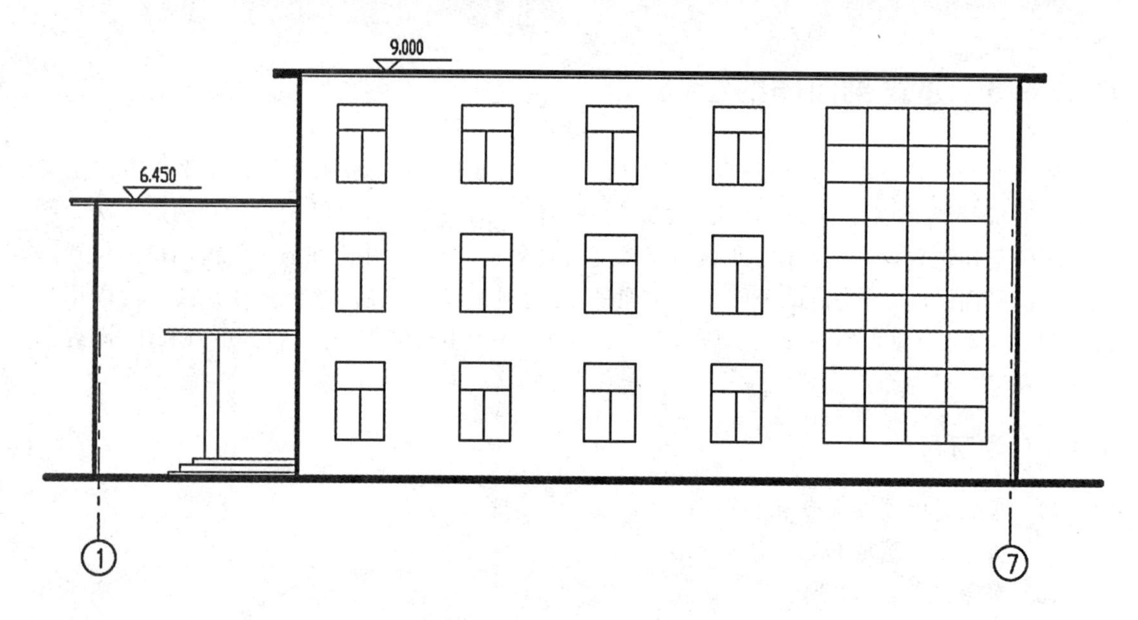

图 6-34　某办公楼南立面图

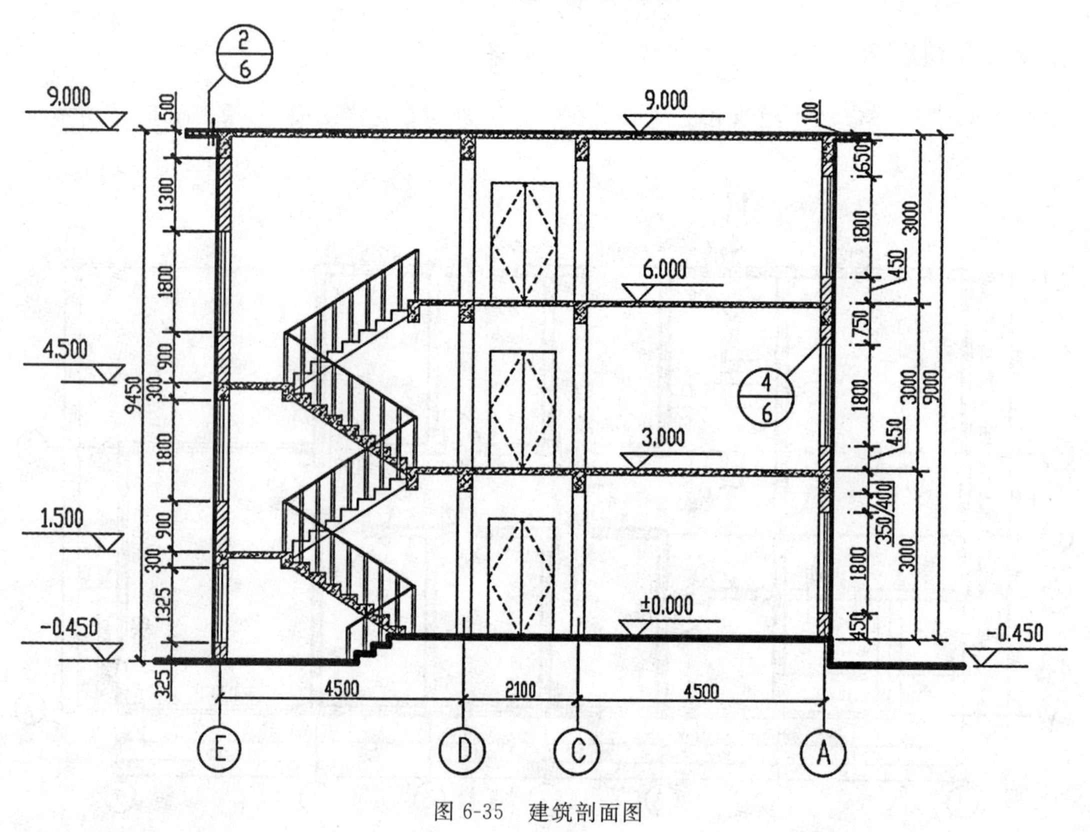

图 6-35　建筑剖面图

6.3.3　理论知识

1. 建筑剖面图绘图特点

剖面图的剖切位置一般选择在能反映房屋全貌、构造特征的有代表性的部位，如通过门厅、楼梯或门窗洞、高低变化较多的地方，并在底层平面图中绘制剖切符号，至于其数量，要视房屋的复杂程度和实际需要确定。

2. 建筑剖面图的图示内容

（1）外墙的定位轴线和编号。应与底层平面图中标注的剖切位置、编号、轴线对应。

（2）剖切到的构配件，未剖切到的可见构配件。

（3）竖直方向的尺寸和标高。外墙一般标注三道尺寸，从外到里分别为建筑物的总高度、层高尺寸、门窗洞口尺寸，此外还有局部尺寸，以注明构配件的形状和位置。标高需要标注的有：室内外地面、各层楼面标高、阳台、台阶、楼梯平台等。

（4）图线要求。室内外地面线用 1.4b 的加粗线表示，剖切到的墙和板等用粗线表示，可见轮廓线用中实线表示，较小的建筑构配件用细实线表示。

（5）剖切到的构件应填充材料符号，如果绘图比例小，钢筋混凝土材料可用“solid”填充。砖墙可以不填充。

（6）如果剖面图上存在表达困难的构件，可用索引符号标识并另绘详图。

3. 剖面图绘图要点

（1）建筑剖面图内容由建筑平面图上的剖切符号位置决定，因此，绘制剖面图前，应在平面图上标明想表达的剖面位置。若单一平面不能完整表达建筑内部构造，可选用两个或两个以上平行剖面剖切后绘制阶梯剖。

（2）剖面图中，被剖切到的楼板等构件可以涂黑也可以不涂黑。涂黑主要是为了强调被剖切的构件，同时使图面更美观。

（3）楼梯的水平投影长度和竖向踏步等尺寸要准确，便于后续结构计算。

（4）剖面图上的墙体无论是否被剖切到，均应标注轴线号，轴线间尺寸也应标注，被剖切到的墙体应填充相应材料图例。

6.3.4 操作技能

（1）由图 6-35 可知，Ⓐ—Ⓔ轴总宽 11.34m，总高 9.45m，可选用 2 号图纸（594mm×420mm），比例 1∶50。

（2）绘制定位轴线、室内外地面线、楼面线、楼梯休息平台面、楼梯踏步起止点，屋面板顶面线等尺寸关键线条（图 6-36）。

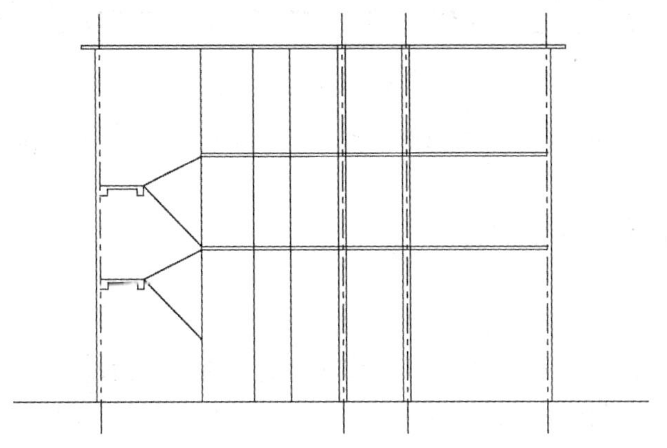

图 6-36 绘制关键构件控制线

（3）画主要构配件。剖切到的墙身、楼板、屋面板、平台板以及它们的面层线、楼梯、梁，以及可见墙面上的门洞轮廓线等。楼梯各个梯段是利用等分两平行线间的距离画平行分隔线的方法绘制的，应该注意，梯段的水平投影长度＝(级数－1)×踏步宽度，梯段的水平方向画踏步数只能是级数－1个，梯段垂直方向画踏步分隔等于踏步级数(图6-37)。

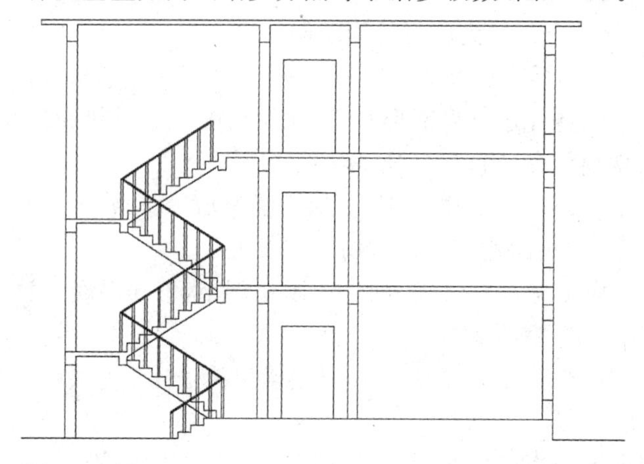

图6-37　绘制剖面主要构配件轮廓

(4)绘制门、窗剖面图例，剖切到的墙体、楼面、屋面填充材料图例。墙体填充图例：ANSI31，比例：30；角度：0°。楼板、屋面板、梯段板填充钢筋混凝土图例，是ANSI31和AR-CONC两种图例组合而成，其中AR-CONC填充比例为1，结果如图6-38所示。

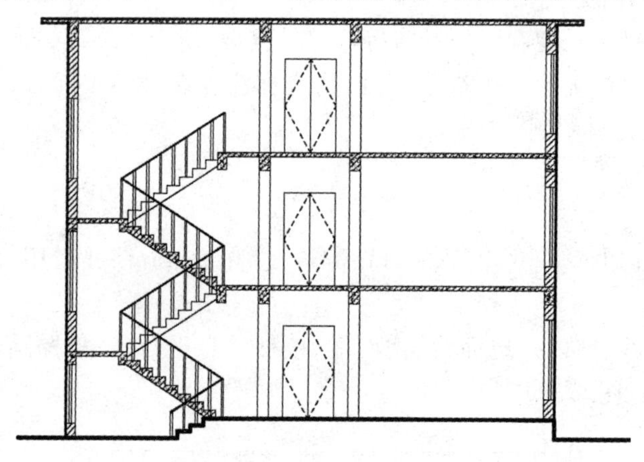

图6-38　添加剖面图例

(5)补充标高、尺寸、索引符号等必要的标注，删除多余线条，可得图形如图6-35所示。

任务6.4　建筑详图的绘制

建筑平面、立面、剖面图是建筑施工图中最基本的图样，它们反映了建筑物的全局，但由于它们采用的比例较小，因而建筑物的某些细部及构配件的详细构造及尺寸无法清楚地表达，需要另外绘制大比例的图样作为补充。这种局部放大比例的图样称为详图。

6.4.1　学习目标

(1)熟悉建筑详图的表达内容、表达方式。

(2)掌握建筑详图绘图要点。

6.4.2 课题展示

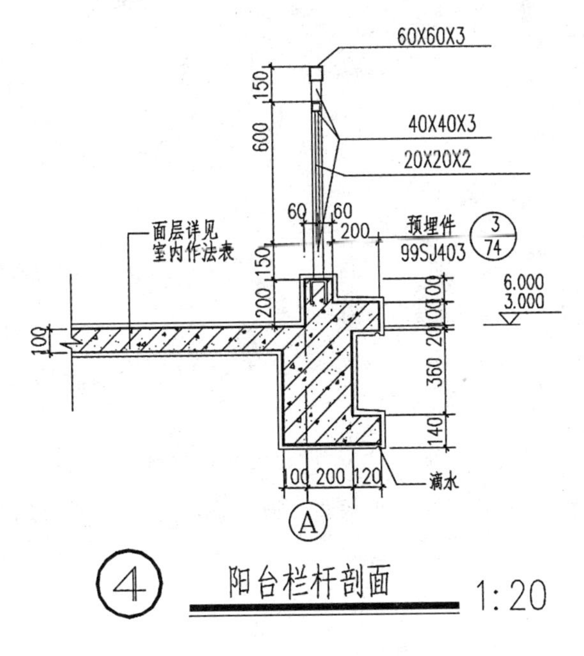

图 6-39　建筑详图

6.4.3 理论知识

详图的数量及表示方法，应根据构配件的复杂程度而定。有时仅仅是平面、立面、剖面图中某个细部的放大，有时则取要画出剖面或断面图，或需要多个视图或剖面(断面)图共同构成某一构配件的详图。

建筑详图可以是完整图形，也可以是不完整图形。

为了在详图中做到尺寸标注齐全，图文说明详尽、清晰，详图常用 1∶1、1∶2，1∶5，1∶10，1∶20，1∶50 等较大比例绘制。

详图必须注明详图符号，名称和比例，与被索引的图样上的索引符号对应，以方便对照阅读。

建筑详图的图线要求：剖切到的建筑构配件的断面轮廓线用粗实线表示，可见构配件的轮廓线用中实线表示，材料图例用细实线表示。

若建筑详图与平面、立面、剖面图共用一张图纸，考虑到图纸整洁、美观、统一，图形绘制完毕后，应将详图放大，并新增尺寸标注样式用于放大后的详图标注。新增尺寸标注样式需调整“测量单位比例因子”，如图 6-40 所示。如图形放大 4 倍，比例因子则为 1/4＝0.25。

6.4.4 操作技能

1. 新建文件，设置绘图环境

设定绘图单位、图形界限、图层、线型、尺寸标注及文字样式等。设置轴线所在图层作为当前图层。

2. 绘制主要轮廓控制线

由图 6-39 可知，主要轮廓线围绕轴线 A 展开。先在绘图窗口任意位置绘制竖向直线作为

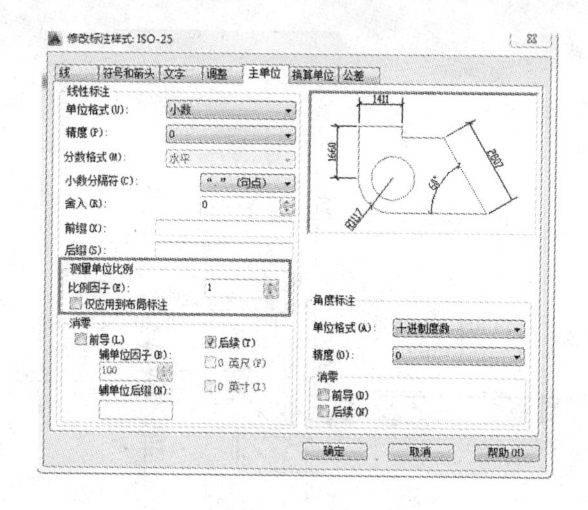

图 6-40　标注"比例因子"修改

A 轴,再绘制水平直线作为详图高度方向参照。其余高程上轮廓线可用"平移"命令复制,如图 6-41 所示。

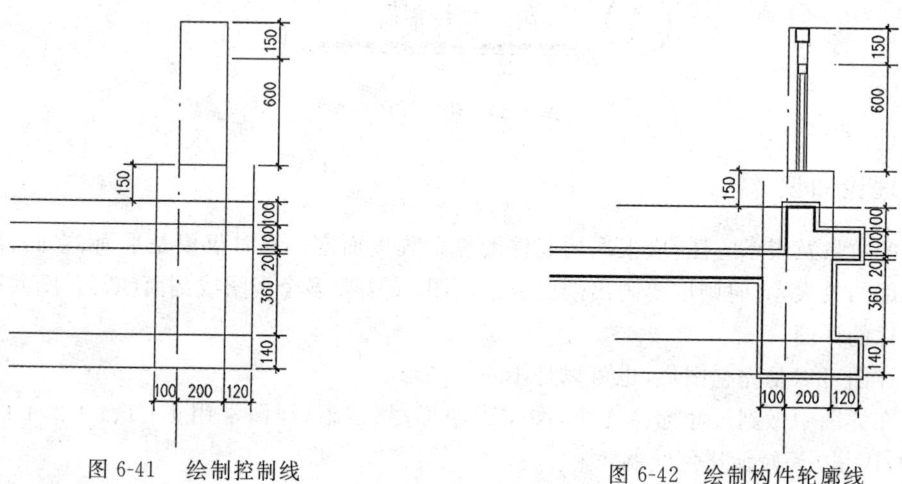

图 6-41　绘制控制线

图 6-42　绘制构件轮廓线

3. 绘制构件轮廓线,添加面层线

按照房屋建筑制图标准(GBT 50104-2010),比例大于 1:50 时,剖面图和详图内应绘制建筑装饰面层线,面层线用细实线表示,结果如图 6-42 所示。

4. 缩放图形,标注轴线,标注尺寸

由图 6-39 可知,图形比例应为 1∶20。利用缩放命令,将图 6-42 放大 5 倍,并将图 6-40 所示"比例因子"设置为 0.2,对图形添加轴线、标高及尺寸标注符号,如图 6-43 所示。一定要注意,阳台外侧突出部分底面要画出滴水。

5. 图案填充,添加索引符号

剖面材料为钢筋混凝土,填充图案可选用 ANSI31(比例:20,角度 45°)和 AR-CON(比例:20)。

6. 清洁图面,完善图形

结果如图 6-44 所示。

6.4.5　拓展提高

建筑详图是某些构件整体或局部细部构造及主要节点做法的表达,如屋檐、窗台等。应从

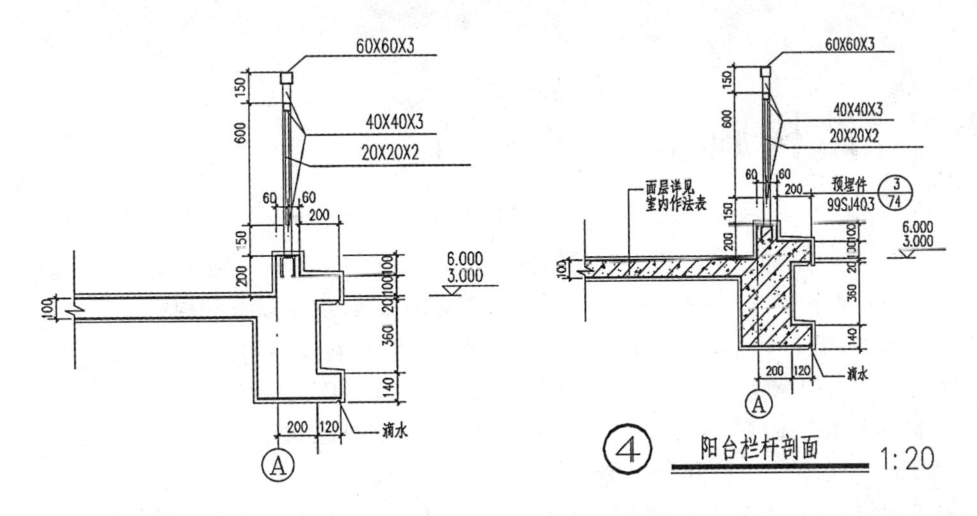

图 6-43　缩放图形

图 6-44　图案填充及索引符号

立面或剖面图做剖切索引后再绘制图形，如图 6-45 所示，索引符号和详图符号应按建筑制图统一标准绘制。

索引符号是直径为 10mm 的圆和水平直径组成的图形，以细实线绘制。详图符号是直径为 14mm 的圆，用粗实线绘制。

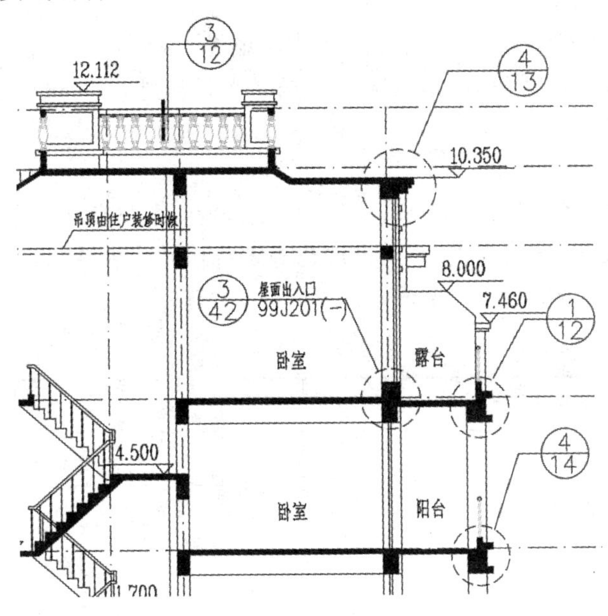

图 6-45　索引符号

建筑工程施工图是用平面图、立面图、剖面图、详图等一系列图纸来共同表达设计并指导施工的，是一个完整的系统。要全面深刻地认识它们，必须把平、立、剖、详图等图纸综合地阅读，各图样之间相互对照，才能深刻完整地认识它们。

项目 7　结构施工图的绘制

在房屋建筑工程中，建筑施工图表示房屋的内部布局、外形、建筑构造以及内外装修等内容。在房屋中起承重作用的结构构件，如基础、梁、板等的布置、类型以及结构构造等内容是由结构施工图表示的，用来表达建筑物承重构件的布置、形状、材料及其相互关系。

根据建筑工程结构承重系统所用的材料，常用的结构体系有：混合结构、钢筋混凝土结构和钢结构。本书主要讲述钢筋混凝土结构施工图的绘制。包括结构设计说明、基础图、结构平面图、构件配筋详图以及其它详图等。

结构施工图统一按《建筑结构制图标准》(GB/T 50105—2010)和《混凝土结构施工图平面整体表示方法制图规则和构造详图》(11G101-1)绘制。具体要求如下：

1. 图线

(1) 结构平面图详图中剖到或可见墙身轮廓线，基础轮廓线等均为中粗线。

(2) 可见的钢筋混凝土构件的轮廓线、尺寸线、轴线、标注引出线、标高符号、索引符号为细线。

(3) 结构平面图中不可见的构件轮廓线为中粗虚线。

(4) 除顶层外，剖到的柱截面应填充材料符号。若比例过大，可选用“Solid”填充。顶层结构平面图中，柱截面表示空心，粗线。

2. 构件代号

房屋建筑结构的基本构件，如梁、板、柱等种类繁多，布置复杂。为了图示简明清晰，并把构件区分清楚，便于施工、制表和查阅，国家规范规定将构件的名称用代号表示。构件代号通常为构件类型的汉语拼音的第一个字母，常用构件见表 7-1。

表 7-1　常用构件代号

序号	名称	代号	序号	名称	代号
1	板	B	8	框架梁	KL
2	屋面板	WB	9	连系梁	LL
3	楼梯板	TB	10	基础梁	JL
4	屋面梁	WL	11	框支梁	KZL
5	圈梁	QL	12	框架柱	KZ
6	过梁	GL	13	构造柱	GZ
7	阳台	YT	14	承台	CT

3. 钢筋符号

钢筋按钢材品种分成不同的等级，分别用不同的直径符号表示，常用钢筋符号见表 7-2。

表 7-2　　常用钢筋符号

钢筋等级	钢材品种和外形	符号
Ⅰ级钢筋	Q235 光圆钢筋	Φ
Ⅱ级钢筋	Q345 人字纹钢筋	Φ
Ⅲ级钢筋	25MnSi 人字形钢筋	Φ
Ⅳ级钢筋	圆和螺纹钢筋	Φ
Ⅴ级钢筋	螺纹钢筋	Φ^{t}
冷拔低碳钢丝		Φ^{b}

任务 7.1　结构平面图的绘制

7.1.1　学习目标

（1）掌握结构平面图绘制主要内容、要点。

（2）掌握 16G101-1 平法图集标注结构平面图的方式。

7.1.2　课题展示

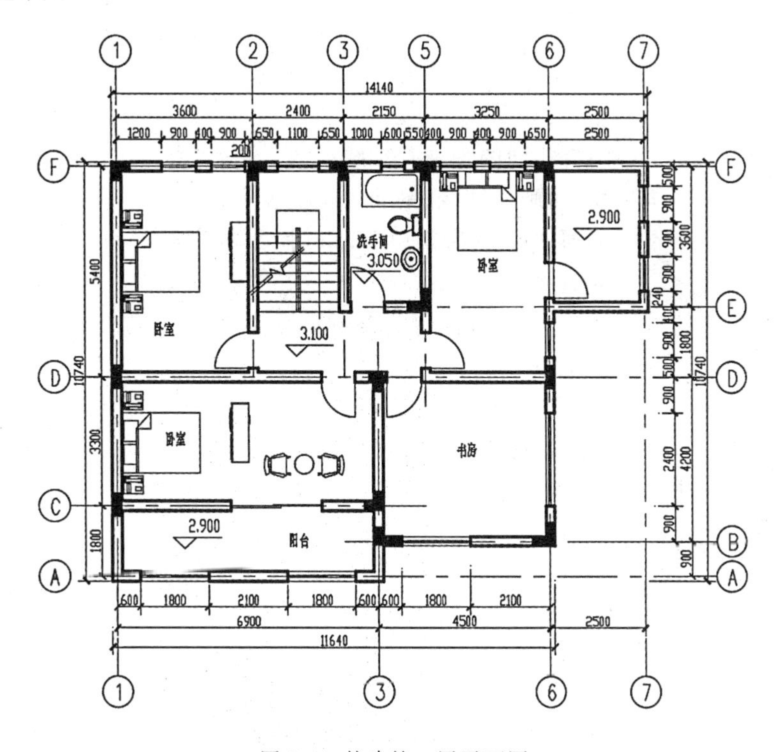

图 7-1　某建筑二层平面图

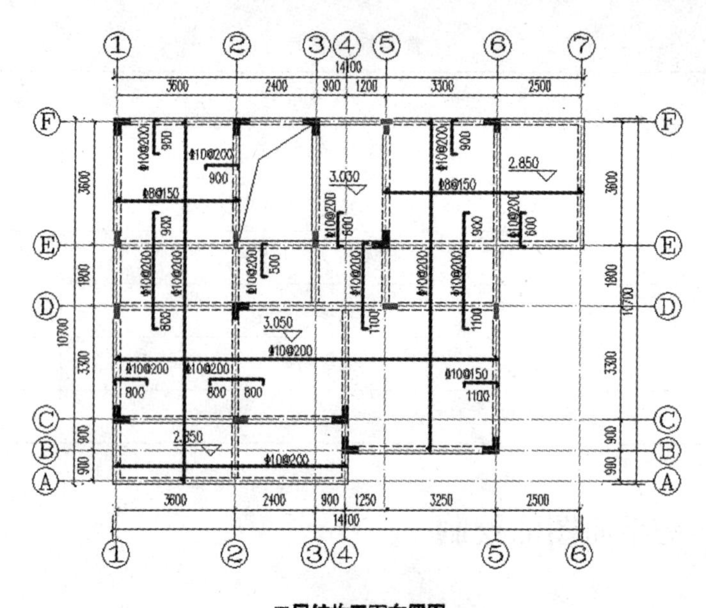

图 7-2 结构平面布置图(现浇板)

7.1.3 理论知识

1. 绘图要点

结构平面布置图表示承重构件的布置、类型和数量,相当于在该层墙脚处的一个水平剖面。绘图要点如下:

(1) 结构图与建筑平面图有相同的轴网及轴线编号。

(2) 剖到的墙身不画粗线,而画成细线;钢筋用粗线表示。

(3) 剖到的标准层钢筋混凝土柱应涂黑(用 Solid 图案填充),屋面层柱则用粗实线矩形表示。

(4) 结构标高不含楼面装修层,应标注钢筋混凝土板实际标高;同一楼层不同结构标高构件应分别标注,如洗手间楼板、梁等。

(5) 应标明各种梁、洞口与定位轴线间的距离。

(6) 楼板透明,板底梁为虚线,楼板不填充材料图例。

(7) 楼梯一般另出详图,所以,在结构平面图上不具体表示。

2. 插入外部参照

1) 命令调用方法

(1) 下拉菜单:单击"插入→外部参照"。

(2) 命令行:externalreferences。

2) 功能

把已有的其他图形文件链接到当前图形文件中。参照图形一旦被修改,当前图形会自动进行更新。适于多个设计者的协同工作。

3) 操作及选项说明

执行"外部参照"命令后,系统会弹出如图 7-3 所示对话框。

图 7-3　外部参照对话框

“外部参照”对话框将组织、显示并管理参照文件，例如 DWG 文件(外部参照)、DWF、DWFx、PDF 或 DGN 参考底图、光栅图像和点云(在 AutoCAD LT 中不可用)。只有 DWG、DWF、DWFx、PDF 和光栅图像文件可以从“外部参照”选项板中直接打开。

附着：将文件附着到当前图形。从列表中选择一种格式以显示“选择参照文件”对话框。

刷新：刷新列表显示或重新加载所有参照以显示在参照文件中可能发生的任何更改。

更改路径：修改选定文件的路径。您可以将路径设置为绝对或相对。如果参照文件与当前图形存储在相同位置，您也可以删除路径。

点击“附着”选项，系统将弹出如图 7-4 所示“附着外部参照”对话框。可调整被插入对象 X 向、Y 向、Z 方向比例、角度等。

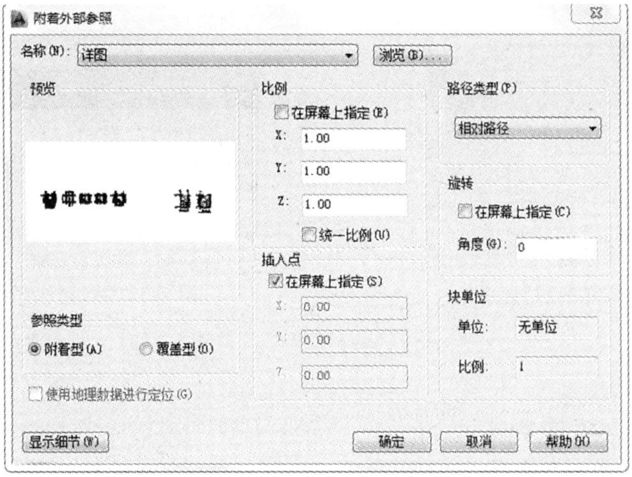

图 7-4　“附着外部参照”对话框

插入外部参照后，该参照可作为一个整体在当前文件中显示，但用户尚不能编辑。

3. 管理外部参照

对已经引用的外部参照还需修改，则可使用以下几种方式进行编辑：

工具栏：参照→外部参照

下拉菜单：插入→外部参照

命令行：XREF

快捷菜单：在绘图区域选择外部参照，右击鼠标，选择“外部参照”命令。

系统自动执行该命令，打开如图 7-5 所示的“外部参照”选项板。各命令含义如下：

(1) 打开：在新建窗口中打开选定的外部参照进行编辑。“外部参照管理器”对话框关闭后，选定的外部参照将在新建的文件中打开。

(2) 附着：将选中的文件附着在当前图形中。

(3) 卸载：将选中的文件不在当前文件中显示。卸载不是删除外部参照，而是控制其在当前文件中的可见性。

(4) 重载：若外部参照被修改，则系统将在当前文件中提醒该文件要“重载”。单击该按钮后系统将重新读取并显示最新保存的参照图形。

(5) 拆离：从图形中删除选中的外部参照。只能拆离直接附着或覆盖到当前图形中的外部参照，而不能拆离嵌套的外部参照。无法拆离由另一外部参照引用的外部参照块。

(6) 绑定：单击该按钮后将显示“绑定外部参照”对话框，如图 7-6 所示。“绑定”选项使选定的外部参照成为当前图形的一部分。可分解后对其进行编辑。

(7)外部参照引用后可修改其名字，路径。

图 7-5 “外部参照”选项板

图 7-6 “绑定外部参照”对话框

7.1.4 操作技能

1. 新建文件，插入外部参照

结构图可利用建筑图已经设置的图层、线型、轴网、已绘制的楼板等构件。执行“插入(外部参照”，即可在当前文件中插入如图 7-1 所示建筑平面图。

2. 保留轴网、柱、墙、楼板等元素，删除其余元素。建筑标高修改为结构标高。楼梯间另用详图表示，结构图中用洞口图例表示。结果如图 7-7 所示。

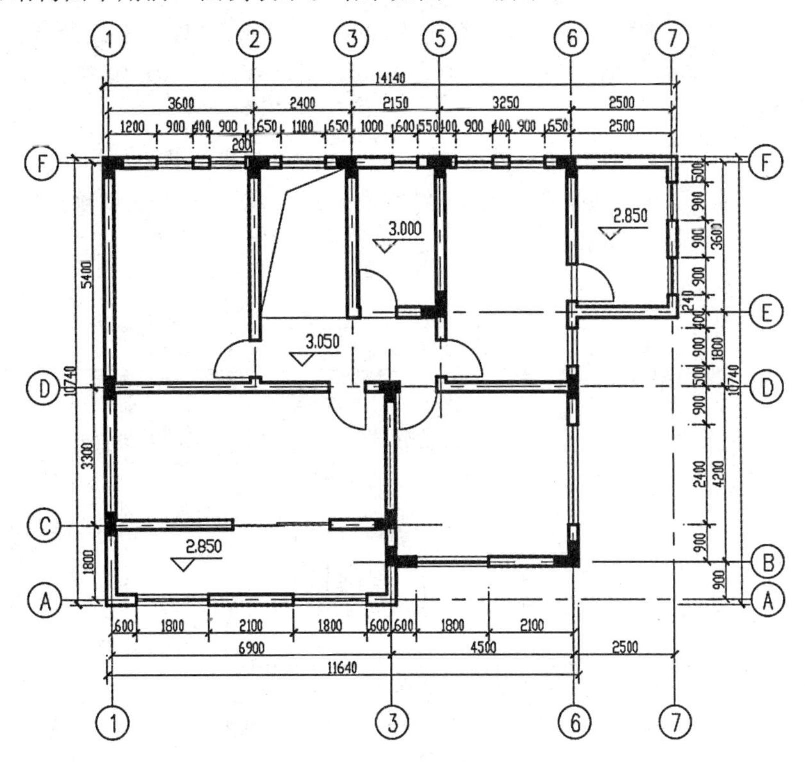

图 7-7　建筑平面布置图

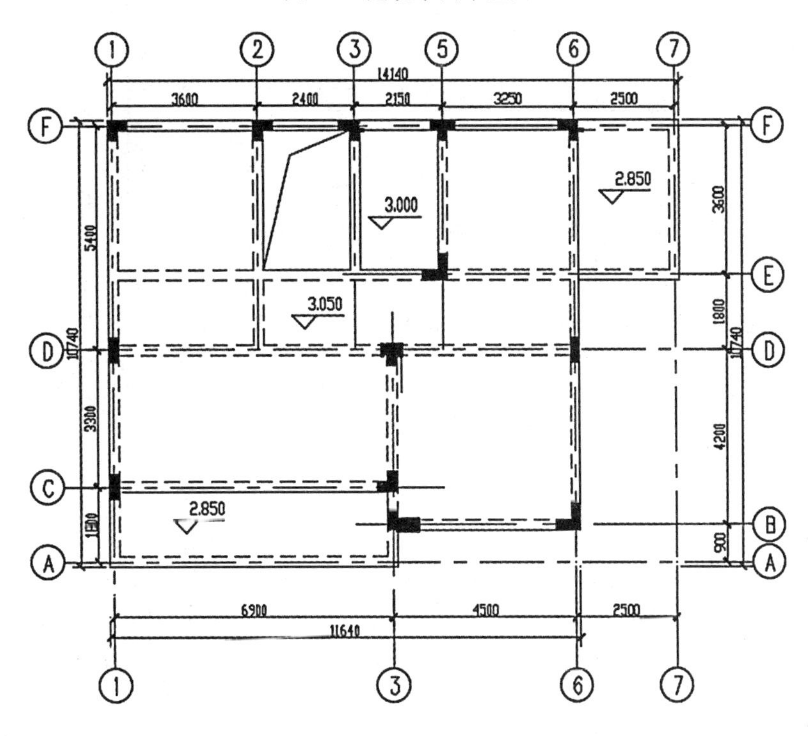

图 7-8　梁布置图

3. 绘制梁线

结构平面布置图中,钢筋混凝土梁一般用虚线表示,因此,可以用多线绘制。根据梁宽设置不同多线。建筑平面布置墙体处,板底均应布置梁,用于承重。结果如图 7-8 所示。

4. 绘制楼板钢筋

板内钢筋用粗线绘制。应分别配置沿 X 向、Y 向板顶和板底钢筋,板顶钢筋主要配置在板块支座,90°弯折向下,板底钢筋端部用 45°斜线表示断点,斜线长度无明确要求。

板内钢筋直径、间距、伸出梁边长度均应标注。结果如图 7-9 所示。

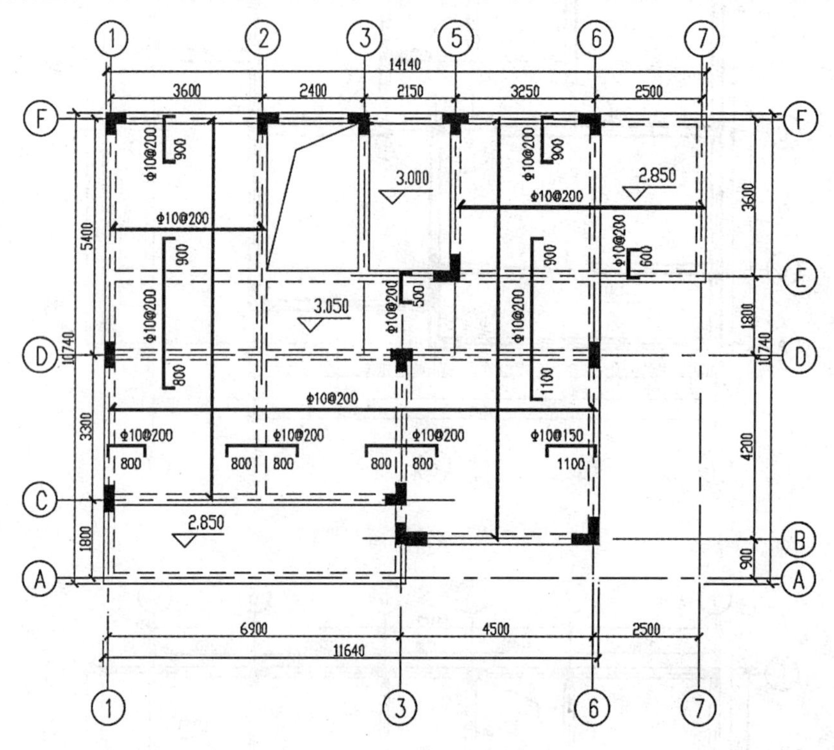

图 7-9　结构平面布置图(板钢筋)

5. 完善图形

(1) 结构图无需标注墙体内各构件尺寸,因此尺寸标注以 2 道尺寸为主;

(2) 加入图名,比例,说明等;

(3) 注明板厚。

结果如图 7-2 所示。

7.1.5　拓展提高

外部参照与块相似,但它们的主要区别是:一旦插入了块,该块就永久性地插入到当前图形中,成为当前图形的一部分。而以外部参照方式将图形插入到某一图形(称之为主图形)后,被插入图形文件的信息并不直接加入到主图形中,主图形只是记录参照的关系,如参照图形文件的路径等信息。另外,对主图形的操作不会改变外部参照图形文件的内容。当打开具有外部参照的图形时,系统会自动把各外部参照图形文件重新调入内存并在当前图形中显示出来。

应注意:外部参照必须是模型空间对象,且不能引用图形自身作为外部参照。

若引入的外部参照是 *.dwg 图形,由于参照图形本身设置了多项格式属性,如文字样

式、标注样式、图层、线型等，引入后，参照图形文件中的各项属性均加入目标文件，新增的格式均为“原参照文件名|原文件中格式名”，例如新增图层将显示为“原参照文件名|原文件中图层名”。这样目标文件的格式属性会大量增加，文件会显得特别臃肿。若想清理格式属性，必须先将引入的参照图形“绑定”，再用“清理”命令删除不需要的图层及格式。

参照被绑定之后，新增格式变为“原参照文件名 n 原文件中格式名”，其中 n 为相同格式的数目，若被引入的参照文件中有一个图层名与当前图形文件图层相同，则该图层将显示为“原参照文件名 1 原文件中格式名”。

“绑定”之后的参照图形相当于图形中插入的块对象，可分解后进行编辑。但源参照文件修改后，当前图形并不提示进行相应重载。

任务 7.2　结构详图的绘制

结构平面图常用比例小，所以，只能表示承重构件的布置情况，而各构件的形状、大小、材料、连接情况以及具体构造等均需要用较大比例的图样画出，这就是结构详图。

7.2.1　学习目标

(1) 掌握绘制结构施工图的一般规定。

(2) 掌握结构详图绘制要点。

(3) 掌握圆环命令。

7.2.2　课题展示

如图 7-10 所示。

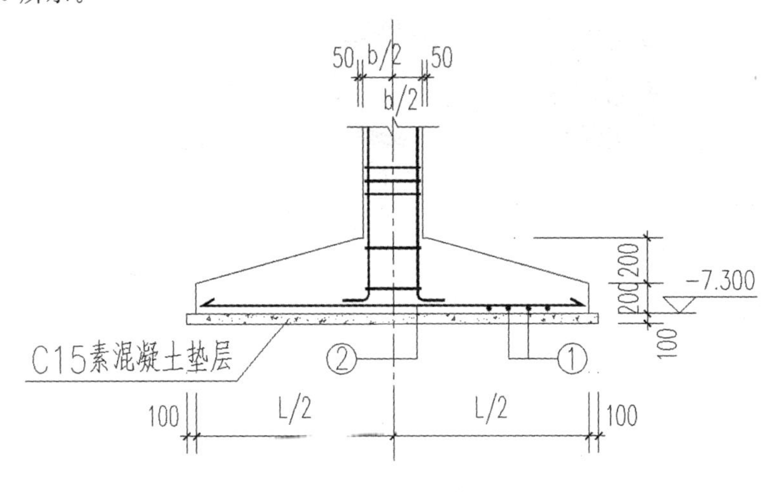

图 7-10　基础详图

7.2.3　理论知识

1. 结构详图绘制要点

(1) 详图一般采用垂直断面图，常用比例 1∶10，1∶20，1∶25。

(2) 结构详图中，剖切到的断面若为钢筋混凝土，则不填充材料符号。砖墙应填充材料符号。素混凝土也应填充材料符号。

(3) 钢筋用粗线表示,其余线条全为细线。

(4) 标高单位为 m,其余尺寸均为 mm。

(5) 详图应标明定形、定位尺寸。

2. 圆环

1) 命令调用方法

(1) 工具栏:绘图→圆环。

(2) 下拉菜单:绘图→圆环。

(3) 键盘命令:DONUT。

2) 功能

圆环是填充环或实体填充圆,即带有宽度的闭合多段线。

3) 操作及选项说明

命令:DONUT

指定圆环的内径<默认值>:

指定圆环的外径<默认值>;

指定圆环的中心点或<退出>:

(1) 若指定内径为零,则画出实心填充圆(图 7-11(a))。

(2) 在系统默认情况下,所绘制的圆环处于填充模式,即圆环部分为黑色,为填充圆环(图 7-11(b))。可以用命令 FILL 来可以控制圆环是否填充,具体方法是:

命令:FILL

输入模式[开(ON)/关(OFF)]<开>:(选择 ON 表示填充,选择 OFF 表示不填充,如图 7-11(c)所示)。

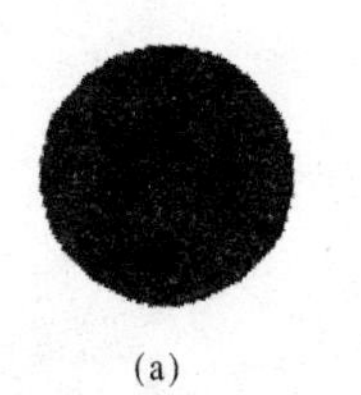

(a)

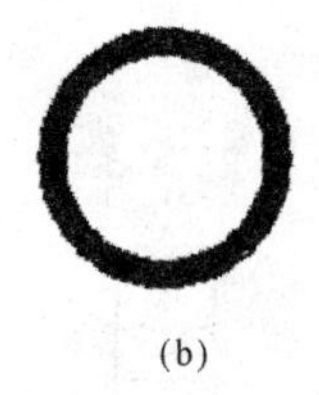

(b)

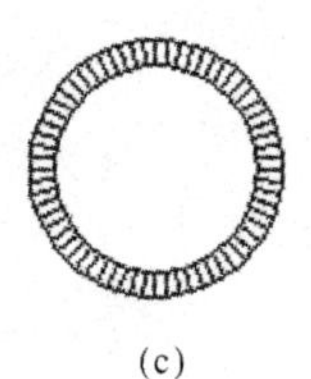

(c)

图 7-11　绘制圆环

7.2.4 操作技能

(1) 新建文件,设置绘图参数。设置 5 个图层:轴线、尺寸标注、文字、钢筋、轮廓线、标高。设置“钢筋”图层线宽 0.35。

加载线型:Center。

定义 3#图纸(420×297)。

(2) 按如图 7-12 所示尺寸绘制各部件轮廓(图 7-12)。

(3) 选择钢筋所在位置直线,切换至“钢筋”图层,并编辑。

命令:DONUT

指定圆环的内径<默认值>:0　　　　//指定内径为 0,即为实心

指定圆环的外径<默认值>;120　　　//指定外径 120

指定圆环的中心点或<退出>:　　　//在绘图点击 4 次,绘制 4 个圆环

结果如图 7-13 所示。

(4) 切换至“轮廓线”图层，填充垫层素混凝土图案(AR-CON，比例 1∶5)。

(5) 标注尺寸、添加文字、标高等。

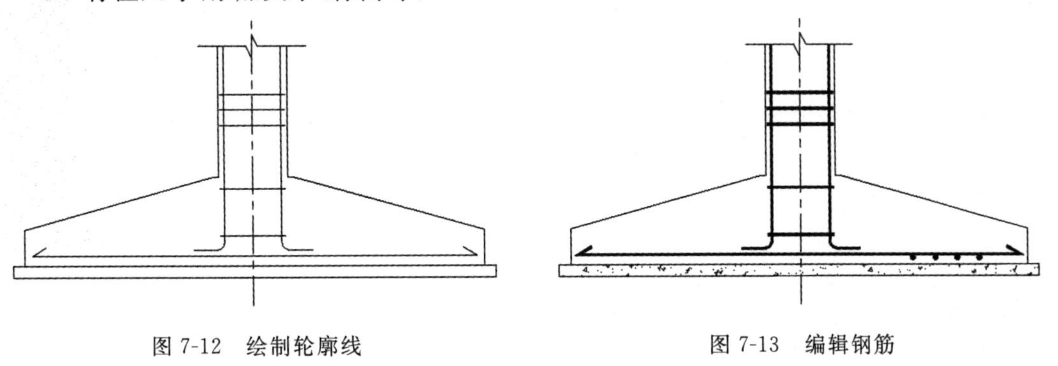

图 7-12 绘制轮廓线

图 7-13 编辑钢筋

项目 8 简单三维体的绘制

绘制三维图形前，应将工作空间切换至“三维基础”或“三维建模”工作空间。

任务 8.1 三维绘图常用工具

1. 三维导航工具

切换工作空间后，在绘图区域右侧会自动弹出如图 8-1 所示工具栏，三维导航工具允许用户从不同的角度、高度和距离查看图形中的对象。

全导航控制盘将在二维导航控制盘、查看对象控制盘和巡视建筑控制盘上的找到的二维和三维导航工具组合到一个控制盘上。全导航控制盘(大和小)包含常用的三维导航工具，用于查看对象和巡视建筑。当显示其中一个全导航控制盘时，您可以按住鼠标中间按钮进行平移、滚动滚轮按钮进行放大和缩小，以及按住 SHIFT 键的同时按住鼠标中间按钮来动态观察模型。

全导航控制盘(大)按钮具有以下选项：

(1) 缩放：调整当前视图的比例。

(2) 回放：恢复上一视图。通过单击并向左或向右拖动，可以向后或向前移动。

(3) 平移：通过平移重新放置当前视图。

(4) 动态观察：绕固定的轴心点旋转当前视图。

(5) 中心：在模型上指定一个点以调整当前视图的中心，或更改用于某些导航工具的目标点。

(6) 漫游：模拟在模型中的漫游。

(7) 环视：回旋当前视图。

(8) 向上/向下：沿模型的 Z 轴滑动模型的当前视图。

图 8-1 三维导航工具　　　图 8-2 全导航控制盘

2. 三维视图

创建和编辑三维对象时，可从模型空间的任一点查看三维模型的平行投影，即基于当前 UCS 的 XY 平面的平行投影，当需要确定模型空间中的点或角度时，可选择系统预设的三维视图方式。在“视图”菜单中选择“三维视图”(图 8-3)或打开三维导航菜单(图 8-4)，能使用系统默认的几种三维视图方式。若默认视图方式不能满足要求，则可用“视点预置”以及“视点”

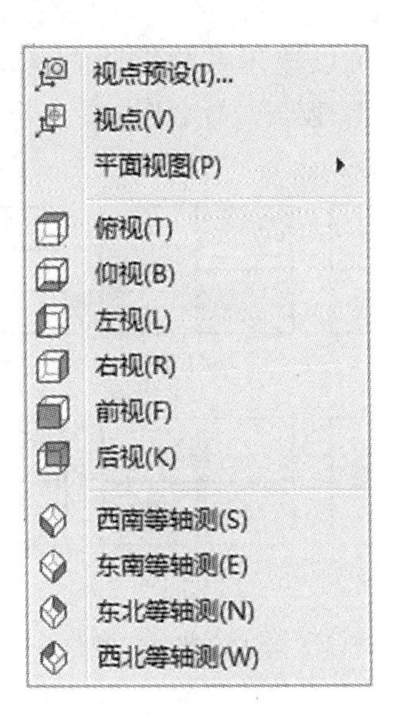

图 8-3　三维视图下拉菜单

图 8-4　三维视图工具栏

重新设置。

对话框中的左图用于设置原点和视点之间的连线在 XY 平面的投影与 X 轴正向的夹角；右面的半圆形图用于设置该连线与投影线之间的夹角，在图上直接拾取即可。也可以在“X 轴”“XY 平面”两个文本框内输入相应的角度。

单击“设置为平面视图”按钮，可以将坐标系设置为平面视图。默认情况下，观察角度是相对于 WCS 坐标系的。选择“相对于 UCS”单选按钮，可相对于 UCS 坐标系定义角度。

若选择“视点”，用户可直接用鼠标在绘图区域指定空间点，作为当前视图角点。

3. 视口

在“模型”选项卡上，可将绘图区域拆分成一个或多个相邻的矩形视图，称为模型空间视口。

视口是显示用户模型的不同视图的区域。使用“模型”选项卡，可以将绘图区域拆分成一个或多个相邻的矩形视图，称为模型空间视口。在大型或复杂的图形中，显示不同的视图可以缩短在单一视图中缩放或平移的时间。而且，在一个视图中出现的错误可能会在其他视图中表现出来。

在“模型”选项卡上创建的视口充满整个绘图区域并且相互之间不重叠。在一个视口中做出修改后，其他视口也会立即更新。

使用模型空间视口，可以完成以下操作：

(1) 平移、缩放、设置捕捉栅格和 UCS 图标模式以及恢复命名视图。

(2) 用单独的视口保存用户坐标系方向。

(3) 执行命令时，从一个视口绘制到另一个视口。

(4) 为视口排列命名，以便在“模型”选项卡上重复使用或者将其插入布局选项卡。

可以通过拆分与合并方便地修改模型空间视口。如果要将两个视口合并，则它们必须共享长度相同的公共边。

在“视图”菜单中选择“视口”，可以选用系统默认的视口方式，主要有：一个视口、两个视口、三个视口、四个视口等。也可“新建”或“命名”视口。若想恢复到单个视口，直接点击“合并”即可。图 8-5 为几种默认视口形式。

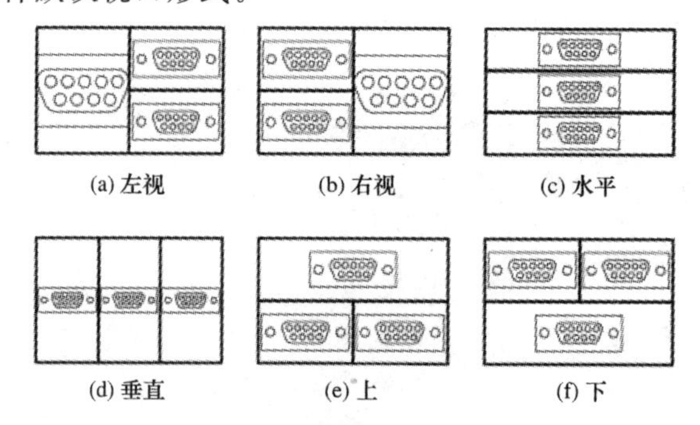

图 8-5　默认模型空间视口配置

4. 视觉样式

视觉样式是一组设置，用来控制视口中边和着色的显示。在“视图”菜单中选择“视觉样式”(图 8-6)可更改三维图形的显示特性，也可直接使用视觉样式工具条直接设置(图 8-7)。视觉样式中“真实”显示的是已定义的材质，若未定义，则为系统默认 GLOBAL 材质。点击“管理视觉样式”，则会弹出“视觉样式管理器”对话框，可对各种视觉样式参数进行修改。一旦应用了视觉样式或更改了其设置，就可以在视口中查看效果(图 8-8)。

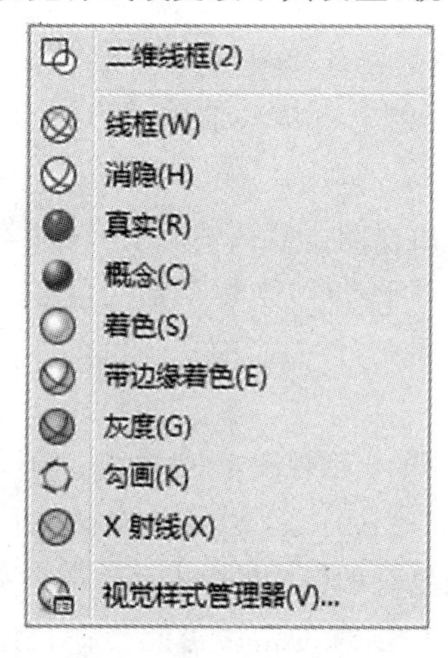

图 8-6　“视觉样式”菜单

图 8-7　“视觉样式”工具条

5. 创建实体模型

各种三维建模方式中，实体的信息最完整，歧议最少。AutoCAD 提供了三种创建三维实体对象的方法：

(1) 根据基本实体创建，如长方体、圆柱体等。

(2) 沿路径拉伸二维对象。

(3) 绕旋转轴旋转二维对象。

采用各种方式创建实体后，还可以组合这些实体来创建更复杂的形体。所有创建实体的命令均可在下拉菜单“绘图→建模”中调用(图 8-9)，也可在“建模”工具条上直接点击(图 8-10)。

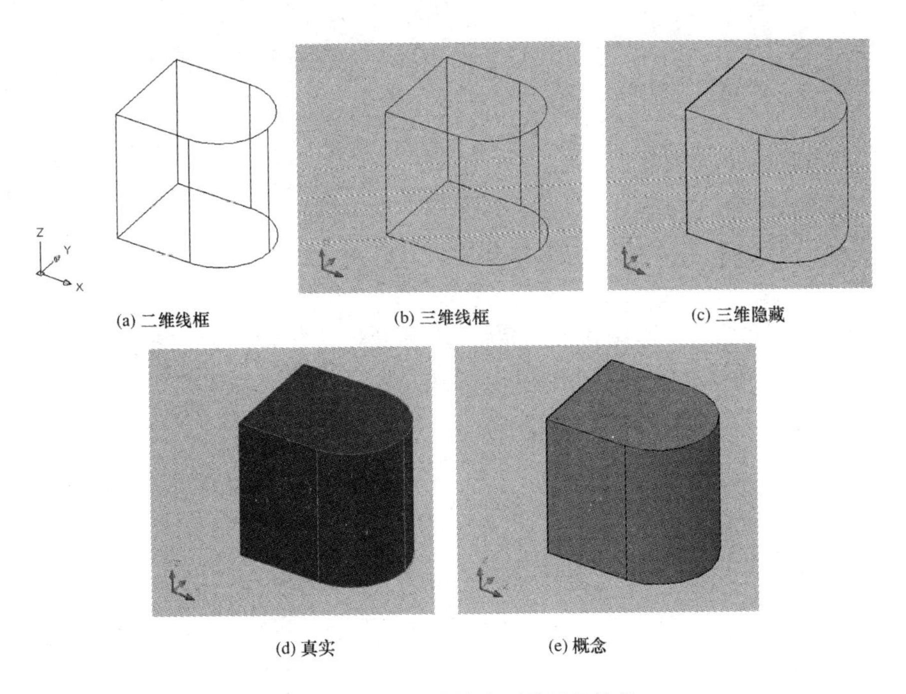

(a) 二维线框　(b) 三维线框　(c) 三维隐藏

(d) 真实　(e) 概念

图 8-8　不同视觉样式下的显示效果

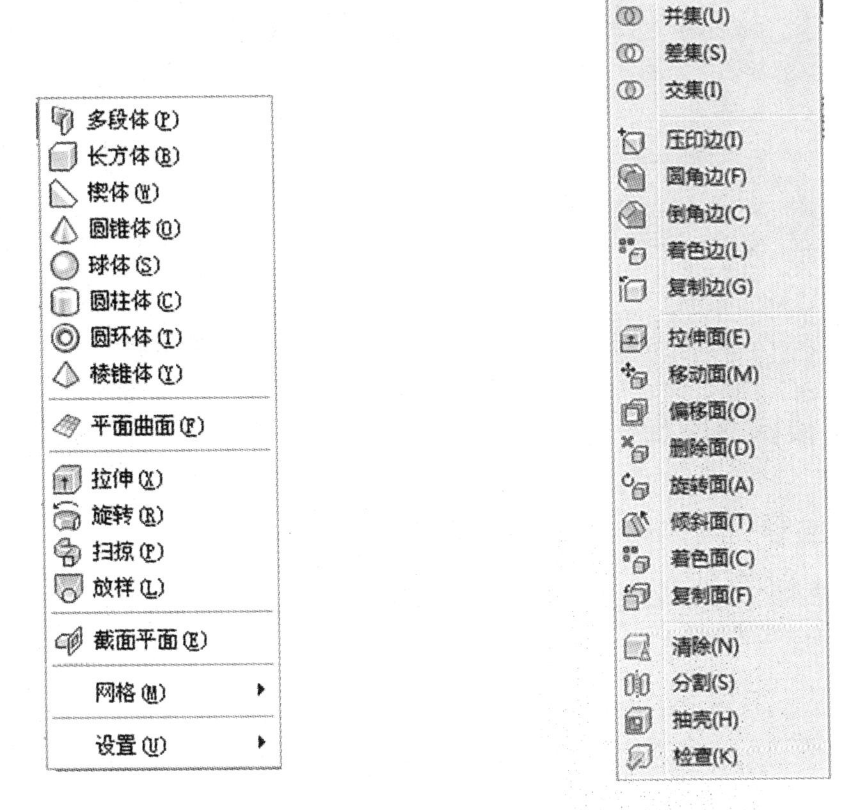

图 8-9　实体建模　　　　图 8-10　实体编辑菜单

AutoCAD 提供了专门编辑三维实体的边或面的功能，即实体编辑。可以在“修改”菜单(图 8-11)、命令行输入 SOLIDEDIT 或小工具条(图 8-12)中调用该命令。

图 8-11　实体建模工具栏

图 8-12　实体编辑工具栏

点击下拉菜单“修改→三维操作”(图 8-13)还可以对三维实体对象进行更多操作。若想对创建的曲面对象进行编辑修改,则可点击下拉菜单“修改→曲面编辑”(图 8-14)。

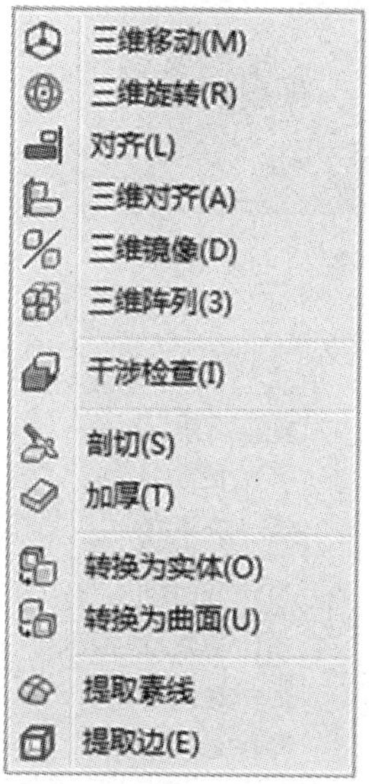

三维移动(M)
三维旋转(R)
对齐(L)
三维对齐(A)
三维镜像(D)
三维阵列(3)
干涉检查(I)
剖切(S)
加厚(T)
转换为实体(O)
转换为曲面(U)
提取素线
提取边(E)

图 8-13　三维操作菜单

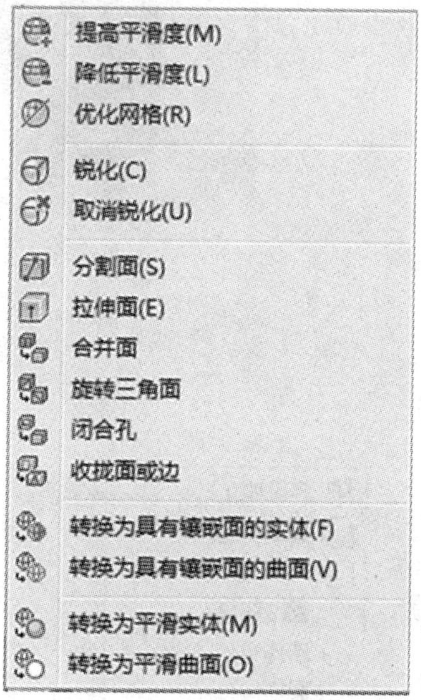

提高平滑度(M)
降低平滑度(L)
优化网格(R)
锐化(C)
取消锐化(U)
分割面(S)
拉伸面(E)
合并面
旋转三角面
闭合孔
收拢面或边
转换为具有镶嵌面的实体(F)
转换为具有镶嵌面的曲面(V)
转换为平滑实体(M)
转换为平滑曲面(O)

图 8-14　网格编辑

任务 8.2　楼梯的绘制

8.2.1　学习目标

(1) 掌握基本几何体绘制。
(2) 掌握布尔运算命令。
(3) 熟练各种视图显示。

8.2.2　课题展示

已知该楼梯梯段宽 1200mm,踏步高 150mm,宽 300mm(图 8-15、图 8-16)。

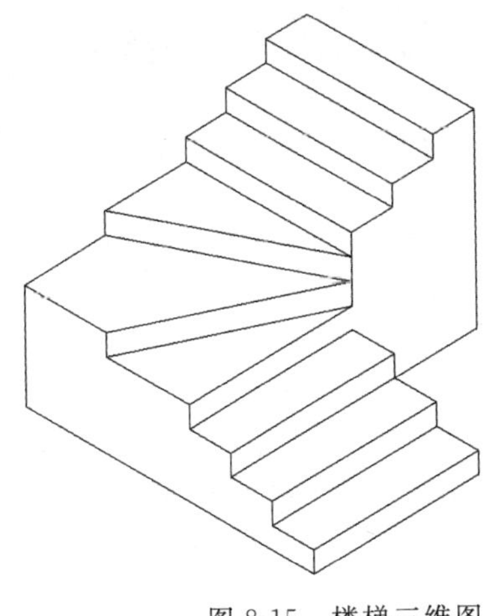

图 8-15　楼梯三维图

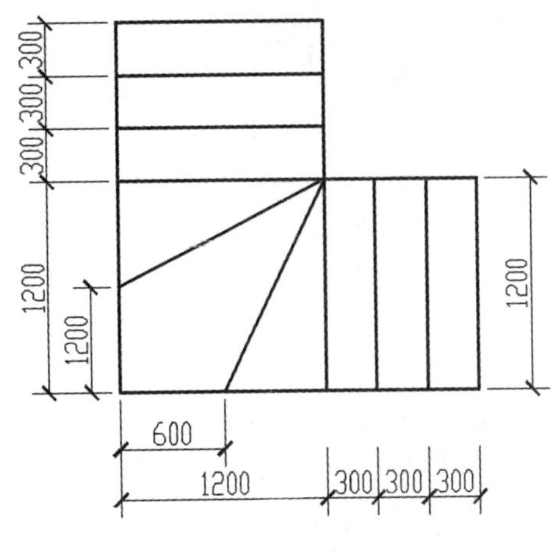

图 8-16　楼梯平面图

8.2.3　理论知识

1. 并集

1）命令调用方法

(1) 工具栏:实体编辑→并集 。

(2) 下拉菜单:修改→实体编辑→并集。

(3) 键盘命令:UNION。

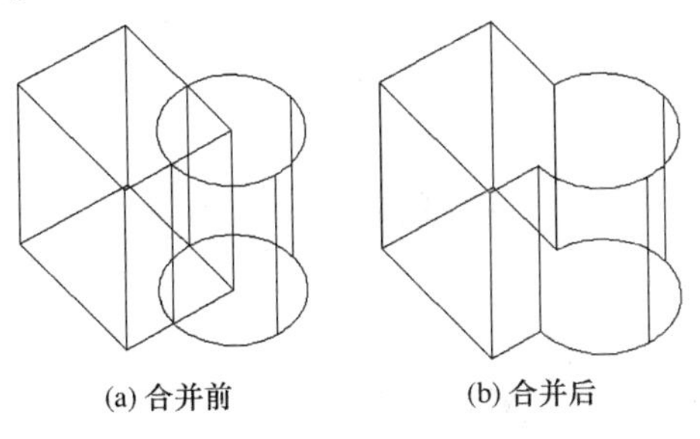

图 8-17　并集

2）功能

合并选定的面域或实体,将两个或两个以上的实体组合称一个实体(图 8-17)。

3）操作及选项说明

命令:Union

选择对象:

选择对象:指定参与并集运算的实体或面域。可以一次选中多个对象。

2. 差集

1）命令调用方法

(1) 工具栏:实体编辑→差集 。

(2) 下拉菜单:修改→实体编辑→差集。

(3) 键盘命令:SUBTRACT。

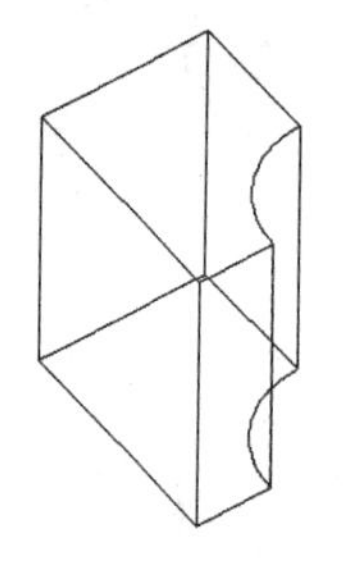
图 8-18　差集

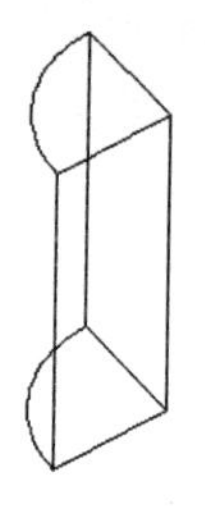
图 8-19　交集

2）功能

通过减操作合并选定的面域或实体，从第一个选择集的对象减去第二个选择集中的对象，然后创建一个新的实体或面域。

3）操作及选项说明

命令：Subtract

选择对象：

选择对象：先选择的是要从中减去的实体或面域（类似于被减数），再回车，然后才选择要减去的实体或面域（类似于减数），如图 8-18 所示。

3．交集

1）命令调用方法

（1）工具栏：实体编辑→交集 。

（2）下拉菜单：修改→实体编辑→交集。

（3）键盘命令：INTERSECT。

2）功能

交集运算就是将两个或多个重叠实体的公共部分创建为一个新的组合实体，将非重叠部分删除。

3）操作及选项说明

详见并集操作，结果如图 8-19 所示。

8.2.4　操作技能

（1）将视图切换到“东南等轴测”视图。

（2）按图 8-16 尺寸用长方体绘制楼梯踏步。如图 8-20 所示。

命令：Box

指定第一个角点或[中心(C)]：　　　　　　//指定

指定其他角点或[立方体(C)/长度(L)]：L //用指定长度、宽度和高度的方法绘制长方体

指定长度：2100　　　　　　　　　　//先输入最底层踏步尺寸

指定宽度：1200

指定高度：150

同样步骤，可绘制其他踏步。

（3）移动各实体，对齐，并用“消隐”(Hide)显示（图 8-21）。

（4）用“并集”将各踏步实体组合为一个整体，即可得到图 8-15 所示三维楼梯图。

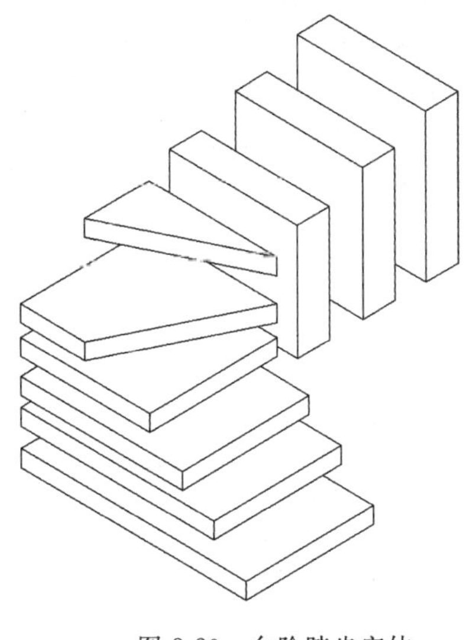

图 8-20　台阶踏步实体

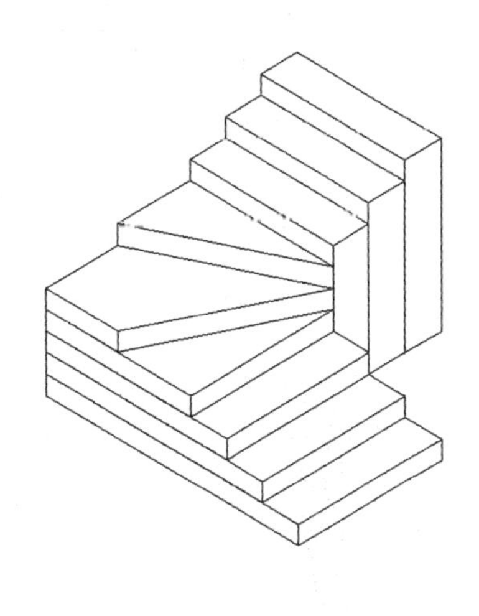

图 8-21　移动实体

任务 8.3　墙体的绘制

8.3.1　学习目标

（1）掌握多段体的绘制。

（2）掌握基本的实体编辑命令。

（3）掌握面域命令。

8.3.2　课题展示

绘制如图 8-22 所示三维图形，其中门洞口尺寸为 900mm×2100mm，窗洞高均为 1500mm，窗台高 900mm，其余尺寸见图 8-23。

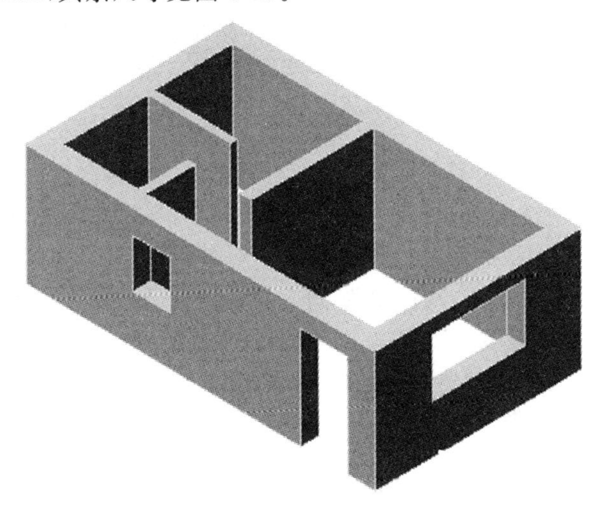

图 8-22　建筑三维图

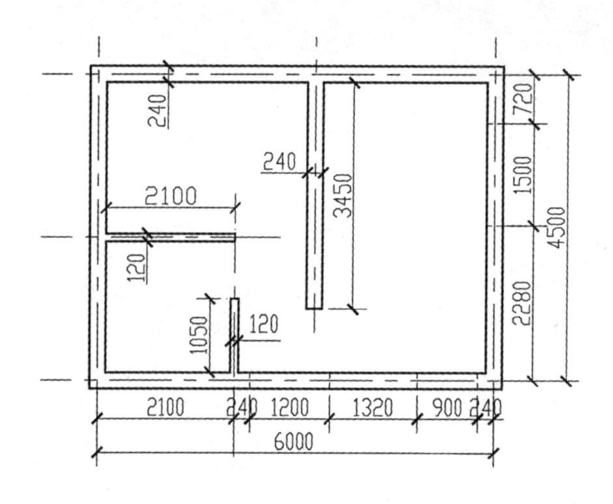

图 8-23 建筑平面图

8.3.3 课题分析

如图 8-22 所示为建筑三维图。建筑的外墙、内墙厚度不同。墙体上开设有门窗洞口。可以用多段体对内外墙建模,并用布尔运算在墙体上开门窗洞。

8.3.4 理论知识

1. 多段体命令

1) 命令调用方法

(1) 工具栏:建模→多段体。

(2) 下拉菜单:绘图→建模→多段体。

(3) 键盘命令:Polysolid(或 Psolid)。

2) 功能

对现有的二维对象修改或直接创建三维墙体。

3) 操作及选项说明

命令: Polysolid

高度 = 80.0000, 宽度 = 5.0000, 对正 = 居中

指定起点或[对象(O)/高度(H)/宽度(W)/对正(J)]:

(1) 对象:选择已有二维对象,将其编辑为三维实体。该二维对象课时是封闭多段线、多边形、圆、椭圆、样条曲线、圆环和面域。包含在块中的对象,和具有相交或自交线段的多段线。

(2) 高度:指定多段体的高度,默认值为 80。建筑物层高一般为 3m,可设置为 H=3000。

(3) 宽度:指定多段体的宽度,默认值为 5。建筑墙体常用厚度为 200mm、240mm、300mm。

(4) 对正:对正方式表示所创建的多段体与对象(或鼠标)的位置关系。有左对正(L)、居中(C),右对正(R)是三种方式。默认为居中。

2. 三维坐标系

1) 命令调用方法

(1) 下拉菜单:工具→新建 UCS

(2) 工具栏:UCS

(3) 命令行:UCS

2) 功能

当用户在三维空间工作时,经常需要显示几种不同的视图,以更好地检查、编辑三维图形或验证图形的三维效果。AutoCAD 提供两种坐标系:世界坐标系和用户坐标系,其中世界坐标系是 AutoCAD 默认坐标系。世界坐标系又称三维笛卡儿坐标。与二维直角坐标(X,Y)相似,只是在二维直角坐标的基础上,按右手法则增加了 Z 方向坐标。若需按坐标值输入点时,可在命令行输入 X,Y,Z 后回车,即可实现。

绘制三维图形时,仅依靠软件默认的世界坐标系不能方便地解决问题,这时,用户可创建自己专用的坐标系,即用户坐标系 UCS,以最大限度地满足绘图的需要。

3. 操作级选项说明

命令:UCS

当前 UCS 名称:*世界*

指定 UCS 的原点或[面(F)/命名(NA)/对象(OB)/上一个(P)/视图(V)/世界(W)/X/Y/Z/Z 轴(ZA)]<世界>:

(1) 原点:指定新 UCS 原点位置,但不改变坐标轴的方向。

(2) 面:选择该项将根据三维实体的某个平面来创建新的 UCS,命令行将提示:

选择实体对象的面:

用户可在绘图区域中单击三维实体的某个面,那么该面将呈高亮度显示,新的 UCS 图表会附着在该面,X 轴将与面最接近的一边对齐,而根据下列提示可动态确定 UCS 的位置:

输入选项[下一个(N)/X 轴反向(X)/Y 轴反向(Y)] <接受>:

其中"下一个"表示将新的 UCS 放置到临近面或边所在面的反面;"X 轴反向"或"Y 轴反向"表示将新 UCS 绕 X 轴或 Y 轴旋转 180,"接受"表示确认新的 UCS。

(3) 命名:按名称保存并回复通常使用的 UCS 方向。

(4) 对象:选择该项将根据所选的对象来创建新的 UCS。单击选取对象后,新建的 UCS 与该对象有相同的 Z 轴正方向。应注意,用此方法定义 UCS 时,所选的对象可以为圆、圆弧、直线、点、尺寸标注等对象,但不可以是椭圆、椭圆弧、射线、构造线、样条曲线、面域等对象。

(5) 上一个:回到上一个 UCS 坐标系中。系统默认最多可以返回前面十个坐标系。

(6) 视图:表示新的 UCS 的 XOY 平面与当前视图面平行,其原点位置保持不变。

(7) 世界:返回 AutoCAD 默认坐标系(WCS)。

(8) X/Y/Z:表示将原 *UCS* 分别绕 X 轴、Y 轴和 Z 轴旋转一定的角度,以此得到新的坐标系。

(9) Z 轴:通过确定新坐标系原点和 Z 轴正方向上的一点的方向来创建坐标系,它不会改变 X、Y 轴方向。

4. 面域

1) 命令调用方法

(1) 工具栏:绘图→面域 。

(2) 菜单:绘图→面域

(3) 键盘命令:REGION。

选择对象后,系统自动将所选择的对象转换成面域。"二维草图与注释"工作空间下,面域与线框显示相同,但用"属性"对话框可区别面域与线框。

2）功能

将封闭区域转换为二维面域对象。面域是具有物理特性（如面积质心等）的二维封闭区域。

3）操作及选项说明

命令：Region

选择对象：找到 1 个

选择对象：

已提取一个环。

已创建 1 个面域。

也可以使用 BOUNDARY 命令创建面域。

可以对面域进行布尔运算。

含有所有交叉交点的线条和自交曲线均不能创建面域。

4）提取面域数据

如果需要查询当前面域的相关信息时，可在工具菜单中选择查询（面域/质量特性，或在命令行输入 MASSPROP，命令行将提示：

选择对象：

选定对象后，回车，系统将弹出文本窗口，如图 8-24 所示。

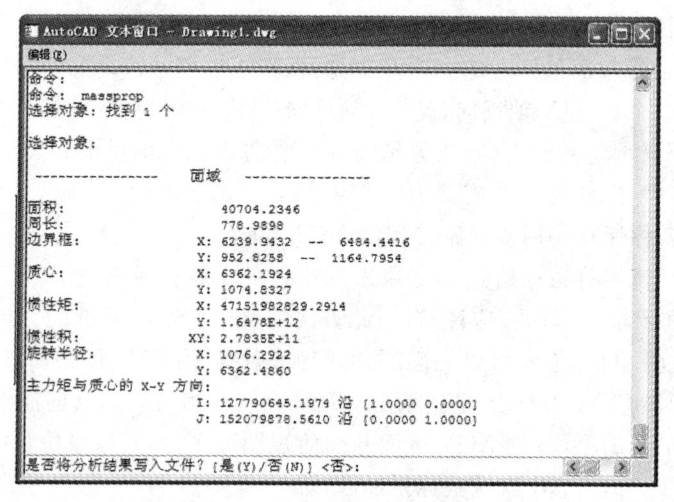

图 8-24　AutoCAD 文本窗口

该窗口中将会显示所选面域的详细信息，如在页面中的位置、大小等，并询问用户是否将这些分析结果写入文件。若选择“否(N)”选项时，将不会保存信息，而选择“是(Y)”选项时，将会打开“创建质量与面积特性文件”对话框，在其中可确定有关面域所有分析结果的存放路径及文件名称。

5）创建面域

所创建的二维闭合图形，可以是直线、多段线、圆、圆弧、椭圆、椭圆弧和样条曲线的组合。组成对象必须闭合或通过与其他对象共享端点而形成闭合的区域。当将对象创建为面域后，可对其进行布尔运算，以得到更为复杂的图形。

4. 拉伸命令

1）命令调用方法

(1) 工具栏:实体→拉伸 。

(2) 下拉菜单:绘图→实体→拉伸。

(3) 键盘命令:Extrude(或 EXT)。

2) 功能

通过拉伸现有二维对象来创建唯一实体原型。

3) 操作及选项说明

命令:Extrude

当前线框密度:ISOLINES=4

选择对象:

指定拉伸高度或[路径(P)]:

选择拉伸路径或[倾斜角]:

(1) 选择对象:指定要拉伸的对象。可以拉伸平面三位面、封闭多段线、多边形、圆、椭圆、封闭样条曲线、圆环和面域。不能拉伸包含在块中的对象,也不能拉伸具有橡胶或自交线段的多段线。

(2) 指定拉伸高度:如果输入正值,将沿对象所在坐标系的 Z 轴正方向拉伸对象。如果输入负值,将沿 Z 轴负方向拉伸对象。

(3) 倾斜角:正角度表示从基准对象逐渐变细地拉伸,而负角度则表示从基准对象逐渐变粗地拉伸。默认角度 0 表示在与二维对象所在平面垂直的方向上进行拉伸。

(4) 路径(P):指定曲线对象的拉伸路径。沿选定路径拉伸选定对象的剖面以创建实体。

拉伸路径可以是直线、圆、圆弧、椭圆、椭圆弧、多段线或样条曲线。路径既不能与轮廓共面,也不能具有高曲率的区域。

拉伸实体始于剖面所在的平面,止于在路径端点处与路径垂直的平面。路径的一个端点应在剖面平面上,如果不在,路径将移动到剖面的中心。

8.3.5 操作技能

1. 绘制轴线

绘制如图 8-25 所示轴线布置图

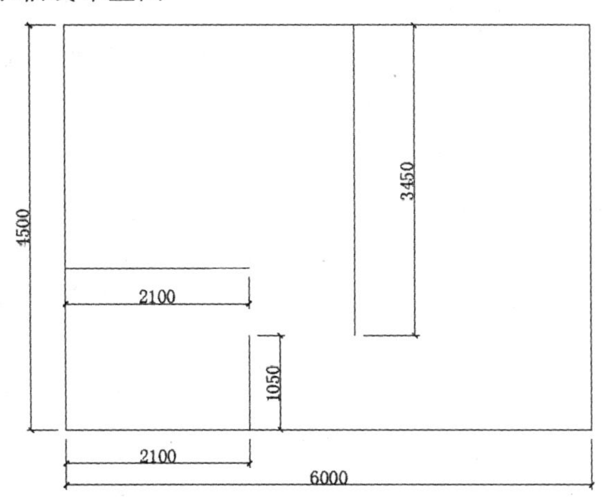

图 8-25 轴线布置图

2. 创建外墙

命令:Polysolid　　　　　　　//启动多段体命令

高度 ＝ 80.0000，　宽度 ＝ 5.0000，　对正 ＝　居中

指定起点或[对象(O)/高度(H)/宽度(W)/对正(J)]:H

指定高度＜80.0000＞:3000

指定起点或[对象(O)/高度(H)/宽度(W)/对正(J)]:W

指定宽度＜5.0000＞:240

指定起点或[对象(O)/高度(H)/宽度(W)/对正(J)]:O

选择对象:　　　　　　　　　　　　　　　　//选择外墙中心线

3. 创建内墙

按步骤 2 同样方式,创建高度 3000,宽度 200 的内墙,选择内墙线,创建三维墙体。结果如图 8-26 所示。

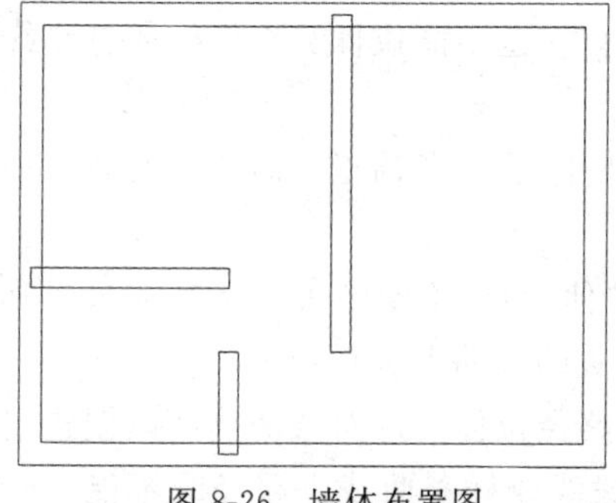

图 8-26　墙体布置图

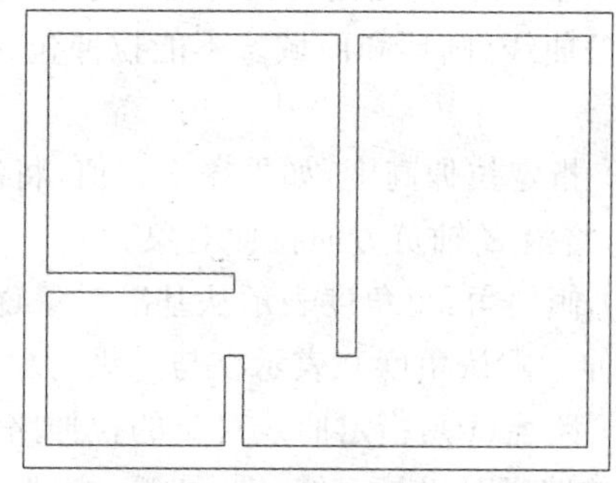

图 8-27　合并后的墙体平面

4. 并集

利用布尔运算(并集),将内外墙合并为一个整体。结果如图 8-27 示。

5. 视图

切换视图至“东南等轴侧”视图,建立用户坐标系。

命令行:UCS

指定 UCS 的原点或[面(F)/命名(NA)/对象(OB)/上一个(P)/视图(V)/世界(W)/X/Y/Z/Z 轴(ZA)]＜世界＞:F

选择门洞所在墙体平面,指定左下角为坐标原点,并指定 X 轴、Y 轴方向(图 8-28)。

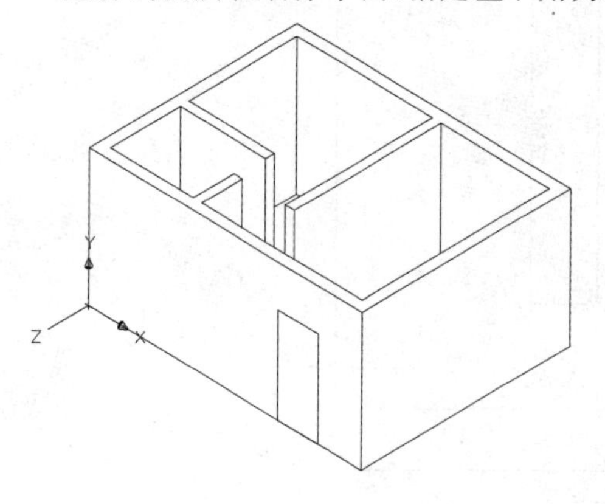

图 8-28　指定用户坐标系

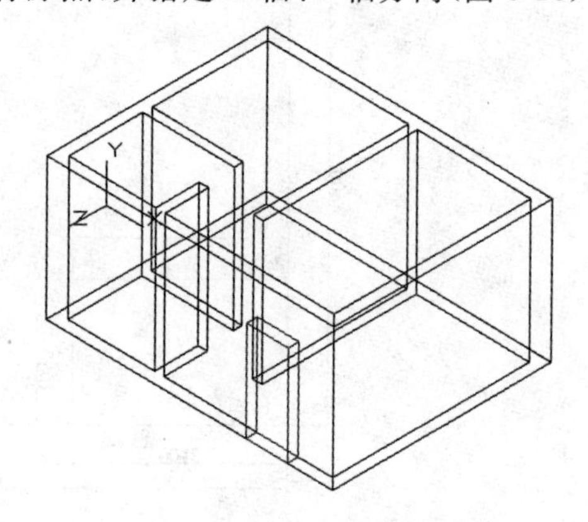

图 8-29　拉伸形成实体

6. 面域

在墙体平面绘制宽 900，高 2100 的封闭的门洞轮廓线，并将轮廓线形成面域(图 8-28)。

7. 实体

拉伸面域，形成实体(图 8-29)。

命令:Extrude

当前线框密度:ISOLINES＝8，闭合轮廓创建模式＝实体

选择要拉伸的对象或[模式(MO)]:MO 闭合轮廓创建模式[实体(SO)/曲面(SU)]＜实体＞:SO

选择拉伸的对象或[模式(MO)]:找到 1 个

指定拉伸的高度或[方向(D)/路径(P)/倾斜角(T)/表达式(E)]:-240

//拉伸高度输入正值表示与 Z 轴正方向相同，负值表示相反。

8. 差集

用“差集”，从墙体中减去该长方体(图 8-30)。

命令:Subtract

选择要从中减去的实体、曲面和面域…

选择对象:找到一个　　　　　　　//选择图 8-28 已绘制的实体

选择对象:　　　　　　　　　　　//回车，结束对象选择

选择要从中减去的实体、曲面和面域…

选择对象:找到一个　　　　　　　//选择图 8-29 已绘制的红色实体

选择对象:　　　　　　　　　　　//回车，结束对象选择

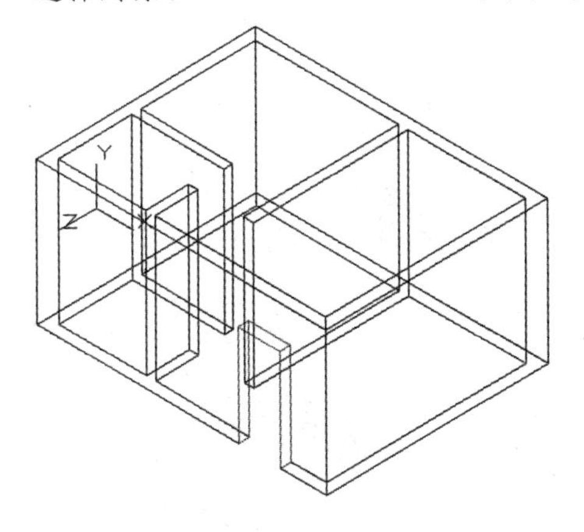

图 8-30　开门洞

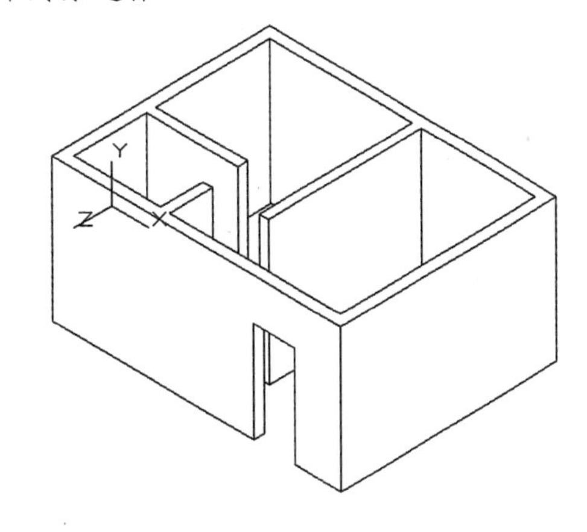

图 8-31　消隐显示

实体绘制数量增多时，会影响工作平面的选择。用户可在命令行输入“Hide”，选用消隐显示方式观看视图，准确选择工作平面(图 8-31)。

9. 开窗洞。

重复步骤 6—步骤 8，在同一墙面开窗洞。

重复步骤 5，将工作平面更换为东山墙。重复步骤 6—步骤 8，在该墙面上开设窗洞。

10. 显示三维效果

点击“视觉样式”工具栏“概念视觉样式”按钮，即得到如图 8-22 所示效果。

8.3.6 拓展提高

布尔运算是 AutoCAD 提供的绘制组合体最常用的方式。各种实体是基本体的合并、差集和交集。

直接用“建模”工具栏中命令建立实体模型是较为快捷的方式，但对于已绘的二维平面模型的修改、形成实体，也是设计师常用的手段。如“拉伸(Extrude)”“按住并拖动(Presspull)”“放样(Loft)”和“扫略(Sweep)”等。

1. 按住并拖动

1) 命令调用方法

(1) 工具栏：建模→按住并拖动。

(2) 键盘命令：Presspull。

2) 功能及操作说明

选择二维对象、闭合边界或三维实体面形成的区域后，在移动光标时可创建曲面或三维实体，具体表 8-1 所示。

表 8-1

选择	按住并拖动行为
打开二维对象(例如圆弧)	拉伸以创建曲面(图 8-32)
闭合的二维对象(例如圆)	拉伸以创建三维实体(图 8-33)
在有边界区域的内部	拉伸以创建三维实体(图 8-34)
三维实体面	偏移面，展开或压缩三维实体(图 8-35)

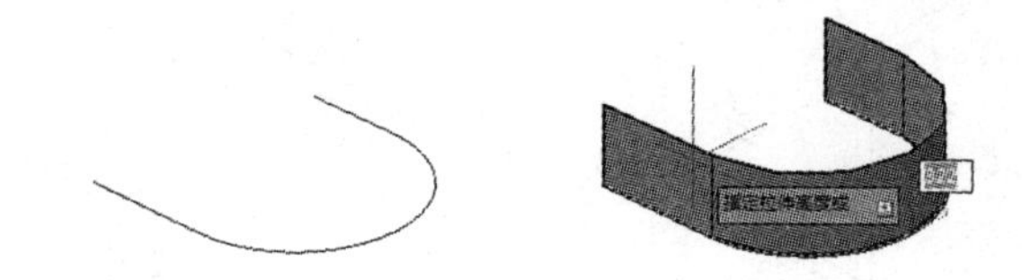

图 8-32　由二维曲线创建曲面

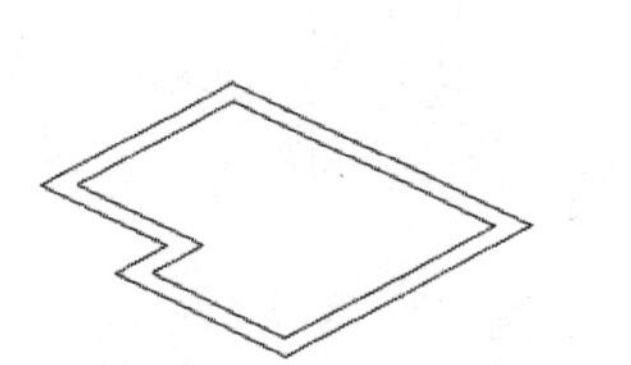

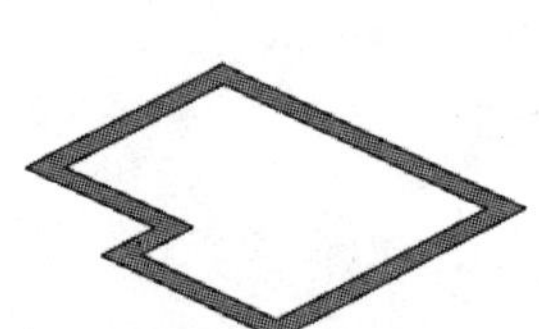

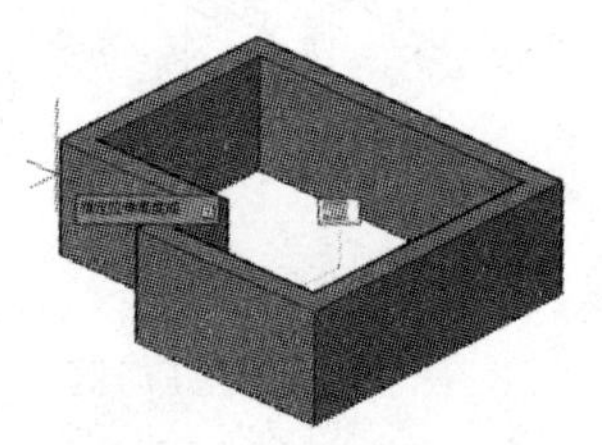

图 8-33　二维封闭对象创建实体

2. 实际操作

要实现如图 8-35 所示操作结果。必须要做到：

(1) 更换坐标系，将已绘三维墙面作为工作平面(图 8-34(a))，并绘窗轮廓。

(2) 鼠标移至窗轮廓区域内，按住鼠标左键并拖动(图 8-34(b))。

(3) 放开鼠标，结果如图图 8-34(c)所示。该命令实现了创建实体和布尔差集，极大地方便用户对实体的编辑。

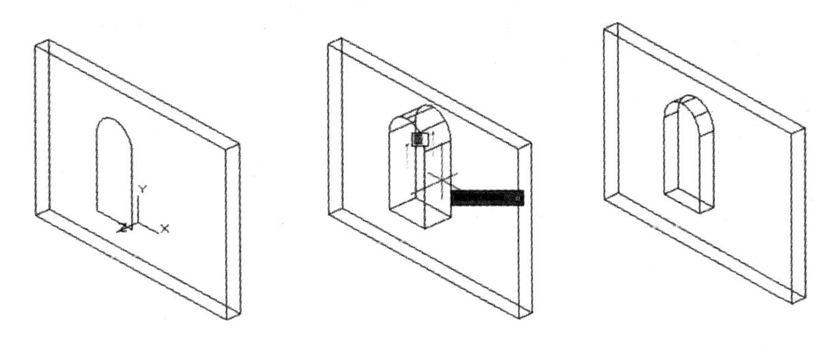

图 8-34　创建实体并差集

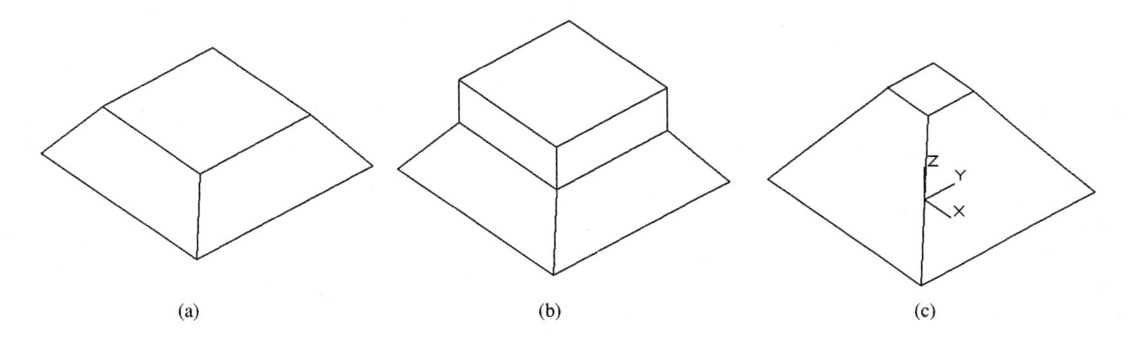

图 8-35　拉伸三维面

选择面可拉伸面，而不影响相邻面(图 8-35(b))。如果按住 Ctrl 键并单击面，该面将发生偏移，而且更改也会影响相邻面(图 8-35(c))，用户可根据绘图要求选择。

若要一次选择多个对象进行编辑，可以按住 Shift 键并单击选择。

任务 8.4　五角星的绘制

8.4.1　学习目的

掌握剖切命令的使用方法。

8.4.2　课题展示

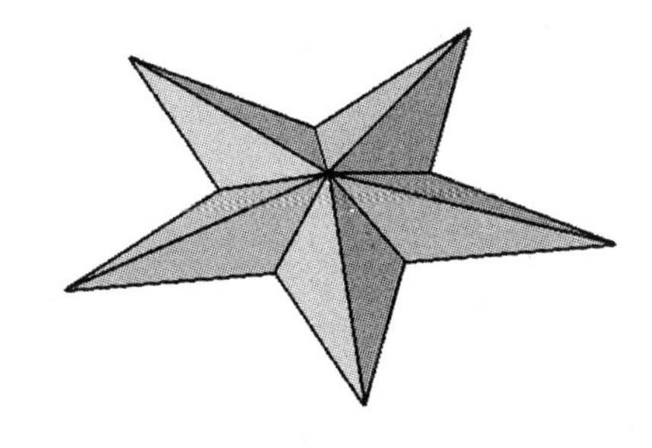

图 8-36　五角星

8.4.3 理论知识

1. 剖切命令

1) 命令调用方法

(1) 下拉菜单:修改→三维操作(3)→剖切(S)。

(2) 键盘命令:Slice。

2) 功能

以切开现有实体并移去指定部分,从而创建新的实体。

3) 操作及选项说明

命令:Slice

选择要剖切的对象:

指定切面的起点或[对象(O)/Z轴(Z)/视图(V)/XY平面(XY)YZ平面(YZ)/ZX平面(ZX)/三点(3)]＜三点＞:

选择平面上的第一个点:

选择平面上的第二个点:

选择平面上的第三个点:

在所需的侧面上指定点或[保留两个侧面(B)]:＜保留两个侧面＞:

2. 实际操作

(1) 对象:将剪切面与圆、椭圆、圆弧、椭圆弧、二维样条曲线或二维多段线对齐。

(2) 三点:用三点定义剪切平面。

(3) 视图:将剪切平面与当前市口的视图平面对齐。

(4) *Z* 轴:通过平面上指定一点和在平面的 *Z* 轴(法向)上指定另一点来定义剪切平面。

(5) *XY* 或 *YZ* 或 *ZX*:将剪切平面与当前用户坐标系(UCS)的 *XY*(或 *YZ* 或 *ZX*)平面对齐。

8.4.4 操作技能

1. 切换到"俯视"视图

绘制正五边形并编辑(图 8-37(a))。

命令:polygon

输入侧面数＜4＞:5　　　　//绘制五边形

指定正多边形的中心点或[边(E)]:e

指定边的第一个端点:

指定边的第二个端点:

命令:Line　　　　　　　//绘制直线 AC,AE,BE,BD,EF

指定第一个点:

指定下一个点或[放弃(U)]:

命令:Trim

选择剪切边…

选择对象或＜全部选择＞:找到 1 个

选择对象:找到 1 个,总计 2 个

选择对象：找到 1 个，总计 3 个　　　　　//选择直线 AC、BE、EF

选择对象：　　　　　　　　　　　　　//回车，结束选择

选择要修剪的对象，或按住 Shift 键选择要延伸的对象，或[栏选(F)/窗交(C)/投影(P)/边(E)/删除(R)/放弃(U)]：　　　　//鼠标点击 DF、AF、GC、BG

删除多余线条，结果如图 8-37(b)所示。

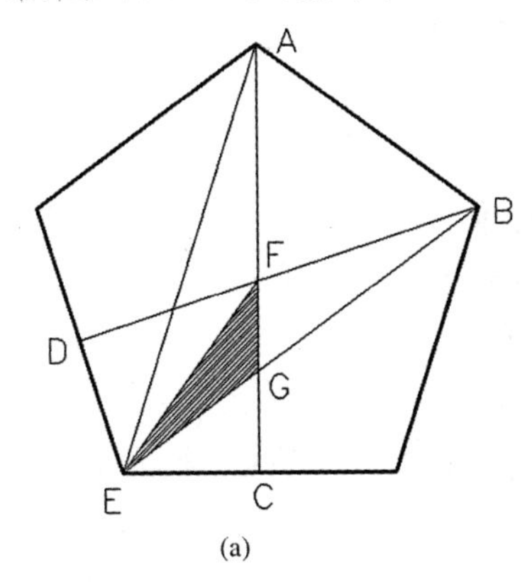

(a)

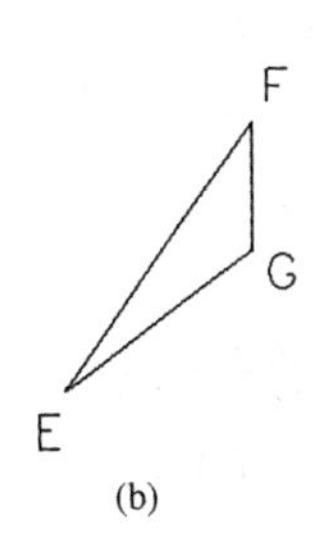

(b)

图 8-37　编辑五边形

2. 形成面域(图 8-38(a))

命令：Region

选择对象：找到 1 个

选择对象：

已提取一个环。

已创建 1 个面域。

3. 创建三维实体

切换视图模式至“东南等轴测”

命令：Presspull

选择对象或边界区域：　　　　　　//选择面域 EFG

指定拉伸高度或[多个(M)]：

已创建 1 个拉伸

结果如图 8-38(b)所示。

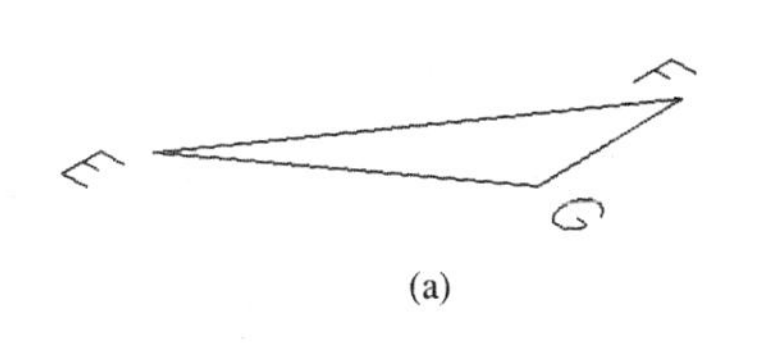

(a)

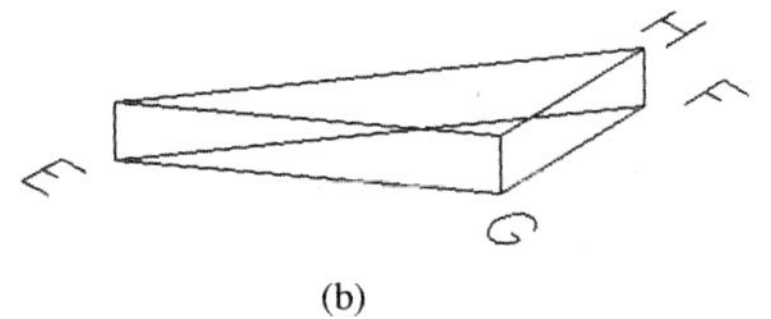

(b)

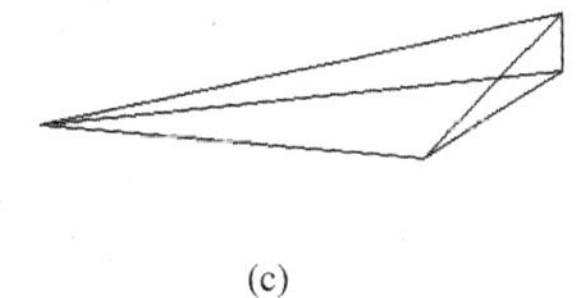
(c)

图 8-38　创建并编辑实体

4. 剖切实体

命令：Slice

选择要剖切的对象：　　　　　　//选择上一步骤绘制实体

指定切面的起点或[对象(O)/Z 轴(Z)/视图(V)/XY 平面(XY)YZ 平面(YZ)/ZX 平面(ZX)/三点(3)]＜三点＞：　　//回车，按默认 3 点确定的平面剖切

选择平面上的第一个点：　　　　　　//选择 H 点
选择平面上的第二个点：　　　　　　//选择 E 点
选择平面上的第三个点：　　　　　　//选择 G 点
在所需的侧面上指定点或[保留两个侧面(B)]:<保留两个侧面>：　//选择 F 点
结果如图 8-38(c)所示。

5. 镜像实体

切换到“俯视”视图
命令:Mirror
选择对象:找到 1 个　　　　//选择实体 HFGE
选择对象：　　　　　　　//回车,结束选择
指定镜像线的第一点：　　//选择 F 点
指定镜像线的第二点：　　//选择 E 点
要删除源对象吗？[是(Y)/否(N)]<N>：　//回车,结束命令
结果如图 8-39(a)所示。

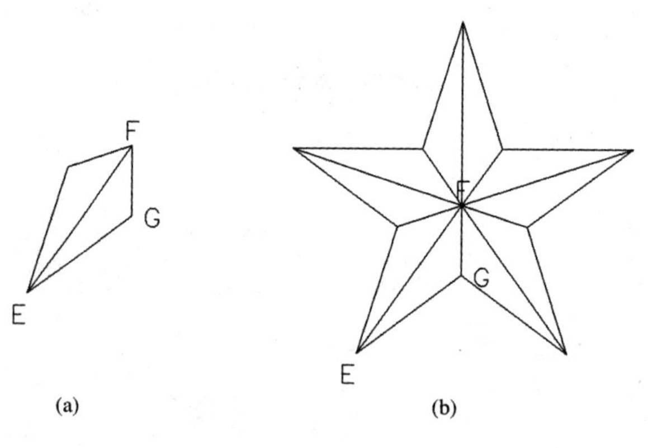

图 8-39　编辑实体

6. 环形阵列

命令:ARRAYPOLAR
选择对象：
输入阵列类型[矩形(R)/路径(PA)/极轴(PO)]<阵列>:PO
类型＝极轴　关联＝是
指定阵列的中心点或[基点(B)/旋转轴(A)]：　//选择 F 点
选择夹点以编辑阵列或[关联(AS)/基点(B)/项目(I)/项目间角度(A)/填充角度(F)/行数(ROW)/旋转项目(ROT)/退出(X)]<退出>:I
输入阵列中的项目数或[表达式(E)]<6>:5
结果如图 8-39(b)所示。

7. 切换视图模式至“东南等轴测”

更改实体颜色为“绿”,执行布尔运算“并集”,即可得图 8-36 所示五角星效果。

8.4.5　拓展提高

绘制机械工程或建筑工程图形时,常需对一些特征截面进行剖切,以获得更多信息,方便

零件制作或建筑施工。AutoCAD2017 提供了截面剖切的功能主要有：

（1）截面平面：创建用作贯穿三维对象的剪切平面的截面对象（图 8-40）。

（2）添加折弯：创建有转折的截面平面（图 8-41）。

（3）活动截面：用于打开或关闭截面对象的状态。打开时，将显示与截面对象相同的三维对象的横截面，关闭时则不显示（图 8-42）。活动截面仅可以与使用“截面平面”创建的对象一起使用。

（4）生成截面：截面平面剖切对象后，生成该截面上的所有轮廓线，并将该截面绘制到当前视图中的 XY 平面。选择该命令后，命令行将提示：

选择截面对象：

单位： 毫米 转换： 1.0000

指定插入点或［基点(B)/比例(S)/X/Y/Z/旋转(R)］：

输入 X 比例因子，指定对角点，或［角点(C)/XYZ(XYZ)］＜1＞：

输入 Y 比例因子或＜使用 X 比例因子＞：

指定旋转角度＜0.00＞：

使用该命令实际是生成剖面图。

（5）平面摄影：基于当前视图创建所有三维对象的二维表示。所有三维实体、曲面和网格的边均被视线投影到 UCS 的 XY 平面上，可以分解此块以进行其他更改。绘图效果如图 8-43 所示。

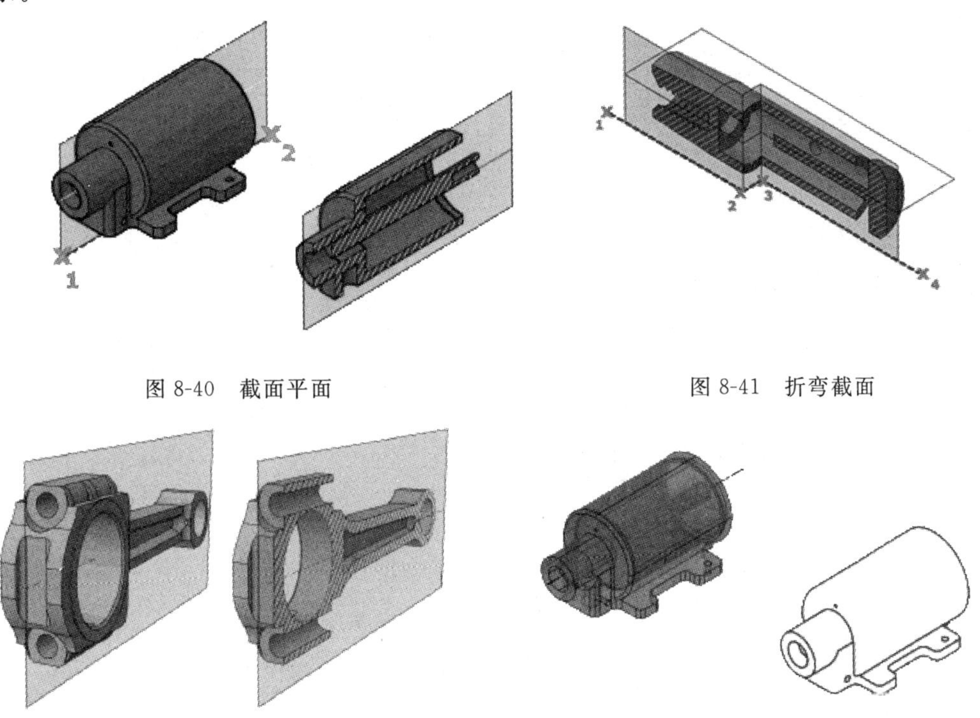

图 8-40 截面平面

图 8-41 折弯截面

图 8-42 活动截面

图 8-43 效果图

任务 8.5　按键的绘制

8.5.1　学习目的

(1) 掌握放样、压印、实体编辑等命令的使用。

(2) 熟练使用布尔运算。

8.5.2　课题展示

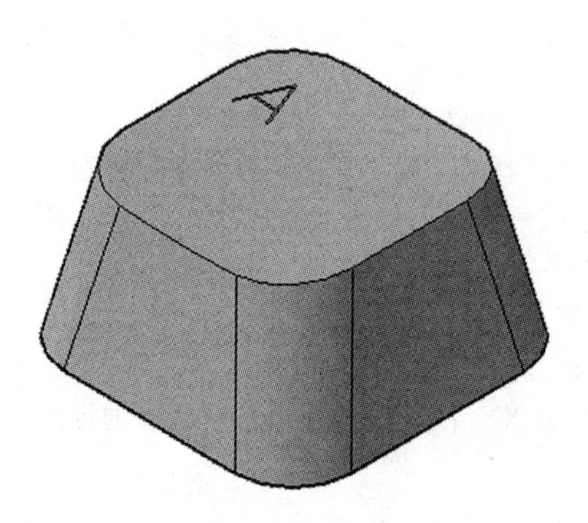

图 8-44　按键

8.5.3　理论知识

1. 放样

1) 命令调用方法

(1) 工具栏:建模→放样 。

(2) 下拉菜单:绘图→建模→放样。

(3) 键盘命令:Loft。

2) 功能

通过指定一系列横截面来创建新的实体或曲面。

3) 操作及选项说明

命令行:LOFT

当前现况密度:ISOLINES=4,闭合轮廓创建模式=实体

按放样次序选择横截面或[点(PO)/合并多条边(J)/模式(MO)]:

输入选项 [导向(G)/路径(P)/仅横截面(C)/设置(S)] <仅横截面>:

2. 实际操作

(1) 点:指定放样操作的第一个点或最后一个点。如果以"点"选项开始,接下来必须选择闭合曲线。

(2) 合并多条边:将多个端点相交的边处理为一个横截面。

(3) 模式:控制放样对象是实体还是曲面。

(4) 导向:指定控制放样实体或曲面形状的导向曲线。导向曲线是直线或曲线,可通过将

其他线框信息添加至对象来进一步定义实体或曲面的形状(图 8-45)。

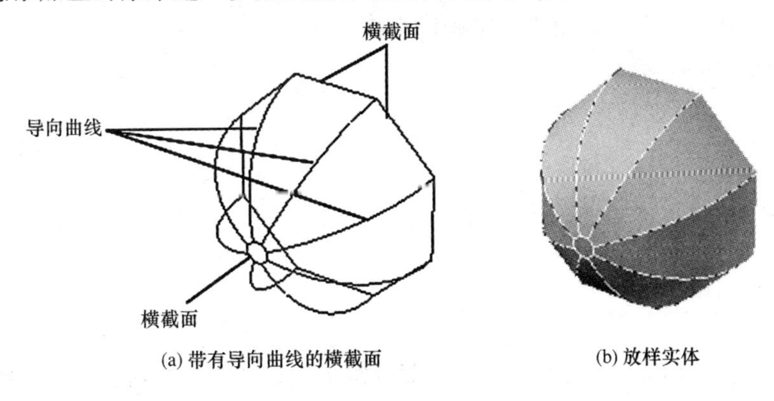

(a) 带有导向曲线的横截面　　(b) 放样实体

图 8-45　导向放样

(5) 路径:指定放样实体或曲面的单一路径。可以作为路径的对象由:样条曲线、螺旋线、圆弧、圆、二维多段线、直线、椭圆(弧)、三维多段线等。

(6) 仅横截面:在不使用导向或路径的情况下,创建放样对象。可作为横截面的对象:二维多段线、二维实体、二维样条曲线、圆弧、圆、椭圆(弧)面域、点等。

(7) 设置:系统弹出“放样设置”对话框(图 8-46)。

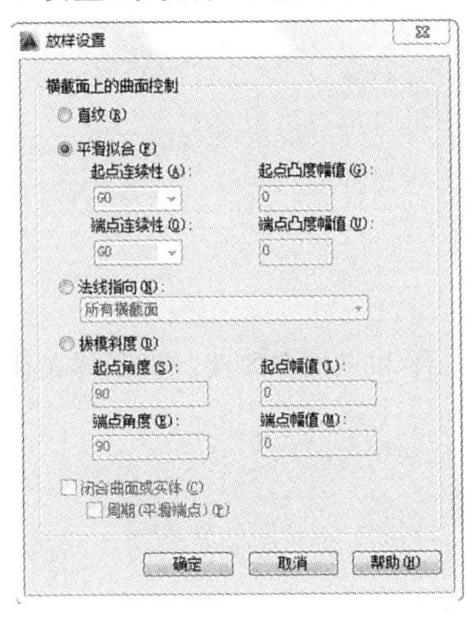

图 8-46　“放样设置”对话框

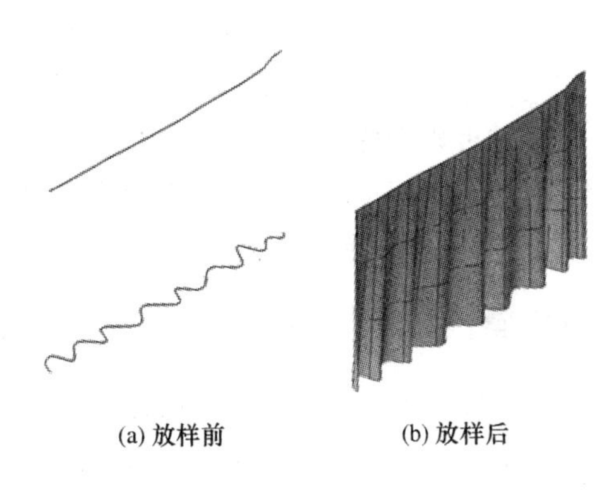

(a) 放样前　　(b) 放样后

图 8-47　放样

• 直纹:用直纹连接横截面使之成为实体。

• 平滑拟合:用平滑曲线连接横截面,并使之成为实体。

• 法线指向:控制将形成的实体或曲面在其通过横截面处的曲面法线。可以将起点横截面、终点横截面、起点和终点、所有横截面的法线方向作为新的实体或曲面的法线方向。

• 拔模斜度:控制放样实体或曲面的第一个和最后一个横截面的拔模斜度和幅值。拔模斜度为曲面的开始方向。0 定义为从曲线所在平面向外。

• 闭合曲面或实体:用该选项时,横截面应该形成圆环形图案,以便放样曲面或实体可以形成闭合的圆管。

• 预览更改:将当前设置应用到放样实体或曲面,然后在绘图区域中显示预览。

横截面用于定义结果实体或曲面的截面轮廓(形状)。横截面(通常为曲线或直线)可以是开放的(例如圆弧),也可以是闭合的(例如圆)。LOFT 用于在横截面之间的空间内绘制实体或曲面。使用 LOFT 命令时必须指定至少两个横截面。

放样结果如图 8-47 所示。

2. 压印

1) 命令调用方法

(1) 工具栏:实体编辑→压印 。

(2) 下拉菜单:修改→实体编辑→压印。

(3) 键盘命令:Imprint。

2) 功能

通过压印其他对象(例如,圆弧和圆),将面分割到三维实体和曲面上的其他镶嵌面。

3) 操作及选项说明

命令:Imprint

选择三维实体: (图 8-48(a))

选择要压印的对象: (图 8-48(b))

是否删除源对象 [是(Y)/否(N)] <N>: Y,则得图 8-48(c)。

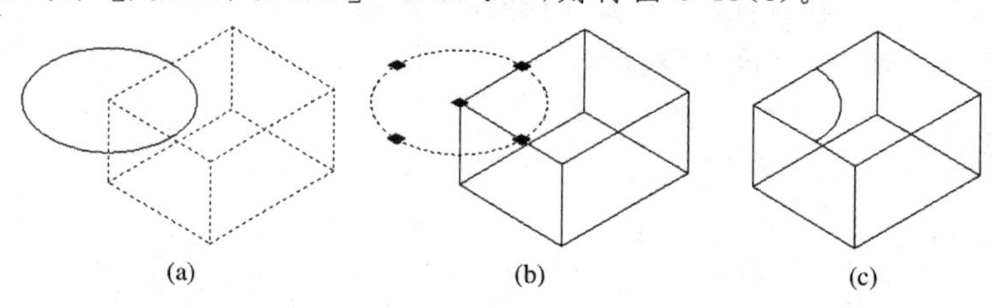

图 8-48 压印实体

压印时可以删除或保留原始对象。

可以在三维实体上压印的对象包括圆弧、圆、直线、二维和三维多段线、椭圆、样条曲线、面域、体及其他三维实体。

8.5.4 操作技能

绘制如图 8-49(a)所示边长分别为 50 和 40 的的正方形。

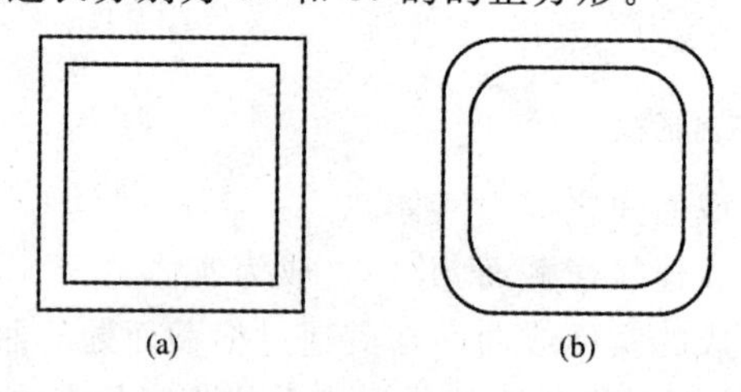

图 8-49 绘制键盘顶面和底面

1. 修剪正方形四角

命令:FILLET

当前设置: 模式 = 修剪,半径 = 0

选择第一个对象或 [放弃(U)/多段线(P)/半径(R)/修剪(T)/多个(M)]:r

指定圆角半径[R]:10

鼠标左键轮流选择正方形相邻边，进行圆角。结果如图 8-49(b)所示。

2. 调整内部正方形标高

同时按 Ctrl＋1 键，弹出“属性”对话框，选择内部正方形，调整其标高为 25(图 8-50)。

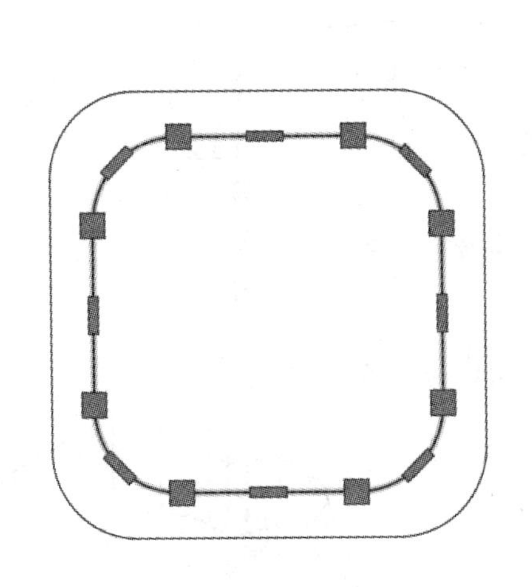

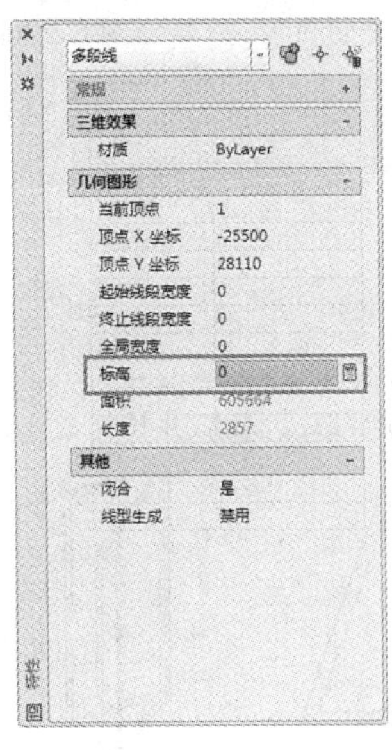

3. 切换视角

点击“视图”下拉菜单，选择“西南轴测”视图，结果如图 8-50 所示，它们是位于不同标高的两个线框图形。

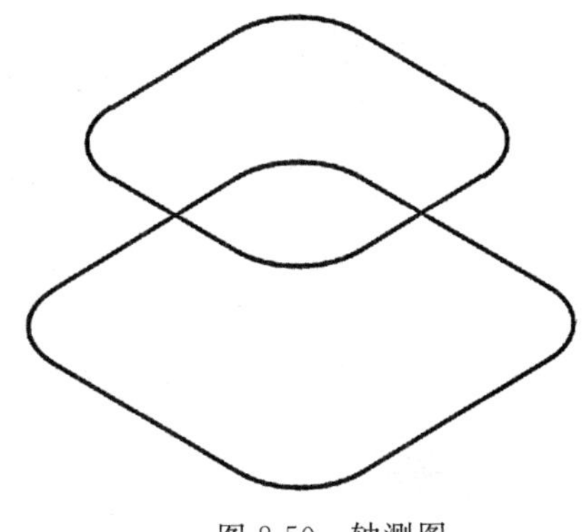

图 8-50　轴测图

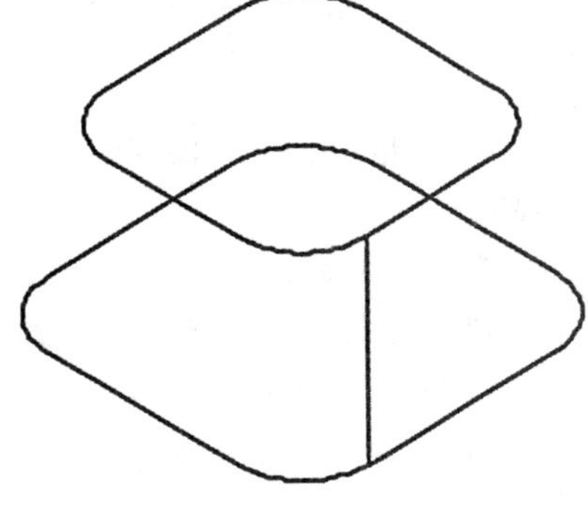

图 8-51　放样

4. 放样

命令：LOFT

当前线框密度： ISOLINES＝4，闭合轮廓创建模式＝实体

按放样次序选择横截面或[点(PO)/合并多条边(J)/模式(MO)]：找到 1 个

按放样次序选择横截面或[点(PO)/合并多条边(J)/模式(MO)]：找到 1 个，总计 2 个

按放样次序选择横截面或[点(PO)/合并多条边(J)/模式(MO)]：

选中了 2 个横截面

输入选项[导向(G)/路径(P)/仅横截面(C)/设置(S)]<仅横截面>：C

放样结果如图 8-51 所示。与图 8-50 似乎差别不大，此时，两个线框对象已经通过放样变成了一个三维实体。切换“视觉样式”就可看出差别。

调整 ISOLINES 数值,可调整线条显示密度。

5. 顶面修剪

切换视至"前视图"形式。在按键顶面绘制图 8-52(a)所示圆弧,并拉伸成实体。用"差集"将顶面修剪成略带圆弧形,结果如图 8-52(b)所示。

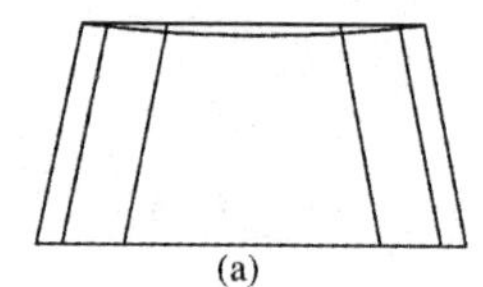

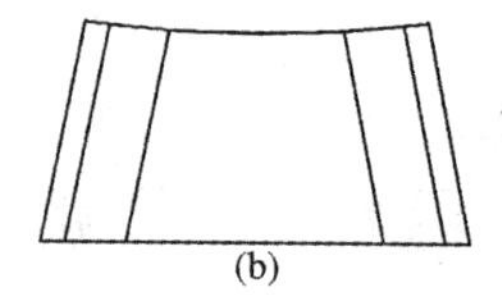

图 8-52 调整按键顶面

6. 从轮廓到实体

绘制字母轮廓,形成面域,并拉伸成实体(图 8-53)。

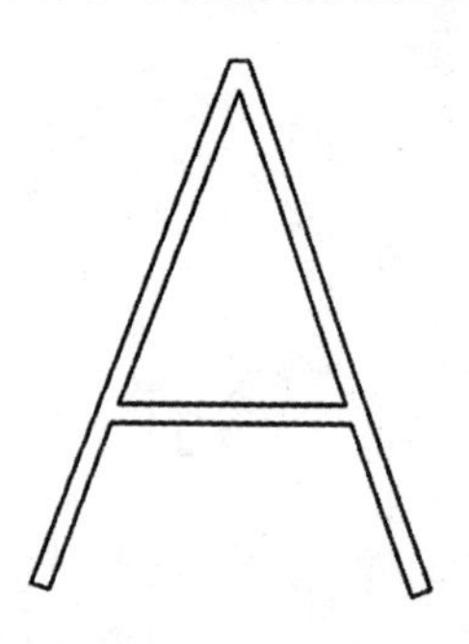
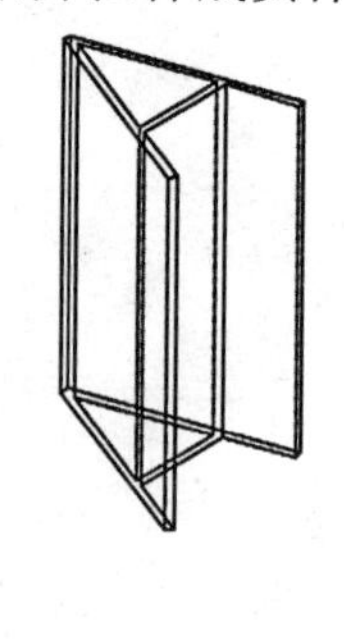

图 8-53 绘制字母及实体

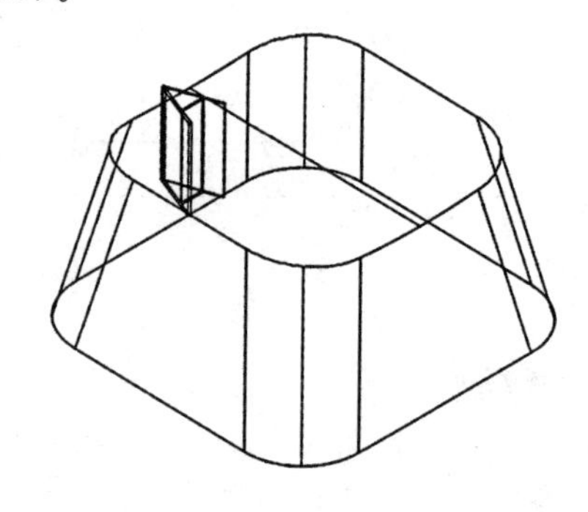

图 8-54 压印

7. 压印

将图 8-53 实体移至按键实体顶面(图 8-54)。

命令:IMPRINT

选择三维实体或曲面: /选择按键实体

选择要压印的对象: /选择字母 A 实体

是否删除源对象 [是(Y)/否(N)] <N>:

压印结束后,删除字母实体对象,按键顶面已印有字母 A 轮廓。

8. 视图

切换视图至于"东南轴测视图",结果如图 8-54 所示。

8.5.5 拓展提高

1. 扫掠

1) 命令调用方法

(1) 工具栏:建模→扫掠。

(2) 下拉菜单:绘图→建模→扫掠 。

(3) 键盘命令:Sweep。

2) 功能

通过沿路径扫掠二维对象或者三维对象或子对象来创建三维实体或曲面。

3) 操作及选项说明

命令：Sweep

选择要扫掠的对象：

选择扫掠路径或［对齐(A)/基点(B)/比例(S)/扭曲(T)］：

2. 实际操作

(1) 扫掠路径：可以作为扫掠路径的对象有：直线、圆弧、椭圆(弧)、多段线、样条曲线、螺旋、曲面的边。这些对象也可作为扫掠对象，除此之外，还有面域、平面三维面、平曲面等也可作为扫掠对象。通过按住 Ctrl 键，可以实现选择多个对象同时进行扫掠。

(2) 对齐：如果轮廓与扫掠路径不在同一平面上，请指定轮廓与扫掠路径对齐的方式。

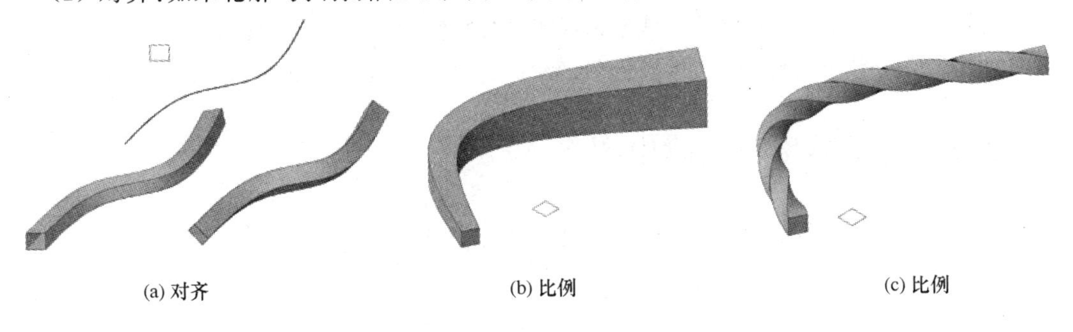

(a) 对齐　　(b) 比例　　(c) 比例

图 8-55

(3) 基点：在轮廓上指定基点，以便沿轮廓进行扫掠。

(4) 比例：扫掠时对扫掠对象进行缩放的系数。一次扫掠只能定义一个比例。

(5) 扭曲：设置被扫掠对象的扭曲角度(沿扫掠路径全部长度的旋转量)。

使用 Sweep 命令，可以通过沿开放或闭合的二维或三维路径扫掠开放或闭合的平面曲线(轮廓)创建新实体或曲面。Sweep 沿指定的路径以指定轮廓的形状绘制实体或曲面。可以扫掠多个对象，但是这些对象必须位于同一平面中。扫掠建模效果如图 8-56 所示。

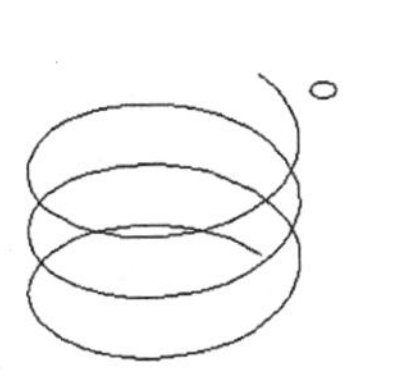
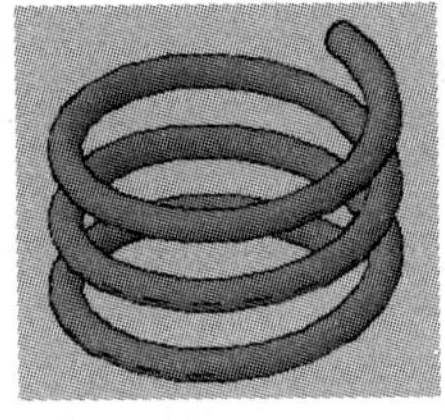

图 8-56　扫掠建模

项目 9　图形的输出

AutoCAD 程序窗口提供了两个并行的工作环境:模型空间和布局空间。用户在模型空间中可以按照 1:1 的比例绘制图形,还可以对其进行查看和编辑,十字光标对整个绘图区域都处于激活状态。用户在图纸空间中可以创建布局视口、标注图形、添加注释等,而且一个单位表示打印图纸上的图纸距离,单位可以是毫米或英寸,具体则由绘图仪的打印设置而定。用户可以在这两个绘图环境之间进行切换,只需单击绘图区域下的“模型”或“布局”选项卡即可。

任务 9.1　利用模型空间输出图形

整个图形输出的操作包括两部分:页面设置和打印设置。

1. 页面设置

1）命令调用方法

(1) 工具栏:布局→页面设置管理器 。

(2) 下拉菜单:文件→页面设置管理器。

(3) 键盘命令:PAGESETUP。

2）功能

创建命名页面设置、修改现有页面设置,或从其他图纸中输入页面设置。

3）操作及选项说明

页面设置是打印设备等影响最终输出效果的设置的集合,通常在“页面设置管理器”对话框中进行设置。

在命令行输入“PAGESETUP”,系统将打开如图 9-1 所示的“页面设置管理器”对话框。单击“新建”按钮打开“新建页面设置”对话框,如图 9-2 所示,用户可以对其名称和基础样式进行设置。

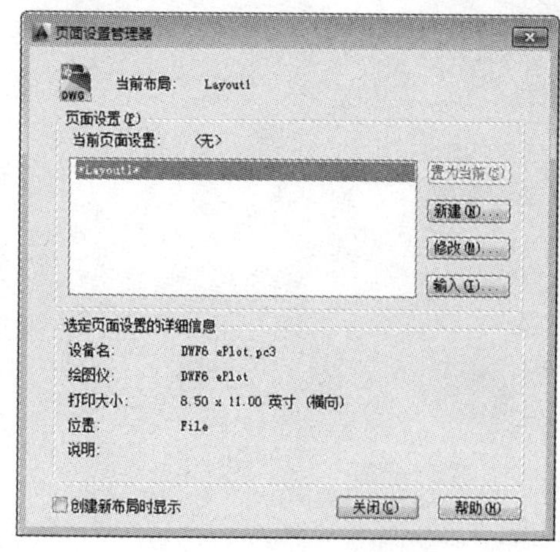

图 9-1　页面设置管理器

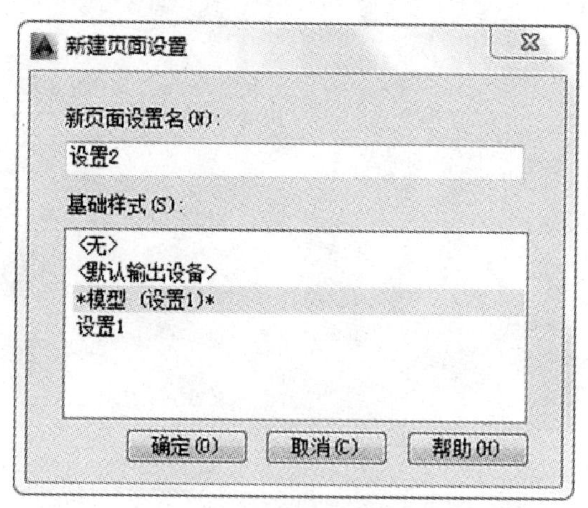

图 9-2　新建页面设置

在图 9-2 中,单击“确定”按钮,将打开“页面设置-模型”对话框,如图 9-3 所示。

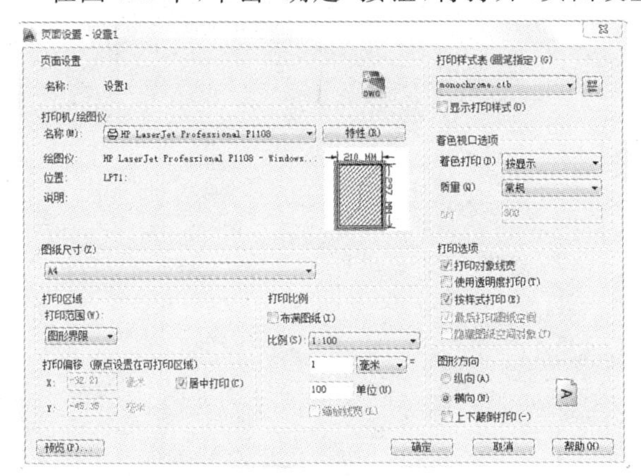

图 9-3 “页面设置-模型”对话框

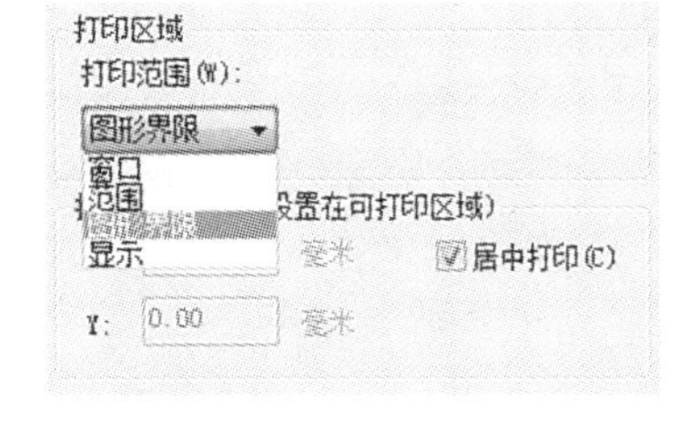

图 9-4 “打印范围”选项

打印机/绘图仪:选择图形打印设备。

图纸尺寸:选择图纸幅面。

打印范围:有 4 个选项可选择打印的内容(图 9-4),具体如下:

• 窗口:打印用户在绘图区域内选定的窗口内所有几何图形。

• 范围:打印当前绘图空间内所有包含实体的部分(已冻结层除外)。在使用“范围”之前,最好先用“范围缩放”命令查看一下系统将打印的内容。

• 图形界限:控制系统打印当前层或由绘图界限所定义的绘图区域。如果当前视点并不处于平面视图状态,系统将作为“范围”选项处理。当前图形在图纸空间时,对话框中显示“布局”按钮;当前图形在模型空间时,对话框中显示“图形范围”按钮。

• 显示:打印当前视窗中显示的内容。

打印比例:设置出图比例。可自定义,也可选用预定义比例。

缩放线宽:确定是否打开线宽比例控制。该复选框只在打印图纸空间时才会用到。

打印偏移:图形沿图纸 X、Y 方向移动的距离。默认“居中打印”,即图形中心与图纸中心重合。

打印样式笔(画笔指定):指定打印线条的粗细、线型等。用户可选择“acad. ctb”,并点击右侧图标。系统将弹出图 9-5 对话框。用户可给选择不同颜色的线条重新设置线型、线宽。

打印选项:该选项主要有以下功能。

• 打印对象线宽:指定对象打印线宽。

• 按样式打印:选用在“打印样式表”选项组中规定的打印样式打印。

• 最后打印图纸空间:首先打印模型空间,最后打印图纸空间。通常情况下,系统首先打印图纸空间,再打印模型空间。

• 隐藏图纸空间对象:指定是否在图纸空间视口中的对象上应用“隐藏”操作。此选项仅在“布局”选项卡上可用。此设置的效果反映在打印预览中,而不反映在布局中。

着色视口选项:指定打印颜色及质量。

• 着色打印:指定视图的打印方式。

• 质量:指定着色和渲染视口的打印质量。

• DPI 文本框:指定渲染和着色视图每英寸的点数,最大可为当前打印设备分辨率的最

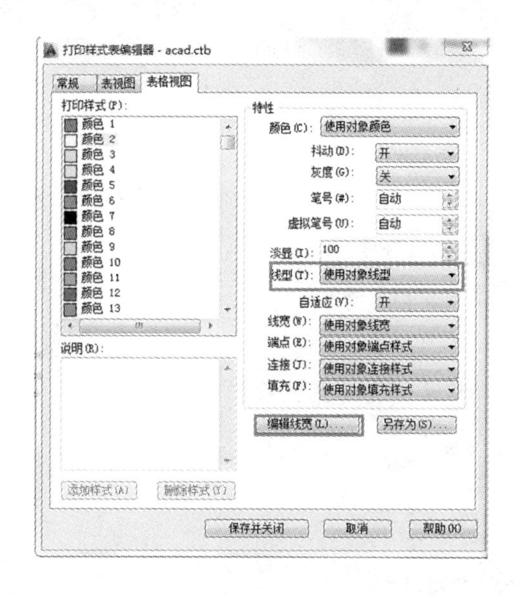

图 9-5　打印样式编辑器

大值。只有在“质量”下拉列表框中选择了“自定义”后,此选项才可用。

预览:预览将要打印的图形。

图形方向:纵向/横向打印图形。

2. 打印设置

打印设置完毕,用户需要调出打印命令,然后进行相应的设置即可打印。

命令调用方法如下:

(1) 下拉菜单:文件→打印

(2) 键盘命令:PLOT

执行上述命令后,系统弹出图 9-6“打印”对话框,内容与图 9-3 基本相同。

该对话框增加了“打印到文件”选项,可以将需要打印的图形转换为 pdf 文件。

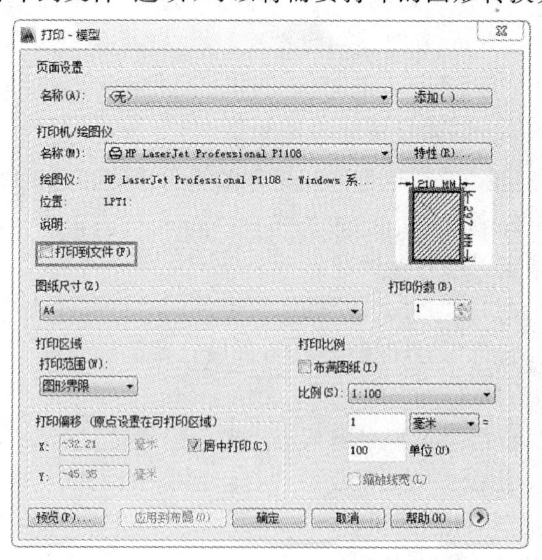

图 9-6　“打印”对话框

完成上述绘图参数设置后,可以单击“确定”按钮进行打印输出。

任务 9.2　利用布局输出图形

AutoCAD 提供了两种创建新布局的方式。一种是点击当前工作界面左下角图标(图 9-7),切换到布局空间。系统默认有“布局 1”,布局 2。另一种是利用图 9-8 所示,下拉菜单命令“插入→布局→新建布局”重新设置。如果图形数量少,选用的比例类型也不多,用户选用第一种方式即可。

图 9-7　切换布局空间

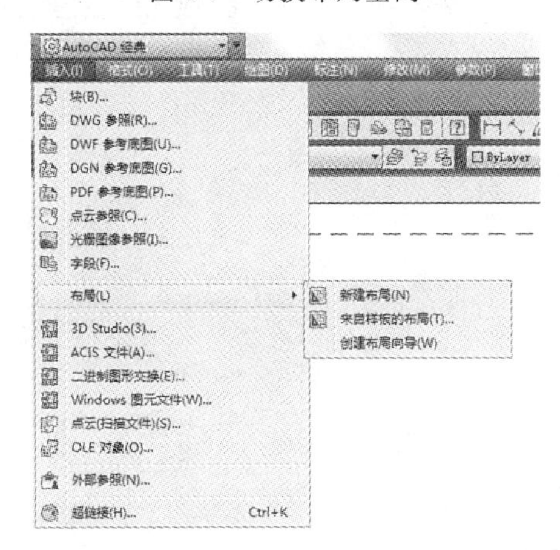

图 9-8　新建“布局”

以下介绍利用布局打印图形的步骤:

1. 插入已绘图框

2. 插入视口

执行“视图→视口”命令,在当前布局空间插入视口(图 9-9),系统同时还弹出图 9-10 所示“视口”工具栏。所有初次插入的“视口”,默认“俯视”视图。

3. 设置视口比例

由于 CAD 一般采用实际尺寸绘图(1∶1),绘图区域是无限的,但图纸大小是有限的,而且规格也是确定的。因此,出图时,用户首先应插图用户想用的图纸幅面及图框,然后再考虑在图纸上进行图形对象的比例显示。调整“视口”工具栏中比例选项,可以对不同视口选择不同比例。如图 9-11 所示,插入 4 个视口,每个视口比例均不相同。这对平面图和详图共用图纸出图来说是非常便捷的方式。

4. 切换“视图”

若需要显示三维图形不同视图,可点击视口左上角“视图控件”,切换到不同视图(图 9-12)。

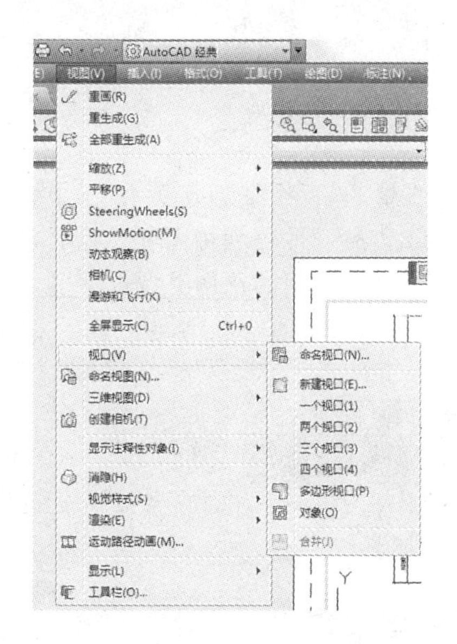

图 9-9 插入"视口"

图 9-10 "视口"工具栏

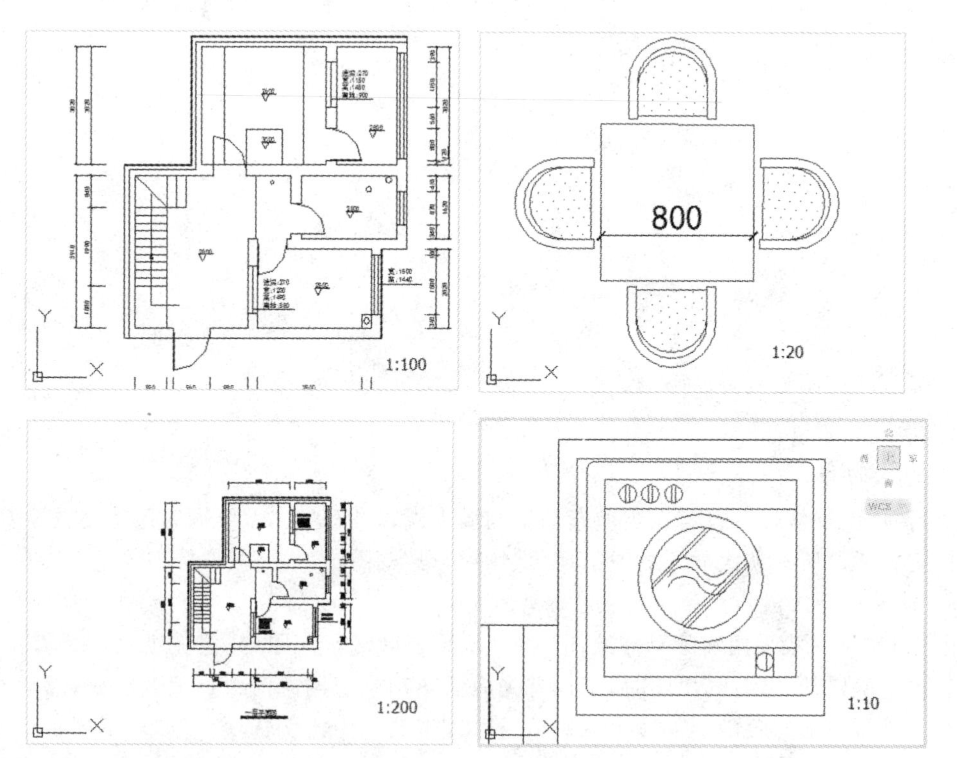

图 9-11 设置"视口"显示比例

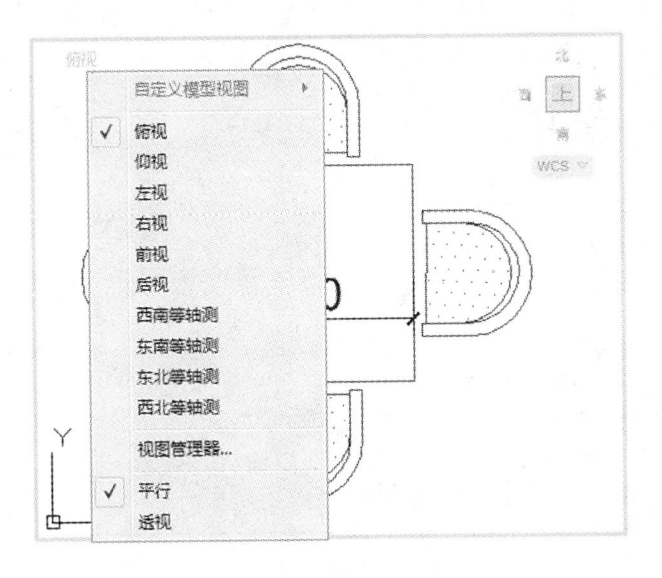
俯视
自定义模型视图
俯视
仰视
左视
右视
前视
后视
西南等轴测
东南等轴测
东北等轴测
西北等轴测
视图管理器...
平行
透视
北
上
南
WCS
Y

图 9-12　切换"视图"

附录：上机练习

（1）请用四种方法调用画圆弧 ARC 的命令

操作提示：

① 在命令行窗口输入命令名 ARC

② 在命令行窗口输入命令缩写字 A

③ 拾取“绘图”下拉菜单中的“圆弧”菜单选项

④ 拾取“常用”标签中“绘图”工具栏中的对应图标。

（2）请将下面左侧所列功能键与右侧相应功能用线连起来

Esc	剪切
UNDO	弹出帮助对话框
F2	取消和终止当前命令
F1	图形窗口(文本窗口切换)
Ctrl+X	撤销上次命令

（3）打开一个图形文件，把它另存为：“D:\图例\draw2”，并加密码“123”，退出系统后重新打开。

（4）练习正常退出 AutoCAD。

操作提示：

① Quit 命令。

② Exit 命令。

③ 屏幕右上角的关闭按钮。

④ 直接关机。

（5）用 LIMITS 命令设置绘图范围：左下角坐标(−20，−10)，右上角坐标为(450，320)。

按下列要求设置绘图环境及图层。

① 图形界限设置。A4 图幅 297mm×210mm，用细实线画在最外框，粗实线画出边框 277mm×190mm。

② 按照下列要求设置图层。

名称	颜色	线型	线宽
标注	青色	Continuous	默认
文字	30	Continuous	默认
粗实线	白色	Continuous	0.3
点划线	红色	CENTER2	默认
填充线	品红	Continuous	默认
虚线	蓝色	DASHED2	默认

③ 按照图样尺寸要求抄画下列图形(标题栏外框粗线内部线为细线横格均分)

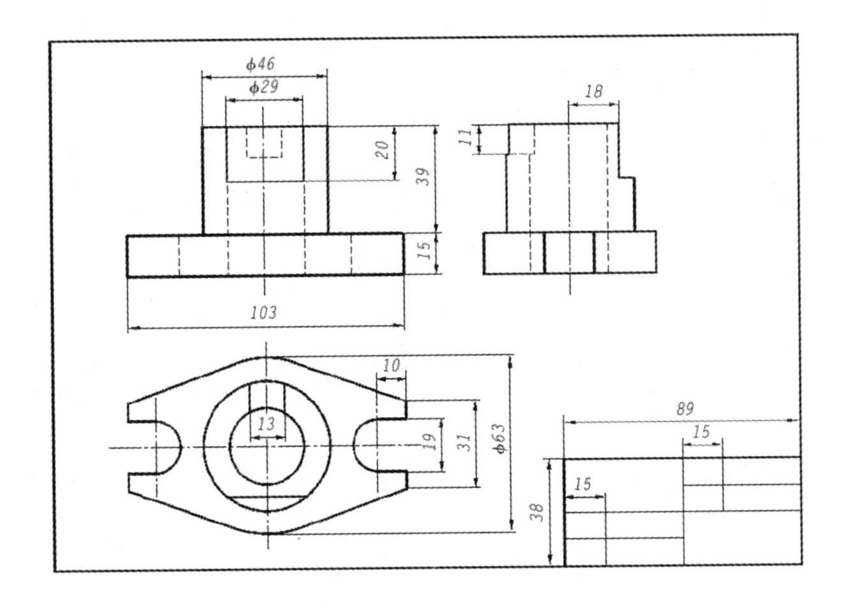

题 5 图

(6) 执行 Line 命令并使用极轴捕捉、对象捕捉及对象追踪等绘图辅助功能，完成下列图形。

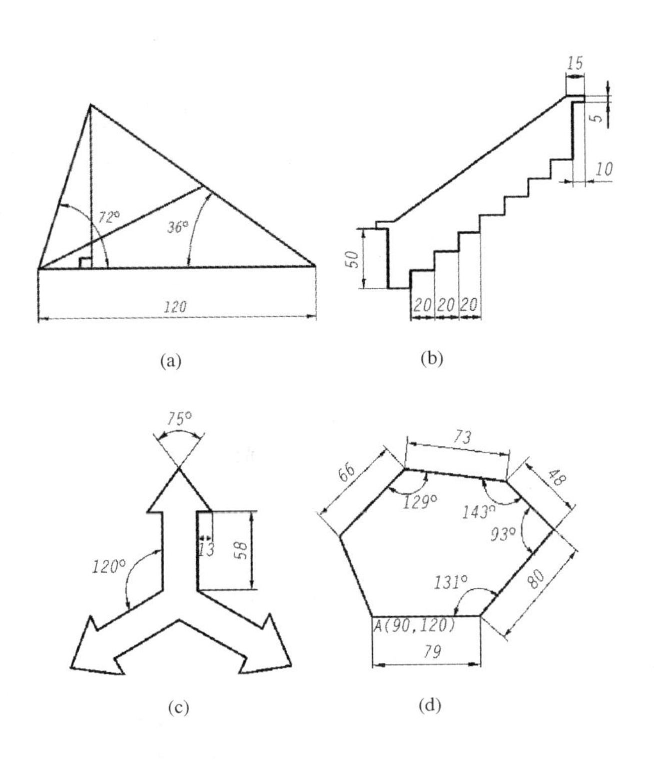

题 6 图

用圆弧(ARC)命令绘制下列图形。

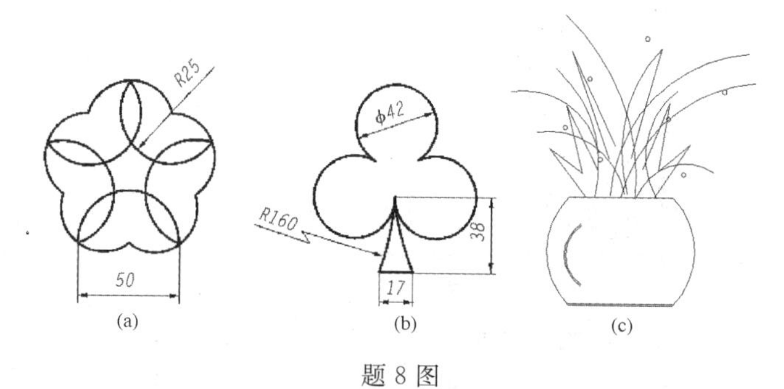

题 8 图

(9) 用绘制圆命令功能绘制下列平面图形。

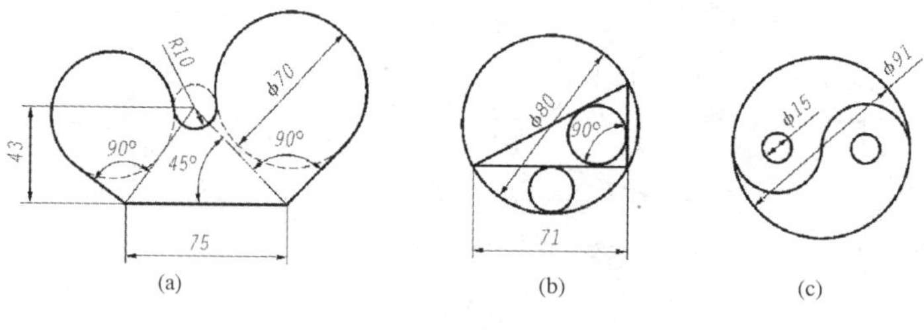

题 9 图

(10) 用矩形(REC)、圆环(DONUT)和多段线(PLINE)命令绘制下图,比例、多段线宽度及圆环直径自定义。

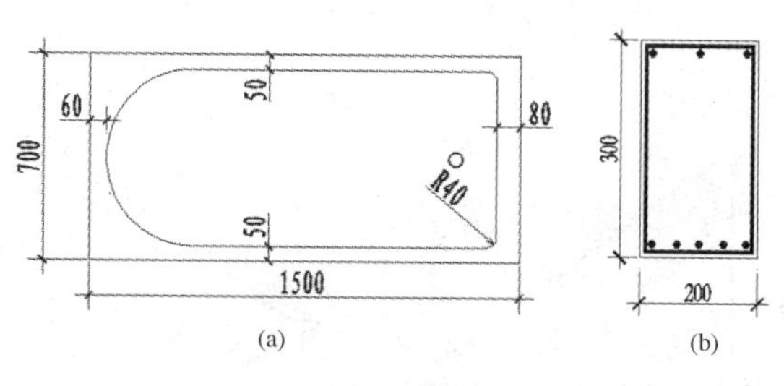

题 10 图

(11) 用多段线绘制如图图形。

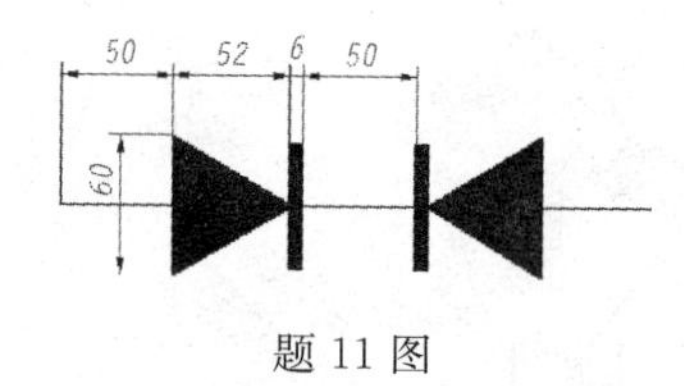

题 11 图

(12) 用正多边形绘制下列图形

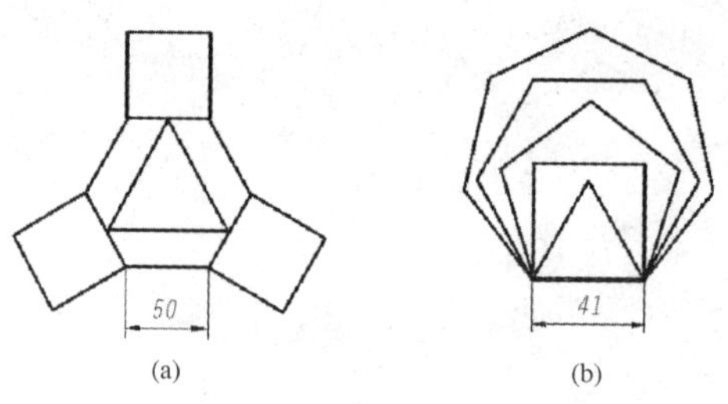

题 12 图

(13) 用矩形命令绘制下列图形,其中有宽度的线条宽度为 5。

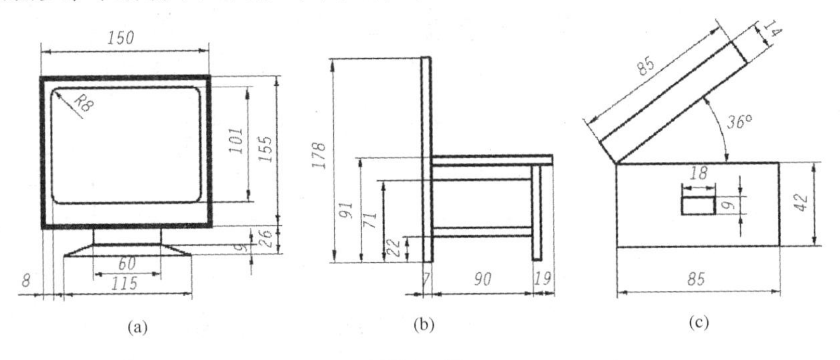

题 13 图

(14) 用阵列(ARRAY)复制及镜像(MIRROR)复制绘制下列图形。

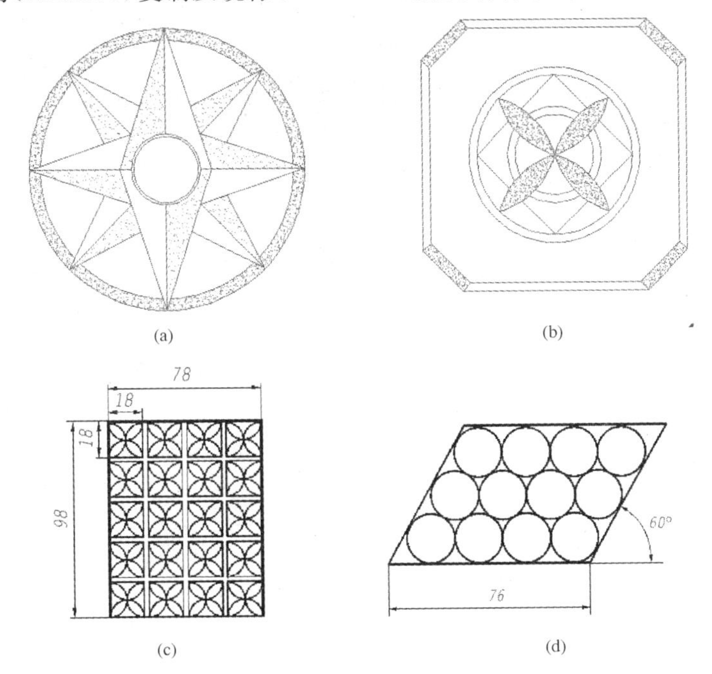

题 14 图

(15) 用椭圆和椭圆弧绘制下列图形。

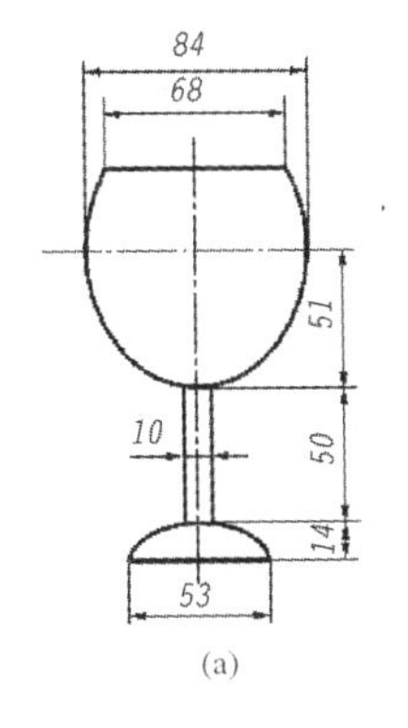

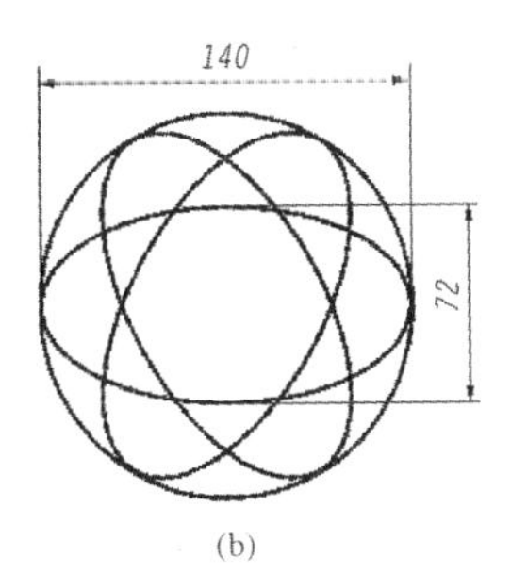

题 15 图

(16) 用多线(MLINE)绘制图示某房间开间，以毫米为单位，比例为 1∶100，墙体厚度为 200。墙体定义由 2 条平行线组成的多线，窗可定义为 4 条平行线组成的多线。

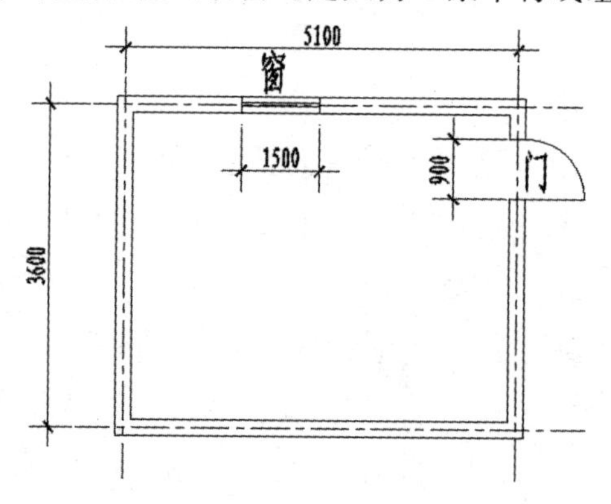

题 16 图

(17) 按 1∶100 的比例，用多线命令绘制图 11 某建筑平面图。无需标注尺寸。图中尺寸以 mm 为单位，且所有墙体宽度均为 240mm。

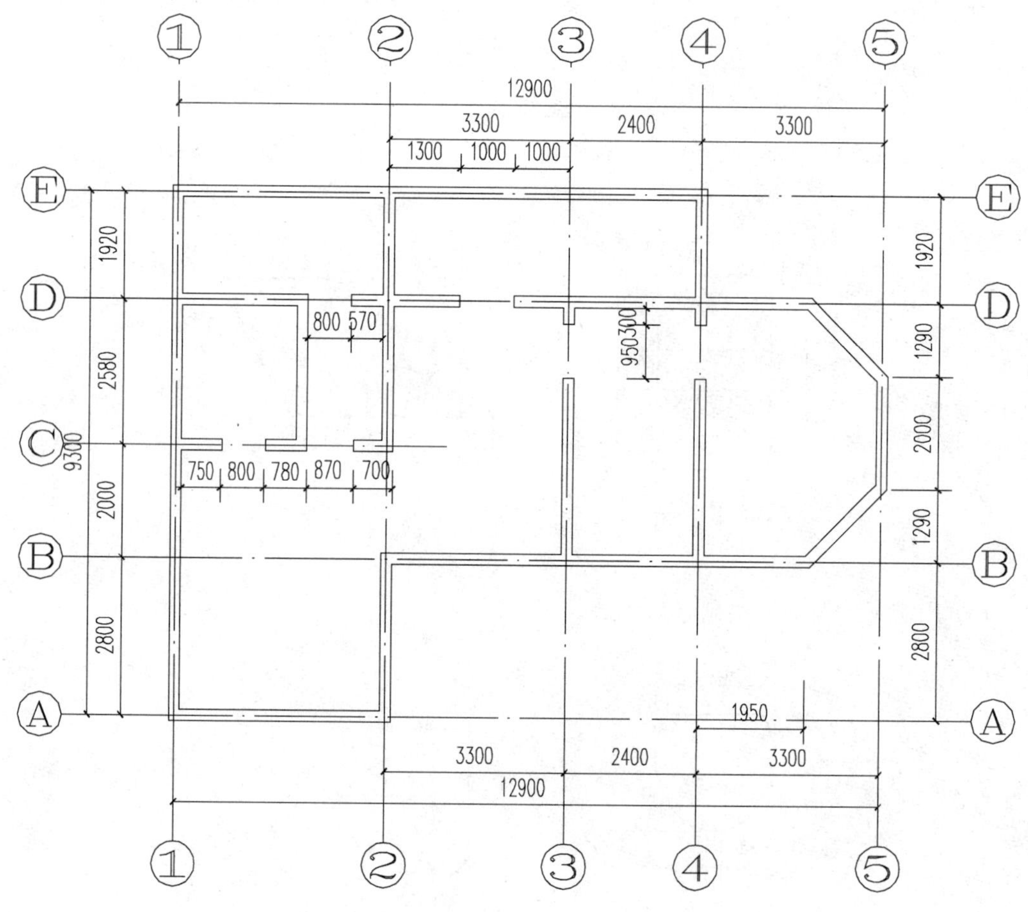

题 17 图

(18) 用 1∶20 的比例绘制并标注图 1。

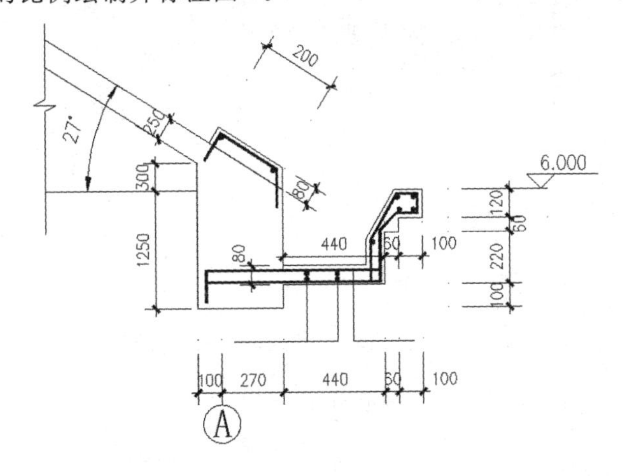

题 18 图

(19) 按尺寸绘制图形并选择合适的比例填充图案。

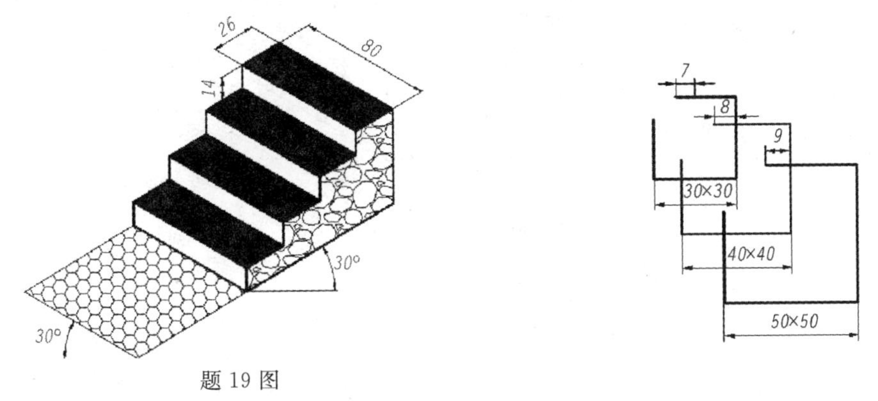

题 19 图

题 20 图

(20) 用打断命令绘制以下图形。

(21) 用 1∶100 的比例绘制图示墙体，并用标注、快速标注、连续标注，分别标注改对象。

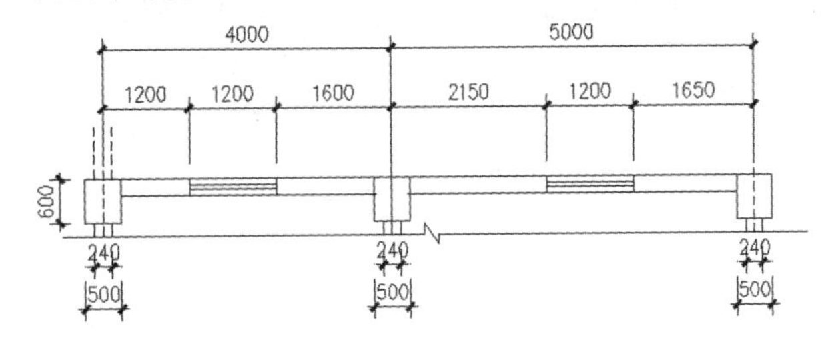

题 21 图

(22) 将下列图定义为带属性的块对象。

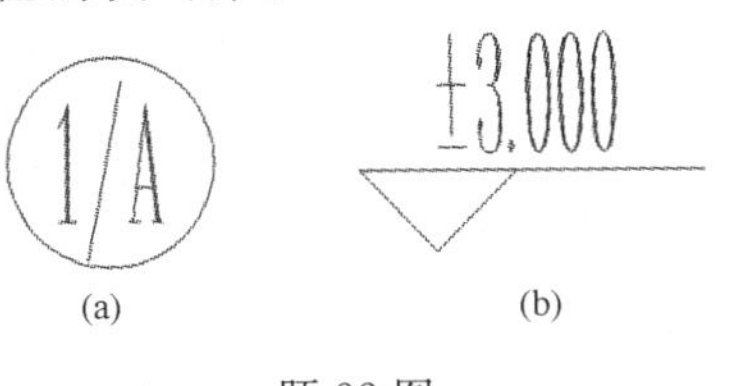

(a) (b)

题 22 图

(23) 将下列图形定义为带属性的块对象，插入后，能自由设定时间，即时针和分针能够转动，并以“写块”的方式写出当前图形，插入到其它文件。

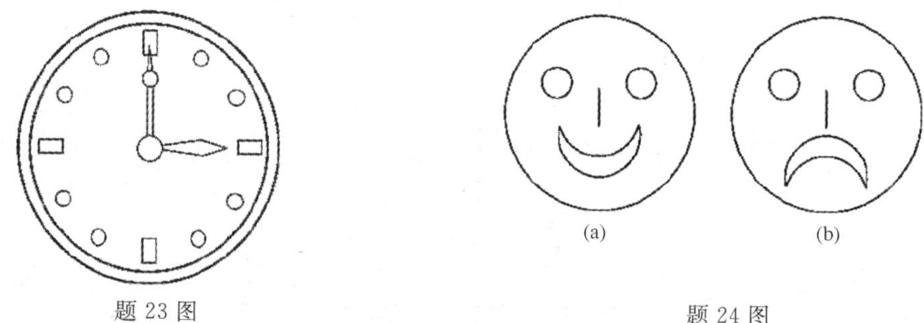

题 23 图

题 24 图

(24) 绘制一个笑脸，并将其制作成带属性的宽，插入后单击控制点可以改变其脸部表情。

(25) 按尺寸绘制三维实体。

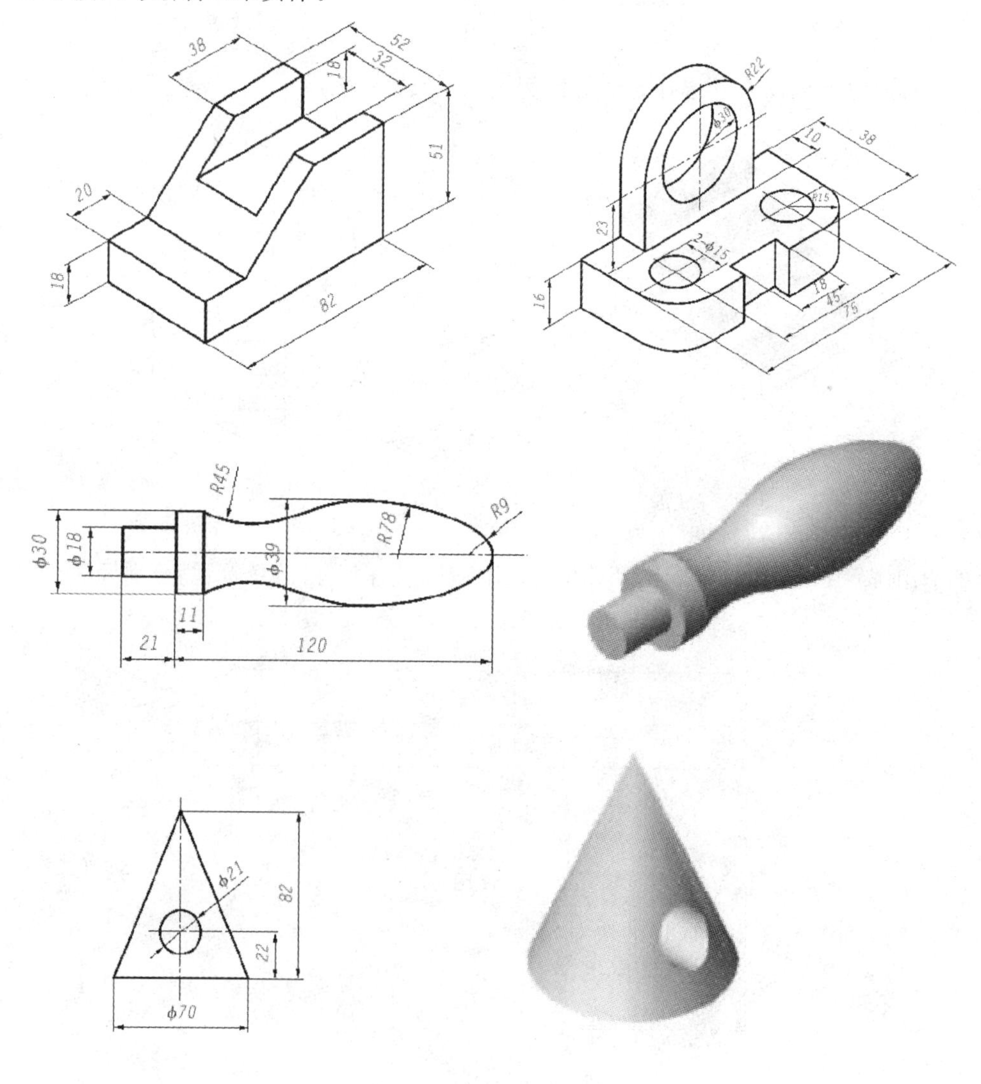

题 25 图

按尺寸绘制下图，并选择对称轴所在平面为截面。

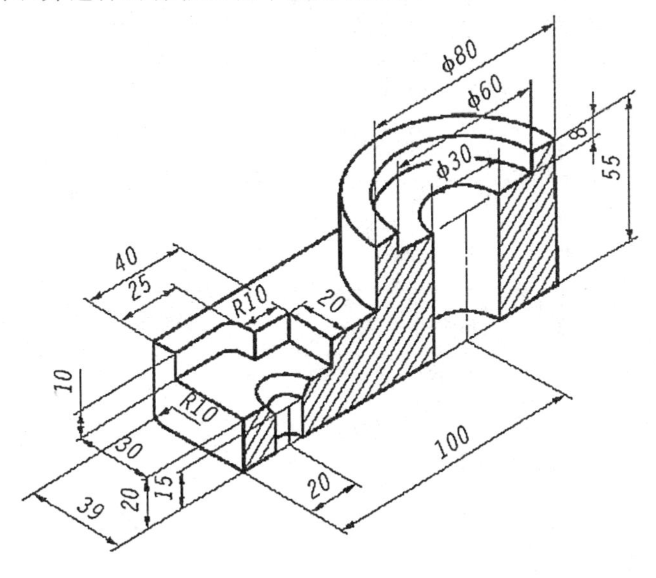

题 26 图

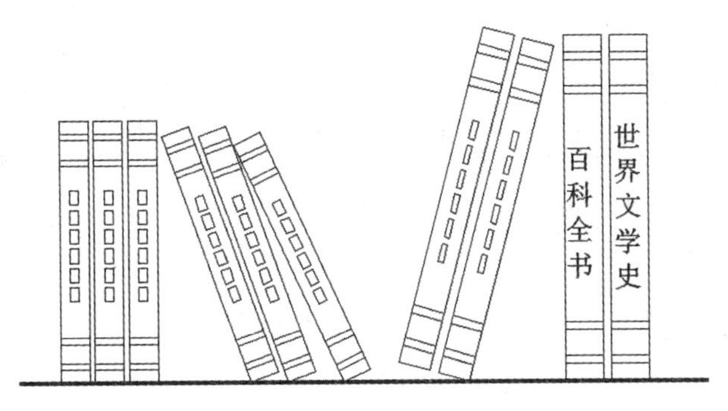

题 27 图

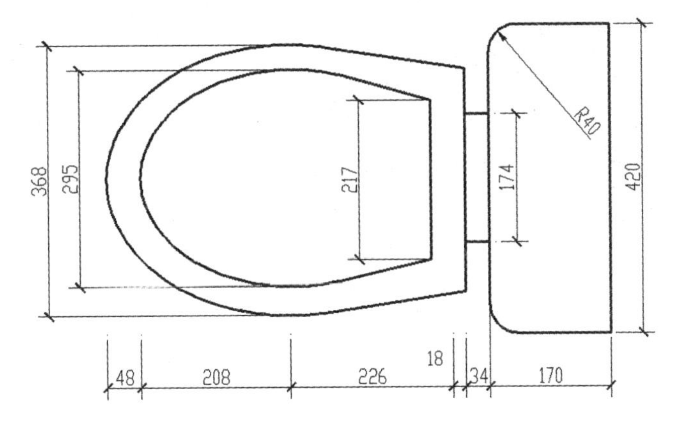

题 28 图

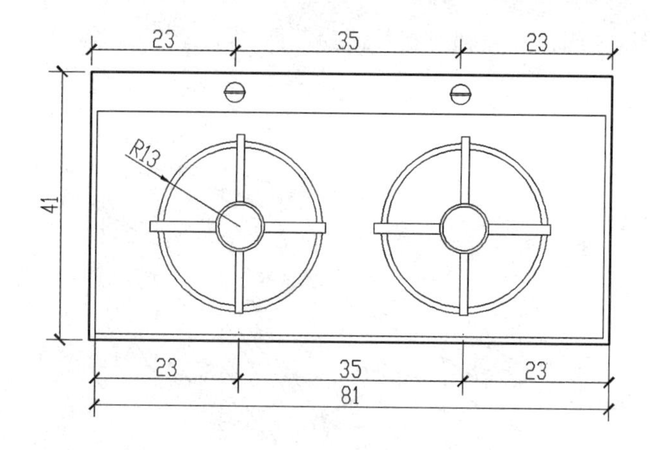

题 29 图

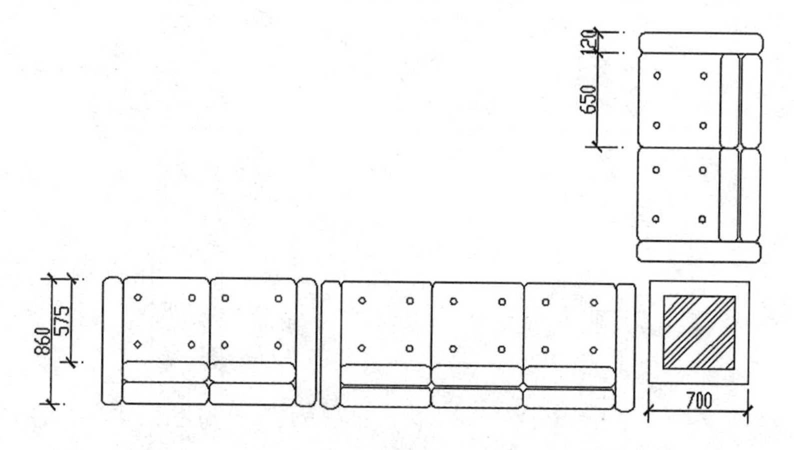

题 30 图

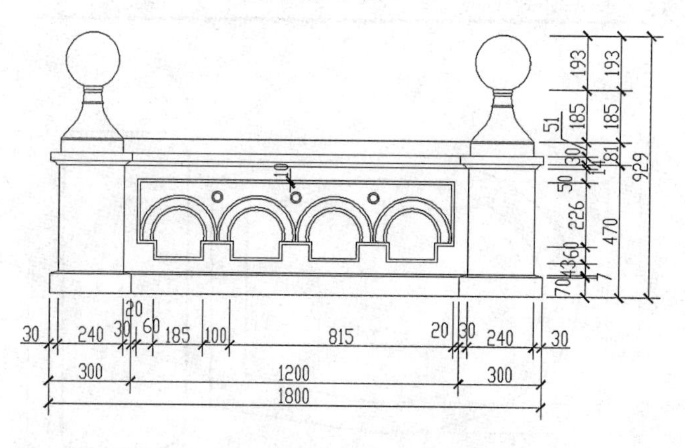

题 31 图

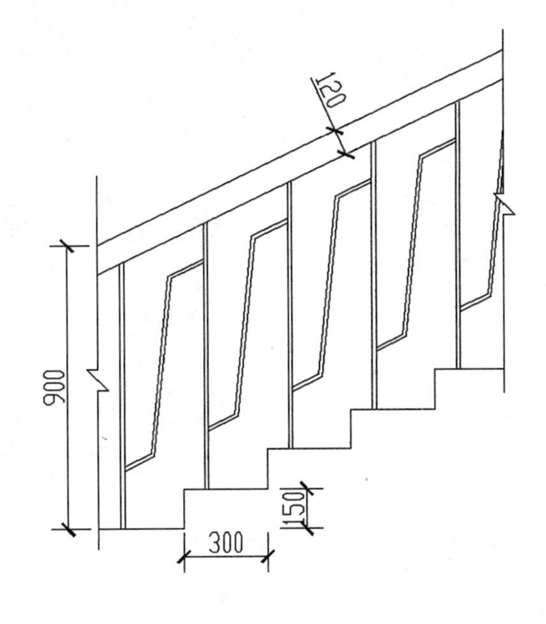

题 32 图

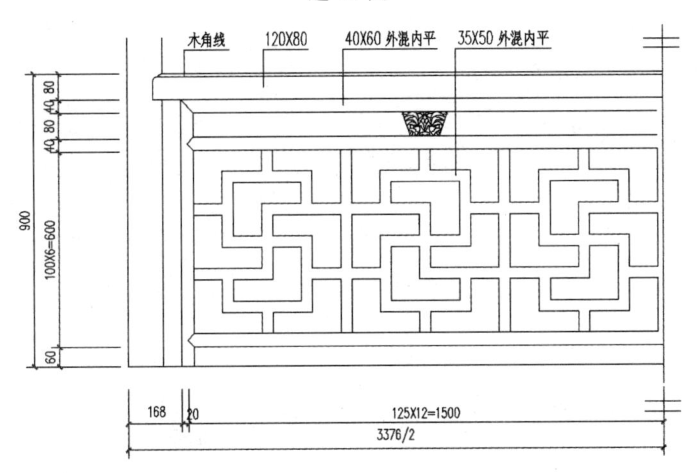

题 33 图

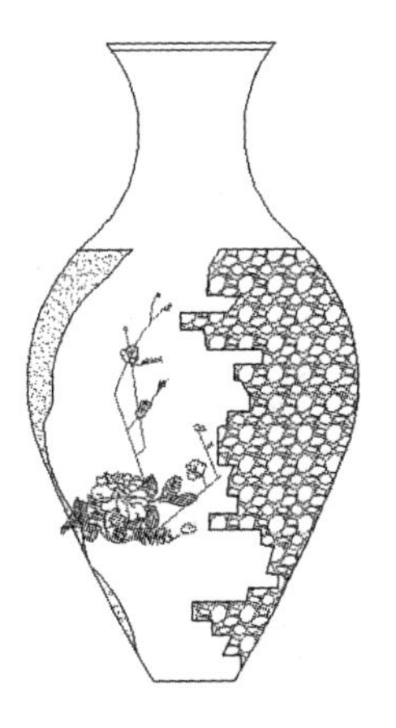

题 34 图

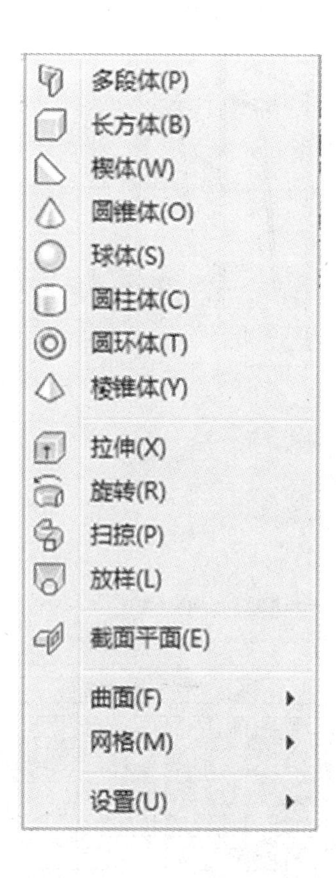

多段体(P)
长方体(B)
楔体(W)
圆锥体(O)
球体(S)
圆柱体(C)
圆环体(T)
棱锥体(Y)
拉伸(X)
旋转(R)
扫掠(P)
放样(L)
截面平面(E)
曲面(F)
网格(M)
设置(U)

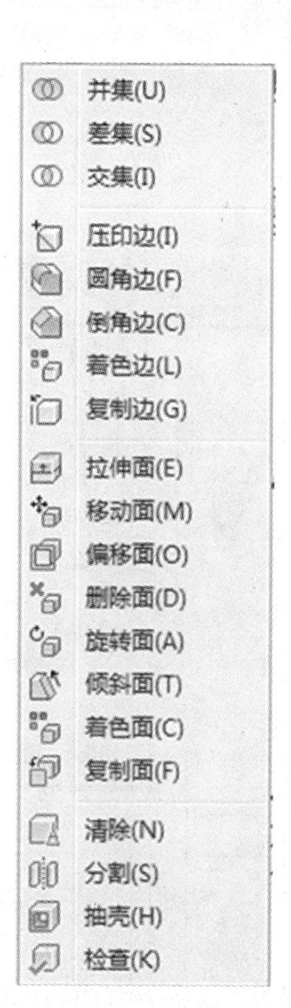

并集(U)
差集(S)
交集(I)
压印边(I)
圆角边(F)
倒角边(C)
着色边(L)
复制边(G)
拉伸面(E)
移动面(M)
偏移面(O)
删除面(D)
旋转面(A)
倾斜面(T)
着色面(C)
复制面(F)
清除(N)
分割(S)
抽壳(H)
检查(K)

题 35 图

打印 - 模型
页面设置
名称(A):
设置1
添加(.)...
打印机/绘图仪
名称(M):
HP LaserJet Professional P1108
特性(R)...
绘图仪:
HP LaserJet Professional P1108 - Windows 系...
位置:
LPT1:
说明:
打印到文件(F)
210 MM
297 MM
图纸尺寸(Z)
A4
打印份数(B)
1
打印区域
打印范围(W):
图形界限
打印比例
布满图纸(I)
比例(S):
1:100
打印偏移(原点设置在可打印区域)
X:
-32.21
毫米
居中打印(C)
Y:
-45.35
毫米
1
毫米
100
单位(U)
缩放线宽(L)
预览(P)...
应用到布局(U)
确定
取消
帮助(H)

题 36 图